물성의 원리

증보판

물성의 원리 증보판

제1판 제1쇄 발행 2018년 8월 7일
　　　　제3쇄 발행 2019년 11월 25일
증보판 제1쇄 발행 2021년 8월 16일
　　　　제2쇄 발행 2023년 1월 26일

지은이 최낙언
펴낸이 임용훈

마케팅 오미경
편집 전민호
용지 (주)정림지류
인쇄 올인피앤비

펴낸곳 예문당
출판등록 1978년 1월 3일 제305-1978-000001호
주소 서울시 영등포구 문래동 6가 19 SK V1 CENTER 603호(선유로 9길 10)
전화 02-2243-4333~4
팩스 02-2243-4335
이메일 master@yemundang.com
블로그 www.yemundang.com
페이스북 www.facebook.com/yemundang
트위터 @yemundang

ISBN 978-89-7001-619-1 14470
　　　　978-89-7001-631-3 (SET)

식품을 지배하는 네 분자

FOOD STRUCTURE

물성의 원리

증보판

최낙언 지음

예문당

이 책으로 〈맛 시리즈〉를 시작하는 이유

작년부터 그동안 출간했던 5권의 책을 모아서 〈맛 시리즈〉로 정리하는 작업을 진행 중인데, 이 책이 그 첫 번째이다. 물성으로 '맛' 이야기를 시작하는 것이 상당히 의아하겠지만, 맛은 결국 식품 공부이고, 식품 공부는 물성부터 시작하는 것이 좋겠다는 생각에 그렇게 정했다. 실제로 식품에서 물성은 생각보다 훨씬 중요하게 다뤄야 한다. 물성 성분이 영양의 핵심이자, 맛에도 핵심이기 때문이다.

식품의 본질은 무엇일까? 바로 영양이다. 우리가 음식을 먹어야 하는 이유는 살아가는데 필요한 에너지원과 우리 몸을 구성하는 성분을 얻기 위함이다. 그런데 과거에는 영양에 대한 과학이나 분석기가 없어서 우리 몸의 감각을 통해 식재료의 품질(영양 성분)을 판단할 수밖에 없었다. 단맛으로 칼로리를 느끼고, 감칠맛으로 단백질을 찾아내고, 짠맛으로 미네랄을 감각했고, 쓴맛으로 독을 피했다. 그리고 다양한 식재료의 특성을 향으로 기억했다. 결국 맛으로 영양을 평가한 것이다. 그런 감각 덕분에 인류가 잘 성장할 수 있었는데, 지금은 영양에는 별 관심이 없고 오로지 맛이나 특별한 효능에만 관심이 많다. 이미 영양은 충분하기 때문이다.

흔히 설탕은 달고 소금은 짜다고 말하지만, 엄밀히 말하면 설탕이나 소금 자체에 단맛이나 짠맛은 없다. 우연히 혀의 미각 수용체에 결합할 뿐이다. 코로나로 후각이 마비되어 세상의 냄새가 일순간에 사라지는 경험을 해본 사람은 맛과 향은 우리의 감각과 뇌가 만드는 현상이라는 사실에 공감할 것이다. 그러니 우리 몸은 설탕이나 소금을 감각할 수 있는 수용체를 왜 만들었고, 그 수용체로 만든 전기적 신호가 어떻게 느낌을 만드는지 같은 질문이 훨씬 핵심적인 것이다. 식품의 효능도 맛과 향처럼 우리 몸이 만든 현상이다. 설탕과 같은 당류는 우리 몸에 가장 많이 필요한 성분(에너지원)이지만 그 자체로는 가치가 없고, 에너지대사 시스템에 의해 ATP로 전환되어야 모든 세포 활동을 가능하게 하는 에너지원으로 가치를 가진다. 나트륨(소금)은 우리 몸이 만든 전체 에너지의 20%를 사용할 정도로 생명 현상의 최전선에서 일하지만, 자체로는 (+) 전하를 가진 이온으로서 정해진 채널과 펌프의 작용으로 세포막을 넘나들 뿐이다. 이처럼 분자 자체의 성질과 그것을 활용한 생명의 현상을 분리하여 이해해야 식품에 대해 깊이 있는 공부가 가능한데, 대부분 분자의 자체의 기능과 그것을 활용하는 우리 몸의 기능을 구분하지 못하여 엉터리 건강 정보에 마구 휘둘린다.

사람들은 어떤 식품이 좋다고 하면 '나만 못 챙겨 먹어 손해 보는 게 아닐까?' 하며 불안해하고, 어떤 식품이 나쁘다고 하면 '그것을 먹는 바람에 건강에 문제가 생겼으면 어쩌나!' 하며 전전긍긍한다. 하지만 사실 꼭 챙겨 먹어야 할 정도로 특별한 음식이나 알고 피해야 할 음식은 없다. 이런 모든 이슈는 전작 『식품에 대한 합리적인 생각법』을 통해 이미 밝힌 바 있다. 특별한 음식이 없다는 사실은 로열젤리만 보더라도 잘 알 수 있다. 과거에는 로열젤리를 아주 신비롭게 생각했다. 아무 벌이나 로열젤리만 충분히 먹이면 여왕벌이 되어 일반 일벌보다 10~100배 오래 살았기 때문이다. 사람들은 오랫동안 그 비밀을 알고 싶어 했으나 정작 2011년에 그 비밀이 밝혀지자 오히려 외면하기 시작했다. 로열젤리가 특별한 것이 아니라 그 속에 '로열랙틴'이라는 벌 성장호르몬이 있었을 뿐이기 때문이다. 여왕벌은 성장호르몬이 든 음식(꿀)을 충분히 먹고, 제대로 자랄 수 있어서 제 수명을 누린 것이고, 다른 벌들은 제대로 먹지 못해 제 수명을 누리지 못한 것에 불과하다. 결국 식품의 핵심은 필요한 영양을 제때 제공하는 것이지 다른 특별한 무언가가 있는지 찾아봐야 별 소용 없다.

우리나라에서 정상적으로 생산된 식품 중 나쁜 음식은 없다고 아무리 말해도 사람들은 첨가물과 가공식품은 무조건 나쁘다고 믿는다. 그렇다면 흔히 판매하는 개 사료를 한번 생각해 보자. 요즘 반려견은 과거보다 2배 이상 오래 산다. 합성 비타민과 합성 미네랄이 듬뿍 들어간 가공식품의 끝판왕 격인 사료 덕분이다. 사료를 먹은 개는 천연/유기농 재료로 정성껏 준비해준 음식을 먹는 개보다 오히려 병에 덜 걸리고 더 오래 산다. 식품의 기본은 안전하고 위생적으로 필요한 영양분을 제공하는 것인데, 사료는 그 기본을 아주 충실히 갖추고 있기 때문이다.

인류는 역사 이래 지금처럼 건강한 적이 없다. 더구나 우리나라는 조만간 세계 최장수 국가에 들어갈 정도로 특별히 건강한 편이다. '가공이냐, 천연이냐' 같은 문제는 우리에게 전혀 중요하지 않다. '얼마나 적당히 먹느냐'가 중요하다. 이것은 분자 측면에서 보더라도 너무나 명확하다. 만물은 원자로 이루어진 화학 물질이고, 물질은 그저 물질이지 고귀하지도 고약하지도 않으며 무한히 변형할 수 있고, 어디에서 얻었는지는 전혀 중요하지 않기 때문이다. 분자의 관점에서 식품을 바라보면 풍문에 휘둘리지 않고 담담하게 식품을 바라볼 수 있다. 코알라는 평생 유칼립투스 나뭇잎 한 가지만 먹으며 살고, 대왕고래는 크릴만 먹고도 오래 산다. 식품마다 장단점이 다르고 사람마다 체질이 달라서 골고루 먹으라고 하는 것이지, 영양이나 성분만 따진다면 식품은 결국 인간용 사료처럼 만들어야 할지도 모른다.

최근 대체육에 대한 관심이 여느 때보다 뜨겁다. 그런데 사실 대체육보다 환경 등에 훨씬 장점이 많은 재료가 이미 우리 실생활에 쓰이고 있다. 바로 두부이다. 하지만 똑같은 콩으로 만든 두부보다 고기와 비슷한 식감과 맛을 내는 대체육에 유독 관심을 보내고 있다. 이것이 바로 맛에서 물성이 중요한 이유다. 사람들은 말로는 건강을 찾지만, 식품은 결국 맛이고, 맛에서 물성은 생각보다 훨씬 중요하다. 많은 사람이 라면을 좋아하지만, 시간이 많이 지나 완전히 불어 터진 라면을 먹으려 하는 사람은 없다. 모든 맛과 영양 성분은 그대로이고 단지 '물성'만 달라졌을 뿐인데도 그렇다. 설익은 밥, 흐물흐물한 오징어, 너무 익혀 질겨진 문어, 말라버린 스테이크 등 물성이 망가지면 생각보다 맛의 많은 부분이 망가진다.

이처럼 물성은 맛에 중요하지만 식품의 본질을 이해하는 데도 좋은 공부법이다. 내가 식품회사에 다니다 식품 공부를 다시 시작한 것은 식품에 대한 오해와 편견이 너무 많아서였다. 하지만 내가 원하는 답을 찾기는 쉽지 않았다. 예를 들어 불량지식의 근본적인 원인이 독에 대한 두려움일 텐데, 개별적인 독성물질에 대한 자료는 많아도 독이란 무엇인지에 대한 본질적인 답변은 없었다. 다른 식품 현상도 마찬가지였다. 그때 가장 많이 도움이 되었던 것이 분자 자체의 특성을 이해하려는 노력이었다. 식품의 각 재료가 음식이 되기 전엔 신비로운 생명체였을 수 있지만, 음식이 되는 순간 다양한 분자의 총합일 뿐이고 분자의 특성으로 설명되어야 했기 때문이다. 그리고 내가 경험한 식품 현상은 원료의 분자적 특징으로 충분히 설명되었다.

물성은 분자의 특징을 이해하기 가장 좋은 대상이고, 식품의 주성분이 작용하는 현상이다. 나는 항상 식품이나 생명 현상은 양이 많은 순서로 공부하면 좋다고 말하는데, 양이 많은 것이 그만큼 중요한 역할을 하기 때문이다. 식품의 98% 정도는 탄수화물, 단백질, 지방, 물 이렇게 4가지 성분이다. 나머지 맛과 향기 성분, 색소, 비타민, 미네랄 등은 모두 합해도 2%를 넘지 않는 경우가 대부분이다. 식품을 지배하는 이들 4가지 성분만 제대로 이해해도 물성뿐 아니라 영양과 건강과 관련된 생명 현상을 이해하는 데 많은 도움이 된다. 헛된 주장에 현혹되지 않고 식품을 있는 그대로 담담하게 볼 수 있는 자신감이 생기는 것이다.

그리고 물성은 식품 현상 중에서 가장 이론적인 접근이 필요하다. 맛이나 향은 원하는 성분을 적당량 첨가하는 것만으로 해결되는 경우가 많지만, 물성은 성분과 양뿐 아니라 공정과 투입 순서마저 매우 중요하기 때문이다. 커피는 단 한 가지 원료로 되어 있지만, 전처리, 로스팅, 추출 등 공정에 따라 맛이 완전히 달라진다. 빵의 경우도 마찬가지로 같은 밀가루와 원료를 써도 제조 방법에 따라 완전히 물성이 달라지고, 물성이 달라지면 맛도 달라진다. 같은 원료인데 왜 그렇게 특징이 달라지는

지 그 원리를 모르면 변수를 통제하기 힘들다. 그래서 처음 식품을 공부할 때면 원료, 설비, 공정, 위생, 법규 등 온갖 공부를 하지만 최종적으로는 원료의 공부로 끝나는 경우가 많다. 식품의 품질을 재현성 있게 관리하고 통제하려면 원리의 이해가 필요하고, 그 원리를 이해하는데 가장 유용한 것이 물성의 원리를 공부하는 것이다.

물성이 구체적인 기술은 『물성의 기술』에서 설명하고, 여기에서는 식품을 지배하는 4가지 분자인 탄수화물, 단백질, 지방, 물을 물성과 분자적 관점에서 설명해보려고 한다. 맛의 다양성을 만드는 향기 물질에 대해서는 『향의 언어』에서 그 분자적 특징을 설명했고, 나의 모든 식품에 대한 관점은 분자 구조에서 시작했으니 이 책을 〈맛 시리즈〉의 첫 번째 책으로 삼은 것이다. 그래서 이 책의 1장 끝에 '식품, 물성, 맛에 대한 나의 생각 정리'를 제시했다. 비록 책에서는 식품의 물성을 지배하는 4가지 성분에 대해서만 풀어서 설명하지만, 그런 생각의 정리가 내가 식품 전체를 바라보는 관점이기도 하다.

2021. 7.
최낙언

식품의 대부분은 물성 성분이다

식품의 맛을 평가할 때 미각(taste; 맛)과 후각(flavor; 향)은 중시하면서 유독 촉각(texture; 식감)은 무시하는 경우가 많다. 그런데 만약 일류요리 사가 정성껏 준비한 근사한 요리를 한꺼번에 믹서에 넣고 갈아버리면 어떻게 될까? 맛 성분, 향기 성분, 영양 성분 등은 그대로지만 그것을 먹으려는 사람은 별로 없을 것이다. 단지 물성만 달라진 것인데도 그렇다.

사실 식품에서 풍미를 좌우하는 맛과 향기 성분은 '극히' 적은 양이다. 맛 성분은 1% 이하, 향기 성분은 0.1% 이하 그리고 색소 성분은 0.01% 이하인 경우가 대부분이다. 결국 식품의 대부분은 탄수화물, 단백질, 지방, 물과 같이 맛도 향도 색도 없는 성분이며, 먹을 때 식감을 주는 성분이다. 물성이 식품의 대부분을 차지하고, 맛에서도 중요한 위치를 차지하지만, 물성에 대한 관심은 부족하고 공부하려는 사람도 드물다.

우리 주변에서 가장 흔한 식재료인 쌀도 익히기 전과 후를 비교하면 완전히 다른 것처럼 느껴진다. 단지 물을 넣고 가열하여 물성만 달라졌을 뿐인데도 말이다. 첨가한 물의 양과 가열하는 시간에 따라 물성이 달라지고 그만큼 맛도 달라진다. 물성은 이처럼 식품의 다양성과 기호성을 좌우하는 결정적인 요소가 될 수 있음에도 대부분 물성이라는 단어 자체를 생소하게 여길 정도로 관심이 없다. 더구나 맛이나 향보다 훨씬 논리적이어서 공부가 쉽고, 보상이 큰데도 그렇다.

건축물에 비유하면 물성은 건물의 구조와 뼈대 같은 것이고, 맛이나 향은 벽지나 인테리어 정도라고 할 수 있다. 겉보기에는 맛과 향이 화려하지만, 구조가 없다면 벽지를 어디에 바르고 가구를 어디에 둘 것인가? 새로운 식품을 개발할 때 가장 먼저 해야 할 것이 그 제품의 뼈대를 설계하는 일이다. 맛과 향은 그 구조가 있어야 성립되고 빛이 난다. 그런데 요즘은 큰 식품회사의 신제품 개발마저 이미 만들어진 구조(뼈대)에 맛과 향만 바꾸는 경우가 많다. 그래서 식품회사 연구원조차 물성의 중요성을 눈치 채지 못한다.

물성의 원리를 모르니 다른 분야의 접근도 역시 쉽지 않다. 한 분야에 경험이 풍부한 연구원이 새로운 유형의 제품을 개발할 때 어려운 이유가 바로 물성(구조)의 차이를 이해하는 데 시간이 걸리기 때문이다. 초콜릿 과자 전문가라 해서 초콜릿 음료나 아이스크림을 금방 만들 수 있는 것이 아니다.

내가 식품회사 연구소에 근무하면서 주로 하던 업무가 바로 증점, 겔화, 유화, 동결 등 물성에 관련된 업무였다. 그런데 그동안 맛과 향에 대한 책을 몇 권 내면서도 물성에 대한 이야기는 꺼내지도 못했다. 막상 책으로 쓰려면 어디서 시작해야 할지 너무나 막막했기 때문이다. 물성을 실전적으로 다룬 참고할 만한 서적도 없었고, 식품의 종류만큼이나 물성도 다양하여 그것을 포괄하는 이야기의 줄기를 잡기가 쉽지 않았다.

이런저런 어려움을 핑계로 계속 물성에 대한 책 쓰기를 미뤄왔지만, 이렇게 중요한 물성에 대해 다들 너무나 무관심하고 마땅한 책이 나올 가능성도 별로 없어서 결국 내가 시작을 해보기로 마음먹었다. 최근 요리사 중에 음식을 과학적으로 접근해 보려는 사람이 늘어났다는 점도 의욕을 갖게 했다. 음식도 과학적 원리를 알면 시행착오가 줄고 활용이 쉬워진다.

이 책에서는 물성의 기본 원리를 탄수화물, 단백질, 지방, 물의 네 가지 분자를 통해 설명하고자 한다. 이 네 가지는 식재료의 대부분을 차지하는 분자이자 생명의 대부분을 차지하는 분자이다. 그래서 이들만 제대로 이해하면 식품의 물성뿐 아니라 생명 현상의 이해에도 크게 도움이 되고, 식품에 대한 온갖 혼란스러운 지식에서 벗어나는데 분명 도움이 될 것이다. 게다가 이 책은 물성에 대해 오로지 분자의 크기, 형태, 움직임만으로 설명할 것이다. 그렇게 다양하고 복잡해 보이는 식품 현상을 네 가지 분자의 크기, 형태, 움직임만으로 설명할 수 있다면 이보다 더 효과적인 공부법은 드물 것이다.

생명 현상은 너무나 복잡해 보이지만 그 기반은 생각보다 단순하다. 마치 30년 전 PC와 지금의 슈퍼컴퓨터가 기본 원리는 같은 것처럼 말이다. 식품은 다양한 분자의 혼합물이며 식품 현상은 분자의 이합집산과 형태의 변화에 불과하다. 따라서 분자 구조식에 나타나 있는 크기, 형태, 움직임만으로 설명이 가능해야 하는 것은 너무나 당연하다.

나는 지난 10년간 그런 믿음으로 온갖 식품 현상을 해석해 봤는데, 최소한 내가 경험한 현상은 모두 설명이 가능했다. 이 책에서는 그 원리를 바탕으로 식품의 4대 분자를 탐구할 것이다.

물성의 구체적 기술에 대해서는 다음에 나올 책 『물성의 기술』에서 다루고 이번 책은 순수한 물성의 원리로 식품을 이루는 네 가지 주성분을 철저하게 이해하는 것이 목적이니, 이 책은 물성의 원리보다는 차라리 '식품의 원리' 또는 '식품 공부법'에 관한 것이다.

경험이 없는 이론은 공허하고, 이론이 없는 경험은 위태롭다고들 한다. 지금까지 식품은 경험이 풍부하지만 그것을 정리할 이론이 부족했다. 세상에 넘쳐나는 것이 정보와 지식이다. 아무리 좋은 경험, 지식, 이론도 그것을 포용할 구조가 없으면 힘없이 흩어지고 사라진다. 경험과 지식을 포용할 제대로 된 틀이 있으면 개별적인 지식이 제자리를 찾아가 연결되고 쌓여서 힘이 되고 의미가 된다. 군더더기는 사라지고 핵심이 서로 연결되어 내용은 점점 명료해지고 힘이 생긴다. 그 힘은 강한 흡착력을 발휘하여 굴릴 때마다 커지는 눈덩이처럼 지식이 쉽게 쌓이게한다. 공부가 흥미로워지고 엉터리 정보로부터 자유로워질 수 있다.

원자와 세포 사이에는 분자만 있다. 분자는 어떠한 의지도 없고 단지 크기와 형태가 갖는 특성에 따라 끊임없이 움직일 뿐이다. 그 움직임은 환경에 따라 달라지기도 하지만 환경을 바꾸기도 한다. 그것이 식품의 물성 현상이기도 하고, 세포의 생명 현상이기도 하다. 분자의 형태로 식품의 대부분을 차지하는 분자가 설명이 되고, 그 분자의 집단 활동으로 다양한 물성과 많은 생명 현상이 설명된다면 나름 매력적이지 않을까?

2018. 7.
최낙언

CONTENTS

식품은 물성부터
공부하는 것이
효과적이다

물성을 알면
식품이 보인다

　물성은 생각보다 중요하다. 일류 요리사가 정성껏 준비한 맛있는 요리가 우리 눈앞에 한 상 차려져 있다고 생각해보자. 그런데 만약 이 요리를 전부 믹서에 넣고 갈아버리면 그 정체 모를 것을 먹고 싶어 할 사람은 없을 것이다. 다들 라면을 좋아한다지만 불어터진 라면을 먹고 싶어 하는 사람도 없을 것이다. 단지 물성만 달라진 것뿐인데 그렇다.

　우리가 마시는 음료는 물을 제외하면 탄수화물(설탕, 과당 등)이 대부분이다. 단백질이나 지방은 없고 산, 향, 색소 등 나머지 성분은 모두 합해도 1%가 되지 않는다. 그래서 설탕, 과당, 구연산, 향료, 색소에 과일 농축액만 있으면 어지간한 음료는 만들 수 있다. 하지만 음료를 제대로 만들고 차별화하기는 생각보다 힘들다. 물성이 없으므로 모든 것이 섞여 버리기 때문이다.

　고체나 반고체 식품은 자연스러운 색의 농담 차이, 색조의 차이 등을 이용하여 다양성의 부여가 가능하고, 부위별로 다양한 맛, 다른 식감을 제공하는 것도 가능하다. 또한 맛, 향, 색의 배치에 따라 무한대에 가까운 리듬과 콘트라스트가 가능하다. 반면, 음료는 한 제품 안에 들어 있는 내용물이 균일하다. 오직 한 가지 균일한 물성(자극)으로 감동을 주어야 하니 차별화가 쉽지 않다.

물성은 그 자체로 매력적이고, 온갖 식품의 다양성과 정체성을 부여하는 핵심적이면서, 내가 식품회사에서 주로 담당했던 일이라 예전부터 책으로 정리하고 싶었지만 어떻게 이야기를 풀어야 할지 너무나 막막했다. 그래서 물성의 구체적 기술을 정리하기 전에 준비 작업 삼아 물성과 식품 또는 생명체를 이루는 4가지 주성분인 탄수화물, 단백질, 지방, 물은 새로운 방식으로 정리해 보고 싶었다. 기존의 팩트의 나열식인 책들과는 다르게 분자구조를 통해 그들의 특성을 정리하는 것이다.

나는 물성이 식품 공부의 시작이라고 생각한다. 식품은 원래 생명체의 일부를 원료로 하지만 우리가 먹는 것은 생명체가 아니라 그것을 구성하는 분자이다. 따라서 분자의 특성을 이해하는 것이 식품과 생명 현상을 이해하는 시작인 것이다. 그래서 이번 책은 물성에 관한 책이지만 식품을 통합적으로 이해하는 시작이 될 수 있다고 생각한다.

물성은 생각보다 다양하고 재미있다

한 개의 달걀은 백몇십 원에 불과하다. 이처럼 싼 달걀이지만, 무궁무진한 요리법으로 요리사를 괴롭힌다. 주로 미국이나 영국 요리사에게 해당되지만, 간단한 아침 달걀 요리 하나에도 A4 몇 장을 채우고도 남을 요리법이 있다.

예를 들어 프라이를 보자. 뒤집지 않고 한쪽만 익히는 서니사이드업, 뒤집긴 하지만 살짝 굽는 오버이지, 완전히 익히는 오버하드 등으로 나뉜다. 영국이나 미국의 고급 호텔의 아침 식사는 다른 건 몰라도 달걀만큼은 요리사가 직접 불을 때서 즉석에서 요리하는 게 원칙이다. 초보 요리사를 골탕 먹이는 스크램블드에그도 있고, 끓는 물에 예쁘게 익혀내는 수란(水卵)도 있다. 치즈 등 고명을 얹어 오븐에서 굽는 시어드에그도 있으며 반숙이나 완숙 달걀은 기본이다.

내게 감동적이었던 달걀 프라이는 뉴칼레도니아의 한 호텔에서 메이드 복을 입은 뚱뚱한 원주민 아주머니가 두꺼운 무쇠솥에 기름을 엄청나게 붓고 자글자글 끓이다가 프라이 주문이 들어오면 튀기듯이 만든 프라이다. 흰자의 겉은 바삭했지만 질기지 않았고, 노른자는 밑면에서부터 윗면까지 익힌 정도가 다 달랐다. 미디엄 웰던에서 레어까지 노른자의 층위가 만들어졌던 것이다. 노른자의 아래쪽은 살짝 씹혔고, 위쪽은 크림처럼 입안에 가득 퍼졌다. 달걀은 신이 준 선물이라는 이야기는 하나도 틀리지 않았다.

- 『추억의 절반은 맛이다』 박찬일, P168~170.

SNS를 보면 간혹 오므라이스용으로 달걀을 익히는 동영상이 올라오곤 한다. 그 과정을 볼 때마다 달걀 하나로 그처럼 다양한 변신이 가능한 것에 놀라는 경우가 많다. 최근에는 일명 '감동란' 만드는 방법이 화제가 되기도 했다. 달걀은 맛도 매력이지만 물성 또한 매력이다. 감동란은 단순히 생달걀과 익은 달걀의 중간인 상태도 아니고, 너무 익어서 질기고 퍽퍽한 상태도 아니다. 전체적으로 수분이 많아 촉촉하고 부드럽고, 먹으면서 목이 메지도 않는다. 몇 개는 순식간에 그냥 먹을 수 있다. 우리나라에도 이처럼 물성을 까다롭게 맞춘 음식들이 등장하는 것은 분명

반가운 일이다.

앞으로는 향보다 물성의 기술이 제품의 다양성과 고급화에 유용한 기술이 될 것이다. 물성을 섬세하게 다루기 위해서는 그 원리를 제대로 알아야 한다.

물성은 논리적이라 예측이 가능하다

물성은 생각보다 훨씬 중요하고 다양하다. 그래서 알면 알수록 매력적이지만, 나에게는 특별한 매력 요소가 한 가지 더 있다. 향에 비해 과학적으로 설명되는 부분이 많아 공부하기가 훨씬 쉽다는 것이다. 몇 년 전에 쓴 책『커피향의 비밀』에서 향에 대해 설명할 때는 '향이 왜 어려운지'에 대한 변명이 많았다면, 물성은 그런 부분이 훨씬 적고 선호하는 이유도 훨씬 간결·명확해서 좋다. 나는 늘 맛은 10%도 과학으로 설명하기 힘들다는 말을 들어왔다. 그런데 몇 년간 꼼꼼히 들여다보니 이제 절반 정도는 과학적으로 설명이 가능해 보인다. 그러면 물성은 얼마만큼 과학적으로 설명이 가능할까?

물성은 기호성의 문제가 아니고 물리적인 성질이니 맛보다는 훨씬 잘 설명되어야 정상일 것이다. 그런데 물성을 과학적으로 이해하려는 노력은 정말 찾아보기 힘들다. 그나마 근래에 시도된 '분자요리(molecular gastronomy)'가 과학적 접근의 시작이다. 1992년 프랑스의 화학자 에르베 디스(Herve this)가 창시한 분자요리는 조리할 때 일어나는 변화를 분자 수준에서 탐구했다. 그 결과로 새로운 조리법과 재료의 활용법을 제시하여 요리에 새바람을 불러일으키기도 했다.

맛과 향을 분자적으로 이해하고 재결합하면 새롭거나 뜻밖의 요리를 만들 수 있다. 사과 모양에 김치 맛이 나는 아이스크림을 만들 수도 있고, 모양은 캐비아면서 사과 맛이 나게 할 수도 있다. 무스를 만들어도 기존과 전혀 다른 가벼운 식감으로도 만들 수 있다.

그렇지만 이런 새로움이 분자요리의 본질이라고 보기는 어렵다. 그런 기술이 요리에 적용되었다는 것은 새롭지만 가공식품에서는 그다지 새로운 기술이 아니다. 액체질소나 드라이아이스로 순식간에 아이스크림 만들기, 단백질 접착제로 트랜스글루타미나제 사용하기, 알긴산나트륨을 이용하여 구슬 모양의 젤리 만들기 등 분자요리 기술은 이미 가공식품에서 사용되던 것들이다. 분자요리는 과학이라는 새로운 틀을 통해 음식과 요리를 재해석하고 맛의 본질을 찾으려 한 것이 핵심이고 새로움은 덤인 셈이다.

분자요리에서 유명한 '수비드(sous vide)' 조리법은 물성을 과학적으로 다룬 대표적인 예이다. 수비드는 재료를 비닐봉지에 넣고 진공 포장하여 낮고 일정한 온도에서 장시간 요리한다. 이 온도의 설정과 시간 조절에 과학적 원리가 있다. 쇠고기의 근육 단백질 중 미오신은 50℃에서 변성되고, 액틴은 65.5℃에서 변성된다. 대부분의 식중독 균은 55℃에서 죽고, 맛과 향을 더해주는 메일라드 반응(갈변 반응)은 160℃ 정도에서 잘 일어난다. 이러한 과학적 사실에 기초하여 아주 부드러운 스테이크를 만들려면 미오신은 변성되면서 액틴은 변성되지 않는 50~65.5℃ 사이에서 가열하면 된다. 여기에 식중독 균을 고려하면 55℃를 넘겨야 하고, 온도가 높을수록 시간을 줄일 수 있으므로 60~65℃ 사이에서 가열하면 안전하면서 아주 부드럽게 익혀진 스테이크를 만들 수 있다. 재미있는 점은 온도를 61℃로 설정하면 며칠이 지난 후에도 미디엄 레어 상태 그대로 보존된다는 것이다. 시간이 지난다고 점점 더 구워지는 것이 아니라는 이야기다.

또 다른 장점은 열이 천천히 전달되어 음식 전체가 고루 익는다는 점이다. 그릴에서 구운 고기의 경우 겉은 타버리고 안은 설익는 '온도경사'가 존재할 수밖에 없다. 그러나 수비드 방식으로 조리하면 이런 온도경사 없이 고기 전체를 완벽한 미디엄 레어로 만들 수 있다. 그리고 열만 들어갈 뿐 아무것도 빠져나올 수 없기에 재료의 성분이 그대로 남게 된다. 단지 고온에서만 일어나는 갈변 반응이 없어서 특유의 맛과 향을 얻을 수 없다. 그래서 수비드로 조리한 고기를 다시 팬에 살짝 굽거나 토치로 겉을 굽기도 한다.

수비드 자체가 최고의 고기 요리법도 아니고, 모두 그런 식으로 요리해야 하는 것은 아니지만, 이 요리법이 우리에게 확실하게 알려주는 것이 있다. 과학으로 설명 가능한 것은 과학으로 이해하면 불필요한 시행착오를 줄일 수 있고, 재현성도 높고, 뜻밖의 아이디어로 이어질 수도 있다는 것이다.

물성은 식품 현상 중에서 가장 과학적으로 설명 가능한 현상이다. 그리고 몇 가지 핵심적 원리를 이해하면 수만 가지 물성 현상을 통합적으로 이해할 수 있기도 하다.

물성은 하나를 알면 열 가지에 응용이 가능한 공부다

요리에 관한 가장 뛰어난 책 중 하나로 꼽히는 『음식과 요리(On Food and Cooking)』의 저자인 해롤드 맥기가 음식에 대한 과학적 탐험을 시작하게 된 계기는 '왜 달걀은 익으면 굳는 것일까?'에 대한 물음이었다고 한다. 달걀을 삶으면 굳는다는 사실은 보통 사람들이 보기에는 너무나 당연한 현상이지만, 곰곰히 따져보면 일반적인 자연 현상과는 너무나 다른 행태이다.

대부분의 물질은 온도가 올라가면 부드러워지거나 녹아버린다. 그런데 달걀은 반대로 굳는다. 가열하면 굳는 것이 오직 달걀뿐이었으면 모두 신기해하면서 주목을 했을 텐데, 달걀뿐 아니라 식품 중에는 유난히 가열하면 굳는 것들이 많다. 고기(단백질)도 그렇고, 전분(탄수화물)도 그렇다. 그렇다 보니 '왜 달걀이 익으면 굳는 것일까?' 하는 해롤드 맥기의 질문이 오히려 생뚱맞게 느껴지기도 한다.

달걀이 익으면 굳는 것이나 밀가루를 반죽하면 탄성이 생기는 것, 달걀흰자를 휘핑하면 거품이 생기는 것, 두부를 응고시키기 위해 콩물을 끓이는 것은 모두 동일한 현상이다. 생명체 안에서 실뭉치처럼 둘둘 말아져 있던(Folding) 단백질이 길게 풀리는(Unfolding) 현상인 것이다. 효소와 같이 생명 현상에 참여하는 단백질은 주로 콤팩트하게 접히고 말려져 있다. 여기에 물리력이 가해지거나 가열하는 방법 등으로 운동성이 증가하면 길게 풀어지고, 길게 풀린 단백질은 주변의 단백질이나 다른 분자들과 결합하고 엉켜서 점도가 높아지거나 단단한 겔로 굳게 된다.

워낙 간략한 설명이라 지금 당장은 이해하기가 어렵겠지만 걱정할 필요 없다. 이것은 이 책에서 가장 핵심적인 주제로 다루어질 내용이기 때문이다. 고작 단백질이 풀어지는 현상이 뭐 그리 중요하냐고 생각하겠지만, 그 원리는 너무나 많은 제품에 적용되고 있으며 다른 성분에도 적용된다. 이것만 제대로 이해해도 물성 현상의 많은 부분이 쉽게 풀리게 된다.

사람들이 좋아하는 이유마저 논리적이다

백미를 건강의 적으로 여기고 현미를 건강의 구원자라도 되는 것처럼 예찬하는 사람도 많다. 그럼에도 불구하고 현미를 지속적으로 먹는 사람은 많지 않은데 여기에는 식감도 크게 한몫한다. 흰쌀밥은 부드럽고 현미밥은 밥알이 단단하고 찰기가 적다. 간혹 현미밥의 식감이 쫄깃하고 톡톡 터져서 좋다고 말하는 사람도 있지만, 대부분은 부드러운 것, 사르르 녹는 것을 좋아하지 딱딱하거나 질긴 것은 좋아하지 않는다. 그렇다고 애초에 물처럼 녹아 있는 것도 좋아하지 않는다. 완전히 녹은 것은 싫고 뭔가 씹히는 것이 있어야 하지만, 입안에서 씹으면 쉽게 부서지거나 사르르 녹아야 좋아한다.

나름 모순적으로 보이는 이 두 가지 욕망도 영양과 흡수 두 가지 측면에서 보면 충분한 이유가 있다. 딱딱한 것은 건더기에 영양이 있다는 증거이고, 녹는다는 것은 몸에서 흡수된다는 의미와 같다. 계속 고체를 유지하면 소화가 되지 않는다는 의미이므로 환영받기 힘든 반면, 입에서 잘 녹는 음식은 항상 사랑을 받았다. 그 대표적인 것이 바로 아이스크림이다.

아이스크림의 달콤하고 풍부한 맛은 조직이 입안에서 부드럽게 사르르 녹지 않으면 그 매력이 반감된다. 아이스크림이 부드러운 비밀은 바로 바람에 있다. 부피의 절반이 바람(공기)이다. 요즘은 기술과 기계가 좋아져 쉽게 만드는 것처럼 보이지만, 일정한 비율로 공기를 넣는 것은 쉬운 일이 아니다. 재료와 공정 그리고 설비의 삼박자가 맞아야 가능하다. 집에서 만든 아이스크림은 맛이 떨어지고, 한번 녹은 아이스크림을 다시 부드럽게 만들기 힘든 이유가 설비와 공정의 차이이다.

빵의 절반도 바람이다. 빵을 반죽하면 단백질이 풀리면서 탄력이 있는 조직이 만들어진다. 그리고 발효와 굽기를 통해 이산화탄소가 생기면서 부풀어 올라 탄력 있고 부드러운 조직이 된다. 빵의 매력에는 탄력과 부드러움이 큰 몫을 한다.

겉은 바삭하고, 속은 촉촉하게

우리는 바삭바삭한 제품을 정말 좋아한다. 고기도 겉은 바삭거리고 속은 촉촉하게 물성의 대조를 이루는 것을 좋아한다. 이처럼 바삭거리는 제품을 좋아하는 이유를 두고 『미각의 지배』의 저자 존 앨런은 포유류의 오랜 먹이가 곤충이었고, 곤충을 먹을 때 바삭거리기 때문이라고 해석한다. 지금도 원숭이가 막대기를 이용하여 흰개미를 잡아먹는 것을 보면 충분히 일리 있는 주장이라고 생각된다. 여기에 딱딱함을 건더기(영양)로 인식하고 녹거나 파삭거리면서 잘게 부서져 소화흡수가 된다는 느낌이 합해지면 좋아할 이유가 충분하다.

혀로 느낄 수 있는 입자크기는 대략 $20\mu m$(0.02mm)이다. 이보다 크면 가루가 느껴지므로 초콜릿을 만들 때 설탕과 같은 재료에서 입자감이 느껴지지 않도록 고가의 장비를 이용하여 이 크기보다 작게 분쇄한다.

물성은 정말 다양한 방식으로 맛에 영향을 준다. 목 넘김과 입안을 가득 채움 또한 물성의 효과다. 미뢰는 혀에만 있는 것이 아니다. 목 천장에도 있고 목젖에도 있다. 그래서 입안 가득 음식을 채워서 먹는 것이 쾌감이 크다. 어떤 사람은 면류를 넘길 때 목젖을 스치는 감각 좋아하기도 한다.

이처럼 물성은 향이나 맛에 비해 좋아하는 이유마저 공통적이고 훨씬 논리적이다. 공부해야 할 대상도 그리 많지 않다. 그러니 맛보다 물성이 훨씬 실용적인 공부인 셈이다.

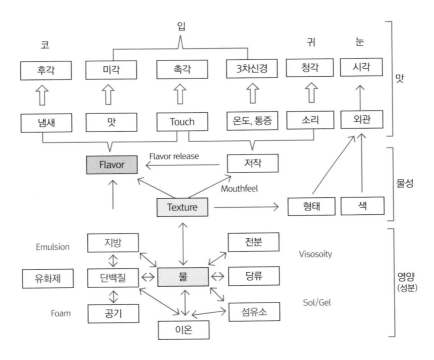

그림 1-1. 물성의 의미와 구성요소

식품과 물성을 이루는
핵심 성분은 네 가지뿐이다

생명(식품)의 시작은 물이다. 생명을 구성하는 물질 중 가장 많은 양을 차지하는 것이 물이고, 우리 몸도 65%가 물로 이루어져 있다. 태어날 때는 90% 정도인데 자라면서 줄어들어 그 정도만 남게 된다. 채소는 95%가 물이고, 대부분의 식품도 80% 정도는 물이다. 물만 제대로 알아도 식품과 생명 현상의 절반은 아는 셈이다.

식물에는 탄수화물이 많다. 광합성은 포도당을 만드는 과정이고, 포도당을 변형하면 과당과 설탕 등 수많은 당류가 만들어지고, 포도당을 길게 이으면 전분이나 셀룰로스 또는 식이섬유가 된다. 식물에서 물과 탄수화물을 합하면 93% 정도이니 식물은 탄수화물을 이해하는 것이라고도 할 수 있다.

동물은 여기에 단백질만 추가로 알면 된다. 지방도 많은 양을 차지하지만, 필수적인 지방의 함량은 고작 2% 정도에 불과하다. 에너지가 남으면 지방으로 비축하기 때문에 지방의 함량이 그보다 많은 것이지 생명에 그렇게 많은 지방이 필요하지는 않다. 나머지 뼈를 구성하는 칼슘과 인산, 모든 미네랄 등을 합해도 5% 미만이고, 뼈를 구성하는 성분을 빼면 2% 미만이다. 어찌되었거나 생명은 결국 물, 탄수화물, 단백질, 지방이 대부분이라 이것만 제대로 알면 95%를 아는 셈이다. 이것은 식품에서도 마찬가지이다.

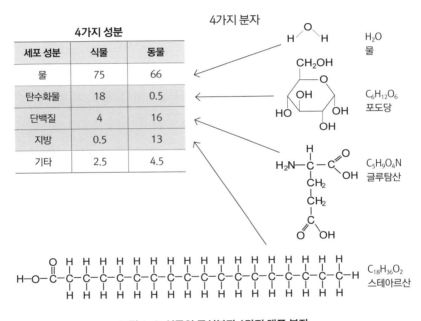

4가지 성분

세포 성분	식물	동물
물	75	66
탄수화물	18	0.5
단백질	4	16
지방	0.5	13
기타	2.5	4.5

그림 1-2. 식품의 주성분과 4가지 대표 분자

결국 식품의 물성을 좌우하는 성분은 물, 탄수화물, 단백질, 지방이며, 이들 자체는 맛과 향이 없지만 물성에 결정적인 영향을 미치며, 이 물성이 맛에 영향을 준다.

세상에 감미료는 몇 가지나 될까? 단당류, 이당류, 당알코올 등 교과서에 수록된 수많은 감미료를 나열할 수 있지만, 실제로는 "설탕 한 가지뿐입니다"라는 대답이 오히려 정확하다. 수많은 종류의 감미료가 있지만, 실제 시장에서 유통되는 감미료의 80% 이상이 설탕이기 때문이다. "산미료는 몇 종일까?"라는 질문 역시 "구연산 한 가지 뿐입니다"라고 대답하는 사람이 훨씬 제대로 알고 있다고 할 수 있다. 산미료 시장의 60%가 구연산이기 때문이다.

실제 시장과 현장은 너무나 냉정하고 현실적이다. **많이 사용되는 것은 그만큼 장점이 크다는 것이고, 그 장점을 뼈저리게 아는 게 중요하지 잡다한 것을 많이 알아봐야 별 소용이 없다. 가장 많이 쓰이는 것을 가장 많이 공부하고, 나머지 것은 왜 쓰는지에 대해 공부하는 방식이 효과적이다.**

이런 접근법이 식품의 전체 소재를 공부하는 핵심이면서 동시에 물성을 공부하는 데도 핵심이다. 그래야 물성을 알기 위해 무엇을 공부해야 하는지가 분명해진다. 가장 높은 비율을 차지하는 분자의 특성을 제대로 이해하는 것이 중요하다. 내 몸속에 있는 수십만 종을 하나하나 공부할 수는 없으니 가장 많고 공통적인 것들만 골라 알아보도록 하자. 물성을 이해하는 데는 그것으로 충분하다.

물성은 분자의 특성(구조식)을
이해하는 것이다

　우리는 신비한 것을 당연시하고 당연한 것을 신비하게 느끼는 경우가 많다. 예를 들어 병아리는 액체 상태인 달걀에서 태어난다. 그나마 달걀보다 훨씬 작은 크기의 병아리가 나오면 이해가 쉬운데, 달걀을 꽉 채운 병아리가 부화되어 나온다. 외부에서 어떤 물질을 공급해준 적도 없는데 어떻게 액체에서 뼈, 살, 발톱, 깃털이 만들어질 수 있을까? 답은 간단하다. 우리 몸의 70%가 물이고, 건더기는 30%라는 사실을 떠올리면 된다. 달걀도 70%가 물이고 30%는 건더기다. 즉 "달걀은 건더기가 무려 30%나 되는데 어떻게 액체상태일 수 있단 말인가!"가 제대로 된 질문이지 "어떻게 달걀에서 그렇게 커다란 병아리가 나온단 말인가!"는 제대로 된 질문이 아닌 것이다.

　자연의 모든 현상은 같은 법칙의 지배를 받는다. 겔화제인 알긴산이 칼슘을 만나면 굳는 현상은 정자가 난자와 만나는 순간, 난자가 굳어서 더 이상 다른 정자가 뚫고 들어오지 못하게 하는 것과 같은 원리다. 물성 현상을 통해 식품을 이해하고 생명 현상의 본질에 대해서도 생각해볼 수 있는 것이다. 물성 공부의 좋은 점은 모든 현상이 논리적으로 설명 가능하므로 공부할수록 쉬워지고, 물성의 기술을 이해하는데 실전적인 지식이 되고, 심지어 생명 현상의 이해에도 좋은 도구가 된다는 것이다.

하지만 물성을 제대로 이해하려면 분자구조식으로 익숙해져야 한다. 분자구조식을 포기하고 말로 배우려는 생각은 정말 곤란하다. 이것은 마치 독도법이 어렵다고 지도를 버리고 말로 설명하는 것과 같다. 분자의 구조식을 보는 눈을 키우는 것은 지도 읽는 법을 익히는 것과 같다. 독도법을 익힌 사람은 그렇지 않은 사람보다 훨씬 적은 시행착오로 원하는 곳 어디든지 갈 수 있다.

식품은 오로지 화학물질이고 식품을 이해하는 유일한 지름길은 화학구조를 보고 특성을 유추해내는 능력을 키우는 것이다. 말은 거창하지만 알아야 할 분자는 사실 몇 개 되지 않는다. 많이 쓰이는 것만 제대로 알면 된다. 화학을 조금이라도 알고 있는 사람은 한 달만 열심히 분자 구조의 패턴 읽는 법을 익히면 식품을 공부하는 시간을 몇 년은 줄일 수 있을 것이다.

만약에 드라이버를 단 한 번도 보지 못한 사람에게 드라이버는 나사를 푸는 일 외에도 문틈을 벌리거나 얼음 깨는 용도로도 쓰인다고 하면 어떨까? 실제 드라이버를 본 사람은 드라이버로 무슨 일을 하더라도 전혀 거부감이 없겠지만, 드라이버를 보지 못한 사람은 새로운 용도를 설명할 때마다 헷갈릴 것이다. 마찬가지로 설탕을 고작 감미료라고 배운 사람은 그것이 점도를 높이기도 하고, 미생물 성장을 돕거나 억제할 수도 있고, 빙점을 낮추거나 비점을 높일 수도 있다는 다른 기능을 말해주면 정말 헷갈릴 것이다. 구조식을 본다는 것은 실제 드라이버를 직접 보는 것과 같다. 시간이 지날수록 많은 정보를 유추해낼 수 있고, 헷갈림이 적어지는 공부이다.

문제는 누구도 이런 공부에 익숙하지 못하다는 점이다. 내가 물성 교육을 이런 식으로 시도해 본 적이 있었지만 역시나 쉽지 않았다. 보이지 않는 분자를 보는 눈을 가질 필요성에 별로 공감되지 않고, 익숙해지기 쉽지 않은 이유 때문인 것 같았다. 그래서 물성 공부는 의욕보다 궁합이 중요하다고 생각한다. 보이지 않는 것을 보고 싶은 사람은 이 책과 궁합이 맞을 것이고, 단답형 설명을 좋아하는 사람은 이 책과는 별로 궁합이 맞지 않을 것이다. 생소하면 무조건 어렵게 느껴지고 어려운 것도 익숙해지면 점점 쉽게 느껴진다. 물성 공부가 맛과 향에 대한 공부보다 훨씬 쉽다. 단지 익숙하지 않을 뿐이다. 아래 그림이 이번 책 전체를 통해 설명하려는 핵심 주제이다.

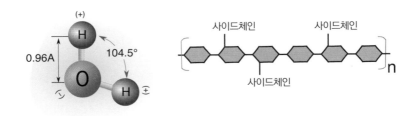

그림 1-3. 물의 분자 구조와 폴리머의 기본 구조

크기:
길이가 공간을 지배한다

분자의 크기를 아는 것이 왜 중요할까?

나는 크기의 중요성만 뼈저리게 알아도 이미 물성 공부의 1/3은 끝낸 것이나 다름없다고 생각한다. 그만큼 중요하다. 나도 분자 크기의 중요성을 식품 공부를 다시 시작하면서 조금씩 알게 되었다. 사실 대부분의 사람은 분자의 크기를 무시한다. 내 몸을 구성하는 세포의 크기, 세균의 크기, 단백질의 크기, 아미노산의 크기가 모두 다르지만, 어느 정도의 차이가 있는지는 잘 모른다. 크기를 알면 알 수 있는 정보가 정말 많은데도 그렇다.

사과 1개는 몇 개의 세포로 되어 있을까? 사과 1개에 몇 개의 포도당(분자)이 들어 있을까? 이런 질문을 받으면 황당해하고 그게 무슨 쓸데없는 질문인가 할 것이다. 사실 나도 정확한 답을 모른다. 우리가 필요로 하는 것은 숫자가 아니라 그 숫자를 추정하는 능력이다. 분자의 크기를 알면 쉽게 추정할 수 있기 때문이다. 콩알과 콩알 속에 있는 포도당의 크기 차이는 사람과 지구 크기의 차이 정도다. 하지만 우리는 눈에 안 보이면 그저 똑같이 작다고 생각하지 그 차이를 제대로 알려고 하지 않는다. 고작 크기를 제대로 알지 못해 일어나는 쓸데없는 오해와 시간의 낭비가 너무나 많은데도 그렇다.

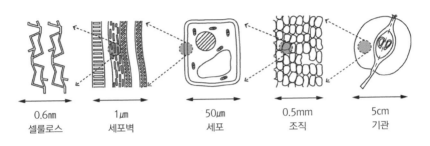

0.6nm   1μm   50μm   0.5mm   5cm
셀룰로스   세포벽   세포   조직   기관

그림 1-4. 분자의 레벨까지 확대한 모습

물성에서 분자의 크기보다 중요한 정보는 없다

물성을 공부할 때 왜 분자의 크기를 아는 것이 가장 중요할까? 미지의 물질에 대해서 단 한 가지의 정보만 주어진다면 그때 선택해야 할 가장 중요한 정보는 크기이다. 여러 개의 미지의 산이 있는데 일정한 비용과 시간을 주고 그중에 하나를 골라 완벽하게 지형을 탐사하라는 미션을 받았다고 치자. 그때 어떤 산을 고를지를 판단하기 위해 단 한 가지의 질문만 허용된다면 무엇을 묻겠는가? 산의 이름? 위치? 무엇이 자라고 무엇이 나오는지? 단 한 가지 정보만 알 수 있다면 산의 높이를 고르는 것이 현명하다. 산의 높이가 100m인지 1,000m인지 10,000m인지에 따라 모든 것이 달라지기 때문이다.

크기가 10의 1승, 2승, 3승, 4승으로 증가하면 길이가 10, 100, 1000, 10,000배가 되지만, 크기, 개수 등은 천, 백만, 십억, 일조 단위로 증가한다. 크기는 길이가 아니고 부피이다. 만약에 10^2인 100m 산이라면 별 준비를 할 필요 없이 탐사가 가능하겠지만, 10^4인 10,000m 산이라면(물론 그런 산이 지구상에는 존재하지 않지만) 무조건 포기하는 것이 현명하다. 산의 높이(크기) 정보에 수만 가지 정보가 딸려 있는 것이다.

높이가 10의 1승이면 10m .... 언덕

높이가 10의 2승이면 100m .... 얕은 산

높이가 10의 3승이면 1,000m .... 제법 큰 산

높이가 10의 4승이면 10,000m .... 지구에는 없는 산

그런데 사람들은 분자의 경우 크기의 정보를 무조건 무시한다. 설탕의 분자 크기가 10^{-9}m이고 바이러스의 크기가 10^{-7}m이라면 그 크기의 차이는 높이가 100m인 산과 10,000m인 산 정도의 경이로운 차이인데도 경이롭게 보지 못한다. 인간의 관점에 몰입되어 있기 때문이다.

가장 큰 문제는 학교에서조차 크기의 의미를 제대로 가르치지 않는다는 것이다. 원핵세포(세균)와 진핵세포(우리 몸 세포)를 마치 세균과 우리 몸 세포가 비슷한 크기인 것처럼 그린다. 그리고 그 차이가 세부구조의 차이인 것처럼 설명한다. 하지만 원핵세포와 진핵세포의 가장 결정적인 차이는 크기이다. 원핵세포는 $1\mu m$ 정도이고, 진핵세포는 $20\mu m$ 이상이라 직경이 20배 이상 차이가 나기 때문에 크기는 대략 1만 배 정도 차이난다. 그 차이는 월수입이 10만 원인 사람과 20억 원인 사람의 차이 또

는 직원이 10명인 회사와 20만 명인 회사의 역량 차이와 비슷하다.

물성을 알려면 반드시 나노의 크기를 알아야 한다

'식품을 만들 때 유화제로 물과 기름을 섞어주는 것이 왜 그렇게 힘들까?' 나는 이 고민에 한참을 매달렸다. 그리고 알게 된 사실은 아래 그림처럼 유화제 교재에 흔하게 등장하는 유화의 모식도가 완전히 엉터리라는 것이었다. 유화를 설명하는 모식도는 어느 교재나 비슷하다. 대부분 친수기와 친유기를 모두 가진 유화제가 작은 구형을 이루고 있는 모습을 하고 있다. 모식도(그림 A)를 보면 매우 안정적인 유화물이 만들어질 것 같지만, 사실은 전혀 말도 안 되는 그림이다.

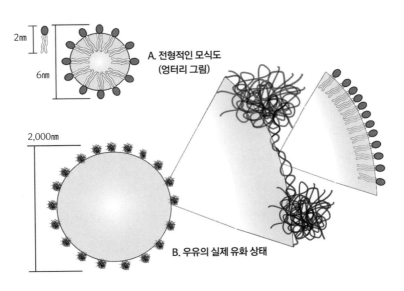

그림 1-5. 전형적인 유화 모식도와 실제 유화물

유화(乳化)는 말 그대로 우유처럼 만드는 것이고, 우유에서 뿌옇게 보이는 지방구는 $1\sim10\mu m$ 정도이다. 반면, 유화제는 지방산에 친수의 분자가 붙은 것이라 길이가 $0.002\mu m(2nm)$ 정도이다. 유화제의 크기를 기준으로 모식도를 해석하면 지방구의 크기는 지방산 길이의 몇 배에 불과하므로 유화가 아니라 가용화라고 해야 한다. 그리고 실제 유화의 크기라고 하면 그림의 B처럼 유화제의 크기를 눈에 보이지도 않을 수준의 가는 실선으로 처리해야 할 것이다.

결국 유화 교과서에 등장하는 가장 흔한 유화의 모식도마저 크기를 무시한 완전히 허구의 그림이라는 말이 된다. 생물의 시작인 세포의 크기부터 엉터리로 배우고, 유화는 시작인 모식도부터 완전히 엉터리를 가지고 공부를 시작하는 셈이다.

유화제의 크기를 알면 생각해 낼 수 있는 것이 많다. $2\mu m(2,000nm)$인 지방구의 표면을 완전히 감싸려면 얼마만큼의 유화제가 필요할까? $(2,000+2)nm$구의 부피 면적에서 $2,000nm$ 부피 면적을 빼면 된다. 그러면 전체 부피의 0.3%의 양이면 충분히 감쌀 수 있다는 계산이 나온다. 유화제를 제대로 사용한다면 그 필요량이 생각보다 매우 적다는 사실을 계산으로 쉽게 알 수 있는 것이다.

누군가 달걀 1개에 축구장 하나를 덮을 만큼의 레시틴이 들어 있다고 하면 그 진위를 어떻게 판단할 수 있을까? 달걀 1개에는 약 1g 정도의 레시틴이 들어 있다. 국제규격의 축구장은 길이가 $100\sim110m$, 폭이 $64\sim75m$이므로 면적은 $7,350m^2$ 정도인데, 이것을 만약 1m 두께로 덮으려면 레시틴의 비중이 대략 1이므로 7,350t이 필요하다. $1\mu m$로 덮으려면 7.35kg이 필요하고, $1nm$로 덮으려면 7.35g이 필요한데 레시틴 분자의 길이는 대략 2nm 정도이다. 촘촘히 세워서 축구장을 덮으려면 15g 즉, 달걀 15개가 필요하다. 이런 계산은 별로 재미가 없겠지만 물성은 감각보다 계산과 논리가 필요하다는 것을 알아야 한다.

DNA의 크기도 2nm 정도이다. 그런데 세포 하나당 30억 개가 이어져 있으므로 전체 길이는 1.8m 정도이다. 그리고 우리 몸은 30조 개 정도의 세포로 되어 있다. 내 몸에는 지구와 태양을 250번 왕복할 만큼의 긴 줄이 있는 것이다. 그리고 평생 50회 분열하므로 거의 1광년의 길이이다. 크기! 크기! 크기보다 중요한 정보가 없다는 사실이 물성 공부의 시작이다. 그리고 맛과 향의 공부 시작도 사실은 크기에서 시작해야 한다.

분자의 크기가 냄새 여부를 결정한다

혀로 느끼는 미각은 고작 5종류뿐이고 수만 가지 음식의 다양한 맛은 전적으로 향에 의한 것이다. 이런 향기 물질의 자격을 결정하는 가장 기본적이고 중요한 요소는 분자의 크기이다. 향기 물질을 코로 느끼기 위해서는 휘발성이 있어야 한다. 따라서 향기 물질은 무조건 크기가 1nm 이하이고, 분자량은 300 이하인 아주 작은 분자이다.

맛 물질도 분자의 크기에 따라 결정된다. 혀의 미뢰에 존재하는 맛 세포도 실제 맛을 감지하는 수용체는 나노 크기여서 맛의 분자도 나노 크기만 감지 가능하다. 결국 분자량이 적은 것 중에서 물에 잘 녹으면 맛 성분이 되고, 기름에 잘 녹고 휘발성이 있는 물질이 향기 성분이 된다.

향기 분자는 이처럼 크기가 작기 때문에 매우 적은 양에도 그 수가 엄청나게 많다. 예를 들어 향료 0.001g 정도면 그 속에 향기 분자가 30경(京) 개 정도가 모여 있다. 개미는 페로몬으로 길을 찾는데 개미의 페로몬 1mg으로 지구를 세 바퀴나 돌 만큼 긴 길을 만들 수 있다. 분자의 크기가 작다는 것은 그렇게 많은 수라는 뜻이다.

우리가 알아야 할 것은 나노미터(nm)에서 밀리미터(mm), 그 중 몇 가지 대표물질

모든 분자의 크기를 외우는 것은 불가능하다. 그런데 크기는 연속적인 것이 아니라 그 레벨이 있다. 개별 분자는 1nm로 알면 되고, 그런 분자가 모인 고분자가 10nm, 세균이나 유화물이 1μm, 진핵세포는 20μm 그리고 물성에서 혀로 입자감을 느끼는 크기도 20μm 정도라는 것만 외우면 된다. 분자와 폴리머의 레벨, 폴리머와 세포의 레벨 정도의 차이만 명확히 알아도 헷갈림이 사라진다.

설탕 등 단일 분자	:	1nm 전후
단백질 등 고분자	:	10nm 전후
세균, 유화물	:	1,000nm 전후(1μm)
진핵세포, 꽃가루 혀로 느낄 수 있는 크기	:	20,000nm 이상(20μm)

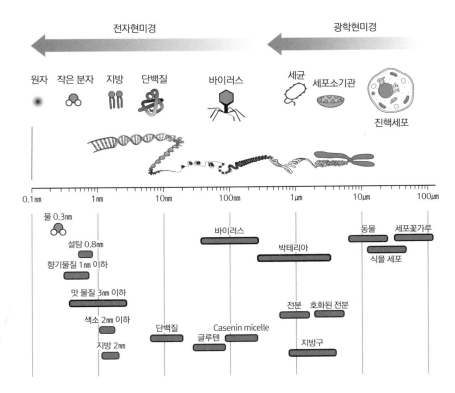

그림 1-6. 여러 가지 물질들의 크기 비교

	1	천	백만	10억	조	1000조	100경	10해
m	10^{-9}	10^{-8}	10^{-7}	10^{-6}	10^{-5}	10^{-4}	10^{-3}	10^{-2}
μm	0.001	0.01	0.1	1	10	100	1000	10000
	1nm	10nm	100nm	1μm	10μm	100μm	1mm	1cm
×100만	1mm	1cm	10cm	1m	10m	100m	1km	10km

설탕 분자의 크기는 1nm이므로 1㎠ 크기의 각설탕에는 10해(1조x10억) 개의 설탕 분자가 들어 있다. 설탕의 크기를 1mm로 확대하면 각설탕은 에베레스트보다 높은 10㎞의 산에 해당한다. 상상하기 힘들 정도의 많은 양이다.

크기(부피, 중량)는 길이의 세제곱이다

진핵세포는 원핵세포보다 10,000배 정도 크다. 이 사실을 아는 것이 왜 중요할까? 생명에서는 크기가 그 기능을 제한하고, 기능이 다시 크기를 제한하기 때문이다. 생명에서 그것을 뒷받침할 시스템 없이 크기를 키운다는 것은 불가능하다. 예를 들어 1층 건물을 짓는다면 나무, 흙, 시멘트, 철근 어느 것으로든 가능하다. 하지만 10층짜리를 나무로 짓기는 힘들고, 100층 건물을 일반 시멘트로 짓지 못한다. 건물이 높을수록 아래층은 위층의 무게를 감당하도록 튼튼하게 지어야 한다. 같은 재료로 높은 무게를 감당하려면 두껍게 써야 하는데, 그것은 아래층이 감당해야 할 무게를 연속적으로 증가시켜 점점 더 두껍게 써야 하는 무한루프에 빠지게 한다.

이처럼 건물 하나를 짓는 일도 복잡하지만, 생명은 이보다 훨씬 엄격한 크기의 제한이 적용된다. 예를 들어 개미와 코끼리를 비교하면 우선 둘은 생김새부터 확연히 다르다. 코끼리는 굵은 통나무 같은 다리에 두툼한 몸통을 가졌지만, 개미는 문자 그대로 개미허리를 가졌다.

만약 개미를 코끼리 크기로 그대로 확대하면 어떻게 될까? 그 문제는 결코 단순하지 않다. 길이가 L배 커지면, 면적은 L^2, 부피는 L^3으로 커진다. 길이가 10배면 표면적과 부피는 100배, 1,000배로 커지는 것이다. 길이 10mm, 몸무게 6mg인 개미를 4m로 길이를 400배 증가시키면, 표면적은 160,000배, 부피(무게)는 64,000,000배가 된다. 특수 강화 뼈가 아니면 도저히 그 무게를 개미허리 형태로 버티지 못한다. 결국 코끼리 크기가 되면 코끼리 형태가 될 수밖에 없는 것이다.

크기가 작아진다는 것은 표면적이 늘어난다는 뜻이다

이런 직경, 표면적, 부피의 관계는 식품의 물성 현상에서도 매우 중요하다. 입으로 음식물을 씹는 것은 크기를 줄이는 목적이지만, 크기를 줄이면 중량 대비 표면적 비율이 늘어나 맛으로 느낄 확률도 늘고, 향이나 맛 성분이 추출될 확률도 급속히 늘어난다.

크기에 따라 표면적이 늘어나는 현상은 생각보다 여러 가지 의미를 가진다. 표면적이 늘면 일단 반응할 수 있는 확률이 훨씬 증가한다. 그래서 산소와 반응이 활발해져 산화 안전성이 떨어지기도 하고, 용매의 작용이 활발하여 추출이 빨라지기도 한다. 그리고 흐름성은 낮아진다. 그래서 액체가 고체처럼 변하기도 한다.

식용유와 달걀을 이용하면 마요네즈를 만들 수 있다. 기본은 둘 다 액체인데 마요네즈로 만들면 반고형의 상태가 된다. 특별한 화학적인 변화가 있는 것이 아니라 강하게 교반하는 과정에서 엄청난 숫자의 지방구가 만들어지면서 그만큼 표면적이 급격하게 늘어나 벌어지는 일이다. 표면적이 늘면 표면적끼리의 마찰력이 커져서 움직이지 못해 고체가 되는 것이지 다른 마술은 없다. 이렇게 만들어진 마요네즈를 냉동실에서 얼렸다 녹이면 유화가 깨져 다시 액체인 달걀과 식용유로 분리된다. 그럼에도 우리는 평소 달걀이 굳은 모습을 자주 보기 때문에 달걀에 원래 굳는 성질이 있어서 고체가 되는 것으로 생각하기 쉽다.

달걀 같은 단백질이 전혀 없더라도 마요네즈 같은 물성을 만들 수 있다. 예전에 두부용 응고제를 개발한 적이 있다. 그때 사용한 원료는 식용유, 염화마그네슘, 물 이렇게 단 3가지뿐이었다. 제품 컨셉상 유화제나 달걀 같은 단백질은 전혀 쓰지 않고, 완전히 액체인 식

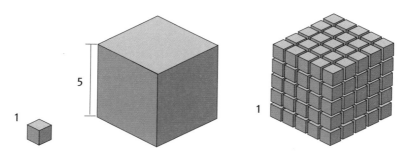

그림 1-7. 크기와 표면적의 효과

용유와 물에 염화마그네슘만 첨가해서 반고체 상태의 유화물을 만든 것
이었다. 이처럼 조건만 잘 맞추면 전혀 유화제를 쓰지 않고도 마요네즈
와 똑같은 형상의 반고형 유화물을 만들 수 있다. 액체와 액체가 만나서
유화제 없이도 반고체인 유화가 된다는 것도 재미있지만, 그 유화물을
물에 넣으면 바닥에 가라앉는 현상도 흥미로웠다. 물에 가라앉는 기름
을 만들 수도 있는 것이다. 마그네슘을 포화상태로 만들면 물이 모두 마
그네슘과 결합한 상태라 조건만 잘 맞추면 유화제 없이 유화가 가능하
고, 비중이 매우 높아서 유화물을 물에 떨어뜨리면 전혀 녹지 않고 물 밑
에 가라앉는다. 이 현상의 기술적인 내용은 이번 책에서 다루지 않겠지
만 표면적의 변화가 그 물체의 물성을 완벽하게 바꿀 수 있다는 것은 기
억할 필요가 있다.

크기가 결정적이다. 코끼리를 개미 크기로 줄이면?

표면적이 물성에 중요한 만큼 생명 현상에서도 당연히 중요하다. 코
끼리나 사람 같은 항온 동물은 체온을 일정하게 유지하기 위해 많은 에
너지를 소모한다. 몸에서 만드는 열은 몸의 세포 수, 즉 체중에 비례하고

몸에서 체외로 발산되는 열에너지는 몸의 표면적에 비례한다. 길이가 2배가 되면 부피는 8배, 표면적은 4배가 된다. 추운 지역 동물이 몸집을 키워야 유리하고, 더운 지역 동물이 몸집을 줄여야 유리한 이유는 추운 지방에서는 덩치를 키우면 부피 대비 표면적의 비율이 감소하여 에너지의 소비가 적고, 더운 지역에서는 덩치를 줄여야 부피 대비 표면적의 비율이 증가하여 열의 발산에 유리하기 때문이다. 공룡이 그렇게 큰 몸집을 유지하는 것도 에너지를 별로 들이지 않고 체온을 유지하여 대사 능력을 키우기 위함이다.

개미의 형태를 그대로 유지하면서 코끼리 크기로 늘리는 것이 간단하지 않은 이유는 체중(부피) 대비 뼈 강도(단면적)의 변화와 함께 열효율의 변화에도 있다. 만약 추운 지역에서 코끼리가 개미만한 크기로 줄어들었다면 부피는 6,400만 배 줄고, 표면적은 16만 배만 줄어들어 표면적 비율이 400배 증가하므로 원래보다 에너지를 400배나 더 써야 체온을 유지할 수 있다는 계산이 나온다. 그렇게 되면 모든 에너지를 체온 유지를 위해 쓰더라도 항상 모자라게 될 것이고, 결국 개미만한 코끼리는 체온 유지가 힘들어 항온동물의 속성을 잃게 될 것이다.

땃쥐는 동물계에서 엄청난 대식가이다. 물론 체중이 가벼운 땃쥐가 코끼리만큼 먹을 수는 없다. 하지만 체중당 음식 섭취량이 훨씬 많다. 코끼리는 하루에 대략 100kg 즉, 체중의 6% 정도를 먹는데, 땃쥐는 체중의 384%를 먹을 때도 있다. 포유류는 몸집이 작을수록 단위 질량당 에너지를 더 많이 소비하여 더 많은 음식을 필요로 한다. 땃쥐는 50만 마리가 모여야 코끼리 한 마리 무게가 되고, 그때 필요한 음식의 양은 코끼리가 필요로 하는 양의 무려 64배이다. 표면적은 이처럼 생명 현상에 중요하고 화학 현상에도 중요하다.

세포 안에는 많은 미세구조물이 있기 때문에 표면적이 매우 넓고, 효소도 있기 때문에 시험관에서보다 생화학 반응이 매우 빨리 일어난다. 그런데 물방울의 크기를 1μm로 줄이면 효소가 없이도 생화학 반응이 저절로 일어난다고 한다. 2015년 남홍길 교수 등이 연구한 결과에 따르면 인산, 리보스, 염기를 섞은 물을 분사해 직경이 1μm 정도인 초미세 물방울을 만들자, RNA의 구성 성분인 리보뉴클레오사이드 4종이 저절로 만들어졌다고 한다. 보통의 물에서는 일어나지 않는 반응이다. 남 교수는 마이크로 물방울에서 생화학 반응이 자발적으로 일어나거나 반응이 수천 배나 빠른 것을 보고, RNA같이 복잡한 물질도 합성이 되는지를 실험했다. 그러자 물방울의 크기가 작아질수록 표면적이 증가하고, 물방울 표면 안팎에는 강한 전기장 등이 형성되었다. 이런 요인들이 물방울 자체를 '촉매'처럼 만들어준 것이다. 생명 반응이 효소와 같은 생화학적 요인뿐 아니라 표면적과 같은 물리적 현상에 의해서도 크게 달라질 수 있다. 그리고 크기는 물성 자체를 바꾸기도 한다.

다이아몬드는 천연광물 중에서 가장 단단한 물질이다. 그래서 깨지거나 부서질지언정 구부러지지 않는다. 그런데 크기가 점점 작아져 나노미터 수준으로 작아지면 구부러지고 탄성도 생긴다고 한다. 매사추세츠 공대의 연구 결과에 따르면 보통 크기의 다이아몬드는 인장 변형의 한계치가 1%에도 훨씬 못 미치는데, 나노 크기의 다이아몬드는 9%나 되었다고 한다. 크기가 달라지면 다이아몬드같이 단단한 물체의 물성까지 달라지는 것이다.

표면적이 늘어나면 반응성이 커지고 침강속도는 느려진다

식품에서 가장 까다로운 공정의 하나인 유화는 결국 크기의 관리 기술이다. 크기가 작아지면 그만큼 표면적이 넓어져 많은 양의 유화제가 필요하지만 침강이나 상승속도가 느려져 안정화된다. 예를 들어 크기가 100μm인 입자가 침강하는 데 11.5초가 걸린다면 1μm로 줄인 것은 32시간이 걸리고 0.01μm로 1조 배 줄인 것은 36년이 걸린다. 크기는 직경이 아니고 직경의 3승 배이므로 크기를 줄인다는 것이 얼마나 힘든 것이고 큰 변화인지를 제대로 이해할 필요가 있다.

표 1-1. 크기에 따른 상대적 침강속도

직경	100μm	10μm	1μm	0.1μm	0.01μm
침강 시간	11.5초	10분	32시간	133일	36년

요즘 미세먼지가 정말 걱정이다. 먼지 중 pm10(지름이 10μm보다 작은 먼지)인 경우 '부유먼지', pm2.5(지름이 2.5μm보다 작은 먼지)인 경우 '미세먼지'라고 부른다. 사람의 머리카락 지름이 50~70μm이니까 부유먼지나 미세먼지는 눈에 보이지 않고, 단지 집합체로 뿌옇게 보일 뿐이다. 큰 먼지는 빨리 가라앉고, 사람의 코털이나 기관지 점막에서 걸러져 배출되지만, pm10인 부유먼지는 폐 기관까지 들어오고, pm2.5인 미세먼지는 미세혈관으로 흡수되기도 하며 인체에 가장 큰 피해를 끼친다. 미세먼지는 잘 가라앉지도 않아 제거가 안 되는 '최악의 먼지'다. 이처럼 크기는 그 자체로 엄청난 의미를 가진다.

크기와 형태가 색을 만들기도 한다

유화물과 가용화물을 구분하는 기준도 크기이다. 유화물은 크기가 1 μm 전후이고, 가용화물(용해물)은 크기가 0.1 μm 이하이다. 유화물은 매우 적은 양으로도 불투명한 유백색을 띠는데, 가용화물은 투명하다. 같은 양이면 숫자로는 가용화물이 훨씬 많은데 왜 투명한 것일까?

보통 색은 색소로 낸다고 생각하지만, 자연에는 색소가 전혀 없이 색을 내는 경우가 많다. 사실 색소는 단지 빛의 특정 파장을 흡수할 뿐, 색을 생산하는 기능은 전혀 없다. 무엇이든 빛(가시광선)의 적당한 영역을 흡수하거나 산란 또는 반사하면 색이 만들어진다. 그래서 색소가 없이 만들어진 색이 색소에 의한 색보다 찬란하고 아름답기까지 하다. 그 대표적인 예가 모르포(morpho)나비다.

모르포나비는 색깔이 워낙 화려하고 아름다워서 색소를 추출하려는 노력이 많았다. 그러나 결과는 번번이 실패였다. 그 이유는 나중에야 밝혀졌는데 색소가 전혀 없이 단지 형태의 특성으로 나온 색이었기 때문이다. 모르포나비의 날개를 전자현미경으로 확대해 보면 마치 기와를 얹

표 1-2. 유화와 가용화의 특성 비교

직경	가용화(Solubilization)	유화(Emulsion)
크기(직경)	0.1 μm 이하	1 μm 전후
갯수	많다 (1,000배)	적다
외관	투명	유백색/불투명
표면적, 유화제량	많다 (100배)	적다
분산 안정성	높다 (100배)	낮다
산화 안정성	낮다	높다

은 것처럼 규칙적인 배열이 나타나는데, 바로 이 나노 크기의 특별한 구조가 특정 파장의 빛만 반사하고 나머지는 통과시켜 신비한 색을 만든 것이다.

이처럼 자연에는 모르포나비처럼 색소 없이 색을 내는 경우가 많다. 백합이 눈같이 하얗게 보이는 이유도 꽃잎 세포 속에 있는 미세한 기포 때문이고, 조류의 깃털, 모피의 불투명한 흰색도 기포의 효과이다. 연체동물이나 산호류 등은 탄산칼슘의 미세한 입자 덕분이다. 이런 형태의 색은 구조의 변화에 따라 색이 변할 수밖에 없다. 그래서 나비의 색은 보는 각도와 빛의 입사각에 따라 다른 빛을 보인다. 심지어는 스스로 구조를 바꾸어 색을 바꾸기도 한다. 카멜레온이 대표적인 경우이다.

카멜레온은 주변의 환경에 따라 피부색을 순식간에 바꾸는 것으로 유명하다. 그런 능력이 색소에 의한 것이라면 카멜레온은 순식간에 피부에 색소를 합성하고 또 색을 분해하는 능력을 갖추어야 한다. 하지만 빠른 속도로 색소를 합성하는 것은 혹시 가능할지 몰라도 색소의 제거는 불가능하다. 바닥에 물감을 쏟는 것과 그것을 깨끗이 닦아내는 것을 생각해보면 알 것이다.

카멜레온의 빠른 변색의 비결은 바로 구조의 변경에 있다. 카멜레온의 피부에는 빛을 반사하는 층이 2개 있는데, 카멜레온은 피부를 당기거나 느슨하게 하는 방법으로 이 층에 있는 나노결정의 격자구조를 바꿀 수 있다. 격자구조가 변하면 흡수하는 빛의 파장대가 바뀌어 색이 변하게 된다. 카멜레온의 색은 색소 분자의 생합성의 결과물이 아니라 피부 운동의 결과인 셈이다.

우리도 색소 없이 한 가지 색은 쉽게 만들 수 있다. 바로 흰색이다. 사실 자연계에 흰색 색소는 존재하지 않는다. 단지 빛을 모두 산란시키는 형태를 가지고 있어서 그렇게 보일 뿐이다. 미세한 물방울, 물에 공기 방울 심지어 기름방울도 흰색이 된다. 단지 크기 조건만 맞추면 된다. 흰꽃, 조개, 산호뿐 아니라 맥주나 탄산음료에서 미세한 거품(공기)이 올라올 때 흰색이 되고, 달걀흰자를 휘핑하면 미세한 공기와 지방 입자가 만들어지면서 흰색이 되고, 아이스크림이나 생크림을 휘핑해서 하얗게 된다. 안개는 공기 중의 작은 물방울로 인한 만들어진 흰색이다.

이런 흰색 효과는 입자의 크기가 가시광선 범위보다 약간 큰 $1\mu m$ 전후에서 극대화된다. 이 크기에서 빛의 반사 능력은 크고, 많은 숫자의 입자를 가지기 때문이다. 그래서 어떠한 물질이든 $1\mu m$ 크기 정도로 쪼개면 0.01g 양으로도 100g의 물을 완전히 하얗고 불투명하게 만들 수 있다. 우유를 균질기로 미세하게 만들면 지방구 크기가 $10\mu m$ 전후에서 $2\mu m$ 전후가 되므로 훨씬 하얗게 된다. 분말을 미세하게 분쇄할수록 물질과 관계없이 하얗게 되는 이유가 이런 까닭이다. 마요네즈의 하얀색도 작은 입자의 형성에 의해 만들어진 색이다.

$1\mu m$보다 작아지면 약간 푸른 기운을 띤 백색이 되고, 더 작아지면 청백색이 된다. 빛의 파장($0.4\sim0.7\mu m$)보다 작은 $0.1\mu m$ 크기가 되면 반투명해진다.

물에 어떤 물질을 $0.01\mu m$ 즉, $10nm$ 이하로 녹일 수 있다면 용액은 투명해진다. 설탕이나 소금은 미세하게 분말로 만들면 하얗게 되는데 이것을 물에 넣으면 투명해진다. 모두 $0.001\mu m$ 이하인 분자 단위로 용해되어 빛의 파장이 그 사이를 마음껏 지나갈 수 있기 때문이다.

혀로 느낄 수 있는 입자의 크기는 20㎛ 이상

크기의 중요성을 말했지만, 식품을 공부하는 사람이 알아야 할 크기의 단위는 그리 많지 않다. 1nm, 1㎛(1,000nm), 20㎛ 이 세 가지 정도면 충분하다. 1nm는 분자의 크기, 1㎛는 흰색의 크기, 광학 현미경으로 관찰이 가능한 크기 또는 생명의 최소 크기로 알면 되고, 20㎛는 진핵세포의 크기 또는 혀로 느낄 수 있는 가장 작은 크기로 알면 된다. 20㎛는 맨눈으로 볼 수 없는 크기인데 혀에서는 느껴진다는 것이 신비한 일이다. 그래서 초콜릿은 설탕을 미세하게 분쇄하고, 아이스크림은 얼음 입자의 크기에 따라 부드러움이 달라진다. 우리가 혀로 느끼는 20㎛는 1nm의 분자가 최소한 20,000×20,000×20,000개가 모인 크기이기도 하다.

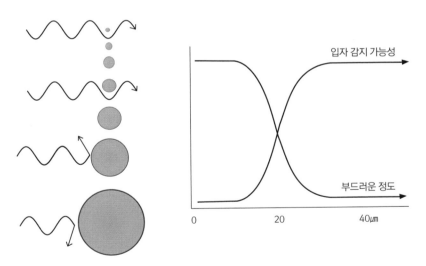

그림 1-8. 입자의 크기에 따른 빛의 투과성　　그림 1-9. 입자의 크기에 따른 혀의 감지 가능성

길이의 효과: 분자가 길어지면 결합력이 증가하고 느려진다

식품의 분자는 크기가 '입체'가 아니라 '길이'로 전환되는 경우도 상당히 많다. 지방산도 그렇고 탄수화물, 단백질, 핵산 같은 폴리머도 그렇다. 식품은 동일한 분자가 엄청나게 길게 이어진 형태가 많으니 그만큼 공부하기는 쉽다.

동일한 구조의 분자가 주욱 늘어진 것은 분자의 길이(=분자량)에 비례하여 서로 결합하는 힘이 커진다. 그래서 잘 녹지도 않고 끓지도 않는다. 분자 길이가 아주 짧은 것은 기체이거나 쉽게 휘발하여 냄새를 가진 것도 많다. 길이가 길어질수록 녹는점, 끓는점, 점도 등이 높아지고, 휘발성이나 용해도가 떨어지는 것은 식품에 존재하는 분자들의 공통적인 특성이다.

소수성 폴리머인 지방의 특성

분자 길이의 효과를 가장 쉽게 알아볼 수 있는 것은 탄화수소이다. 탄화수소를 식품과 무관한 화학물질로 생각할 수도 있지만, 지방산이 바로 탄화수소의 대표적인 형태이다. 이번 책에서 다루려고 하는 소재가 물, 탄수화물, 단백질, 지방 이렇게 네 가지 분자이니 지방의 특성을 제대로 이해하는 것이 이번 공부의 1/4이다. 그러니 대표적 탄화수소인 알칸(알케인)의 특성부터 잘 이해할 필요가 있다.

탄소가 하나인 것은 메탄이고 도시가스의 주성분이다. -162℃에도 기체가 되므로 액체로 유지하려면 고압을 견디는 설비가 필요하다. 우리가 흔히 쓰는 부탄가스는 탄소가 4개이고 0℃가 넘어야 기화가 된다. 추운 겨울이나 사용 중에 온도가 낮아지면 아직 연료가 남아있는 상태에서도 쓸 수 없는 이유이다. 이것을 방지하기 위해서는 탄소가 3개인 프로판을 혼합하기도 하는데 프로판은 -42℃ 이상이면 기화되는 성질이 있다. 그러면 처음부터 프로판을 쓰면 되지 않느냐고 하겠지만, 동일한 양이면 탄소 수가 큰 것일수록 많은 열량을 내기 때문에 부탄가스가 연비가 유리하고, 안전성도 높다.

탄소 수 8개(옥탄) 전후가 휘발유의 주성분이다. 온도가 100℃ 이상이어야 기화하기 때문에 자동차는 별도의 기화(분사) 장치가 있다. 탄소 수가 14개 이상은 동일한 양으로 그만큼 많은 열량을 내지만 훨씬 고압의 기화 장치가 있어야 하므로 엔진이 크고 비싸진다. 항공기나 배처럼

표 1-3. 알칸 물질의 분자 길이에 따른 물리적 성질의 변화

이름	분자식	녹는점(℃)	끓는점(℃)	밀도	사용/존재
메탄	CH_4	-183	-162	(기체)	천연가스(주성분), 연료
에탄	C_2H_6	-172	-89	(기체)	천연가스(부성분), 원료
프로판	C_3H_8	-188	-42	(기체)	LPG(연료)
부탄	C_4H_{10}	-138	0	(기체)	LPG(연료, 라이터 연료)
펜탄	C_5H_{12}	-130	36	0.626	휘발유의 성분(연료)
헥산	C_6H_{14}	-95	69	0.659	휘발유의 성분, 추출 용매
헵탄	C_7H_{16}	-91	98	0.684	휘발유의 성분
옥탄	C_8H_{18}	-57	126	0.703	휘발유의 성분
데칸	$C_{10}H_{22}$	-30	174	0.730	휘발유의 성분
도데칸	$C_{12}H_{26}$	-10	216	0.749	휘발유의 성분
테트라데칸	$C_{14}H_{30}$	6	254	0.763	디젤유의 성분
헥사데칸	$C_{16}H_{34}$	18	280	0.775	디젤유의 성분
옥타데칸	$C_{18}H_{38}$	28	316	(고체)	파라핀 왁스 성분
에코센	$C_{20}H_{42}$	37	343	(고체)	파라핀 왁스 성분

커다란 엔진을 쓰는 장치는 길이가 더 긴 분자를 쓴다.

그런데 분자의 길이가 길어지면 단지 무게가 그만큼 증가하기 때문에 녹는 온도나 기화하는 온도가 높아지는 것일까? 동일한 길이의 지방임에도 꺾인 구조의 불포화지방은 훨씬 낮은 온도에서도 액체 상태를 유지하는 것을 보면 단순히 중량의 효과만이 아니라는 것을 알 수 있다. 분자량보다 분자끼리의 결합하는 힘(결합 가능한 면적)이 더 많은 부분을 설명한다.

포화지방은 쭉 뻗은 직선형이라 길이가 길수록 서로 결합하는 힘이 커서 그 분자 사이를 떼어 놓으려면 그만큼 많은 에너지가 필요하다. 녹는 온도와 끓는 온도가 높다는 뜻이다. 불포화지방은 꺾인 형태 때문에 서로 결합하기 힘들다. 그래서 거의 같은 크기임에도 훨씬 쉽게 액체가 된다. 그리고 꺾인 구조 때문에 여러 가지 결정의 형태를 가지고 그 형태에 따라 녹는 온도가 완전히 달라지는 결정다형현상(polymorphism)을 보여준다.

식품은 탄소의 숫자가 20개 이하인데 왁스는 지방보다 2배 정도 긴

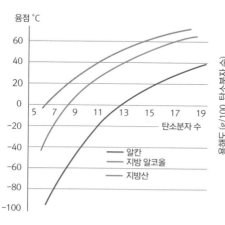

그림 1-10. 탄소 수에 따른 융점 변화

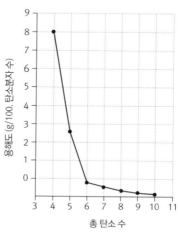

그림 1-11. 탄소 수에 따른 용해도 변화

물성의 원리

사슬이라 잘 녹지 않는다. 폴리에틸렌은 지방산과 똑같은 구조인데 단지 수백 개 이상 모였다고 그렇게 단단한 플라스틱(HDPE, LDPE)이 된다. 이런 특성은 친수성 폴리머인 탄수화물에도 그대로 적용된다.

친수성 폴리머인 탄수화물의 특성

지방인 탄화수소는 탄소에 수소만 결합하여 물과 전혀 친한 구석이 없지만, 탄수화물은 탄소(C)의 수화물(H_2O)이라 물과 친한 특성을 가지고 있다. 포도당이 엄청나게 많이 결합한 것이 탄수화물이다. 포도당이 스프링 형태로 공간이 넓게 연결된 것이 전분이고, 빈틈이 없이 직선형으로 조밀하게 연결된 것이 셀룰로스 또는 식이섬유이다.

당류가 여러 개 결합한 탄수화물의 특성을 알기 위해서는 몇 개의 분자가 결합했는지를 나타내는 DP(Degree of Polymerization: 중합도 = 길이)와 형태의 특성을 나타내는 DS(Degree of substitution: 치환도)만 알면 충분한 경우가 많다.

A: DP(폴리머 길이)에 따라 길이의 3승 배로 점도가 증가한다.

DP(중합도, Degree of Polymerization) = Chain length: 100~1,000unit.

　　Higher DP = 고점도, 수화속도 느림.

　　Lower DP = 저점도, 수화속도 빠름.

B: DS(사이드체인)에 따라 폴리머의 특성이 변한다.

DS(치환도, Degree of substitution) = Side chain per Unit.

　　Higher DS = 잔기가 균일하게 분포, 수화 빠름 ···▸ 증점 현상.

　　Lower DS = 잔기가 불균일하게 분포, 수화 느림 ···▸ 겔 형성.

분자의 형태에 특성이 담겨있다

이제부터 중합도와 치환도의 두 가지 특성을 가지고 탄수화물, 단백질, 지방에 대한 대부분을 설명하려고 한다. 놀랍게도 대부분의 특성이 이 두 가지로 설명된다.

식품의 분자뿐 아니라 다른 분자도 그 특성을 알려면 분자 구조식을 확인해보는 것이 가장 좋은 방법이다. 분자의 구조식은 수학의 방정식과 같은 것이다. 구조식을 보고 특성을 짐작하는 능력을 갖추면 방정식 하나로 수많은 현상을 설명해주는 것처럼 명쾌해짐을 느낄 수 있다. 말로 공부를 하면 갈수록 헷갈리고, 분자 구조식으로 공부를 하면 자연을 있는 그대로 바라보는 것이라 현상들이 단순해지고 명쾌해진다. 분자 구조식은 진리의 그래픽 언어인 셈이다.

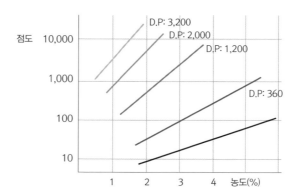

그림 1-12. CMC에서 폴리머의 길이(DP)와 점도의 관계

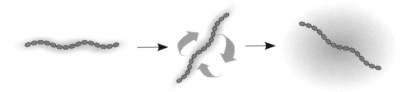

D.P효과 : 길이의 3승배, 폴리머는 입체적으로 회전하면서 공감을 점유한다

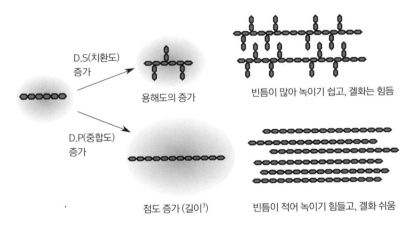

그림 1-13. 폴리머의 길이와 사이드체인의 효과

5

운동:
분자는 결코 멈추지 않는다

세포를 현미경으로 자세히 관찰하려면 가장 먼저 단단히 고정해야 한다. 세포도 움직이고 내부 소기관들은 훨씬 심하게 움직이기 때문이다. 그런데 세포는 왜 그렇게 활발히 움직이는 것일까?

1827년 6월 런던의 한 연구실, 스코틀랜드의 식물학자 로버츠 브라운은 책상에 놓인 자신의 현미경을 들여다보기 시작했다. 현미경 렌즈 아래에는 한 방울의 물이 있었는데, 그 물에는 달맞이꽃에서 채취한 꽃가루가 들어 있었다. '이 작은 입자가 어떻게 식물에서 식물로 생명의 전령을 퍼뜨릴까?'에 대한 연구의 일환이었다. 브라운은 현미경을 들여다보면서 입자들이 조용히 움직이지 않기를 기다렸다. 처음에는 활발히 움직여도 시간이 지나면 꽃가루가 렌즈 아래의 물방울에서 조용히 침전할 것이라 생각했기 때문이다. 그러나 꽃가루 입자는 결코 가만히 가라앉지 않았다.

입자들은 끝없이 모든 방향으로 운동했다. 그냥 움직이는 것이 아니라 마치 춤을 추는 것 같았다. 위아래로 뛰고, 앞뒤로 지그재그로 왔다 갔다 하고, 마치 회오리치는 작은 태풍에 붙잡혀서 던져지는 것처럼 움직였다. 이런 광적인 춤은 잠시도 쉬지 않고 계속되었다. 브라운이 아무리 오랫동안 보고 있어도 춤은 결코 멈추지 않았다.

19세기 초반 과학자들이 알고 있던 것 중에 스스로 계속 움직이는 것은 생명뿐이었다. 브라운은 먼저 원생동물을 떠올렸다. 현미경이 발명된 초기에 원생동물이 이렇게 운동한다고 알려졌기 때문이다. 그런데 가장 작다고 알려진 원생동물보다 훨씬 더 작은 이런 꽃가루 입자가 정말 살아 있을까? 꽃가루 입자가 가장 작다면 그것은 '원자'와 같이 가장 기본적인 생명 단위일까? 이것이 생명의 비밀이며 생명은 이런 미소한 운반체로 전달되는 것일까? 브라운은 이런 의문에 사로잡혔다.

그러나 그는 신중한 과학자였다. 다른 가능성도 관찰하기 시작한 것

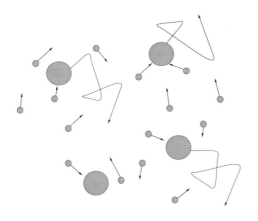

그림 1-14. 꽃가루의 브라운 운동

이다. 그는 금방 생명과 관련 없다는 사실도 알아냈다. 암석 가루나 검댕 입자 같은 얻을 수 있는 것은 무엇이든지 작게 분쇄하여 물에 넣고 현미경으로 관찰했다. 그러자 죽은 물질이 춤을 추었다. 검댕, 모래, 광물, 금속, 심지어는 티끌까지도 달맞이꽃 꽃가루와 똑같은 모습으로 춤을 춘 것이다. 건조된 꽃가루, 진(술) 속에 2주 정도 담가둔 입자, 100년 이상 된 이끼 포자, 유리 조각, 금속, 심지어 운석 조각까지도 곱게 갈아 관찰하자 마치 영구기관을 가진 듯 어김없이 춤을 추었다. 이것이 바로 '브라운 운동'이라 불리는 현상이다. 그런데 이 운동의 의미를 그리 심각하게 생각해보는 사람은 많지 않다. 영구기관에는 관심이 많아도 실제로 존재하는 영구운동에는 별로 관심이 없는 것이다.

브라운은 입자의 크기 효과를 조사했다. 8,000분의 1인치 입자는 10,000분의 1인치 입자보다는 분명히 더 느리게 춤을 췄다. 그렇다면 이보다 훨씬 작은 입자는 어떨까? 역시나 작을수록 더 빨리 움직였다.

빛은 광속으로 움직이고, 원자 주변의 전자는 광속의 1/10의 속도로 영원히 회전한다. 아마 이 전자의 영원한 요동이 모든 분자 요동의 근본 원인일 것이다. 그리고 중량의 대부분도 운동이다. 원자의 중량은 대부분 핵이 차지하는데, 핵을 구성하는 양성자는 약 1.7×10^{-27}Kg이고 에너지로 환산하면 약 938.3MeV이다. 양성자는 3개의 쿼크로 구성되었는데 이들의 질량은 모두 합해도 9.4Mev에 불과하다. 중량의 1% 정도에 불과한 것이다. 그럼 99%의 중량은 어디에서 오는 것일까? 이들 쿼크는 그 작은 양성자 공간을 광속에 가까운 속도로 날아다닌다. 엄청난 운동에너지를 가지고 있어서 양성자의 질량을 측정하면 이 운동 에너지를 포함한 모든 에너지의 양이 질량으로 측정되기 때문에 그 무게가 나오는 것이라고 한다. 만약 쿼크가 움직임을 멈추면 질량은 1%로 감소한다. 우리의 몸을 구성하는 모든 소립자를 합해도 그 자체의 무게는 2%에 불과하고, 98%는 그들이 광속으로 영원히 운동하는 것에서 나온다고 하니 우리 몸무게의 대부분은 운동이라 할 수 있다.

아래 그림은 내가 가장 좋아하는 그림 중 하나이다. 이 그림을 통해 **마이크로(μm)** 이하의 세계에서는 크기가 작을수록 심하게 움직인다는 것을 확실히 알면 좋겠다. 사실 이보다 중요한 의미를 가진 지식도 별로 없다고 생각한다.

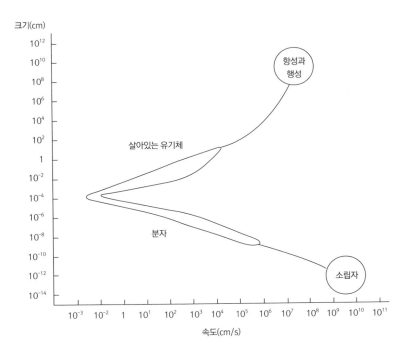

그림 1-15. 크기와 속도의 관계
(출처: Bonner, The evolution of culture. in animals, 1980)

1. 브라운 운동은 영구운동이다

꽃가루가 흔들리는 것은 꽃가루 자체보다 주변의 물 분자가 꾸준히 꽃가루를 흔들기 때문이다. 물 분자의 크기는 0.2nm에 불과하고, 아무리 작은 꽃가루도 5,000~50,000nm이므로 물 분자보다 직경이 10,000배 이상 크다. 크기가 1조 배 이상 차이가 난다는 뜻이다. 그런데 그렇게 작은 물 분자들이 자기보다 1조 배 큰 꽃가루를 끊임없이 흔들리게 할 정도로 격렬하게 진동한다. 이런 물의 진동이 결국 모든 생명 현상의 근본이고 모든 생명체가 그렇게 많은 물을 필요로 하는 근본적인 이유일지도 모른다. 물은 우리 몸무게의 60% 이상이지만, 숫자로는 99%가 넘는다.

우리는 마이크로 이상의 크기만 보고, 클수록 빨리 움직이는 것을 보는데, 세상의 기반을 이루는 분자와 마이크로의 세계는 눈에 보이는 세계와 정반대로 작을수록 빨리 움직인다. 이런 측면에서 생명의 의미없는 랜덤한 움직임을 억제하는 것이 생명의 시작이라고 할 수 있다.

춤추는 근육

근육은 액틴과 미오신이라는 단백질로 구성되어 있으며, 아주 정밀하고 치밀한 구조를 자랑한다. 현미경으로조차 관찰이 힘들어서 1990년대에 들어서야 구체적인 관측이 가능해졌다. 근육이 수축하기 위해서는 일렬로 늘어서 있는 미오신 단백질들이 가장 가까이에 있는 액틴 섬유를 화학적 힘으로 끌어당기는데, 이는 마치 미세한 줄다리기와 같다. 이런 수축과 이완을 통해 우리는 걷고 뛰거나 물건을 들 수 있다.

근육의 운동에는 ATP라는 에너지가 필요하다. 그런데 ATP는 어떻게 근육을 움직이게 할까? 일본 오사카 대학의 야나기다 토시오와 연구진이 그 작은 움직임들을 검출할 수 있는 장치를 개발하여 관찰한 결과, ATP 분자 한 개를 미오신에 주면 미오신은 정확히 한 걸음만 움직이는 것이 아니라 두 걸음, 세 걸음 또는 다섯 걸음을 걷고, 심지어 뒤로 즉 반대로 움직이기도 했다. 그리고 때로는 전혀 움직이지 않았다. 야나기다 연구진은 여러 조건의 실험을 통해 미오신 자체는 마구잡이로 움직이며, 우리가 방향성이 있게 움직이는 것은 그런 여러 움직임의 통계일 뿐이라고 결론지었다. 우리는 1분도 철봉에 매달리기 어려운데, 고기는 사후 강직이 일어나면 몇시간 동안 철봉에 매달린 듯한 수축 상태를 유지한다. 이미 죽어서 더 이상 ATP가 공급되지 않는데도 그렇다. 이처럼 미소 세계의 운동은 우리의 상식과 많은 차이가 있다.

근육은 원래 마구 움직이려 하고 생명은 ATP나 칼슘의 농도 조절을 통해 그런 마구잡이 운동에 방향성을 부여하는 것이다. 모든 종류의 미소 생물학 과정들에서 끊임없이 움직이는 것은 근육뿐 아니라 세포에서 화학물질을 운반하는 운반체 분자, 단백질 접힘, 효소의 작용, 심지어 DNA 분자의 기능 수행 등과 같은 생명의 기초가 되는 현상 모두에게 있다. 분자는 끊임없이 좌충우돌 움직임이고, 우리는 겨우 그 방향성을 통계적으로 알 수 있을 뿐이다.

2. 작으면 더 빨리 움직인다. 그래서 관찰이 힘들다

작은 분자가 정말 그렇게 빨리 움직일까? 만약에 실험실에서 우연히 약간의 암모니아를 엎질렀다면 실험실의 다른 구석에 있는 학생이 그 냄새를 맡는 데는 몇 초 이상의 시간이 필요하다. 이를 보면 분자가 그렇게 빨리 움직이는 것 같지 않아 보인다. 정말 그럴까?

19세기 말 맨체스터 대학의 과학자 제임스 줄이 기체의 운동을 연구하던 중 암모니아 분자가 관찰된 압력을 나타내려면 초속 600m로 운동을 해야 한다는 계산을 내놓았다. 그렇다면 길이가 10m도 되지 않는 실험실이라면 암모니아를 떨어뜨리자마자 그 즉시 그 냄새를 맡아야 하는데, 왜 우리는 암모니아 냄새를 그렇게 빨리 맡지는 못하는 것일까?

암모니아 분자가 초속 600m로 운동하는 것은 사실이다. 아무리 무시무시한 위력의 **태풍도 초속 40m를 넘기 힘든데, 기체가 초속 600m로 움직인다는 것**은 아무리 튼튼한 건물이라도 순식간에 무너뜨릴 정도의 무시무시한 속도다. 그런데 분자는 태풍이 불 때도, 바람 한 점 없는 고요한 순간에도 심지어 완벽히 밀폐된 실내 공간 안에서도 무조건 같은 속도로 움직인다. 그런 움직임에도 고요할 수 있는 것은 분자의 움직임이 방향성 없이 순식간에 좌충우돌하면서 상쇄되기 때문이다. 그렇기 때문에 아무리 고요한 순간에도 냄새는 퍼져나가고, 시간이 지나면 그 공간 전체에 골고루 퍼진다.

표 1-4. 기체의 운동 속도   (25℃, 1기압)

분자	속도(m/sec)	충돌 간의 평균 거리	1초간 충돌 횟수
수소(H_2)	1,770	1.24×10^{-7}	1.43×10^{10}
산소(O_2)	444	7.16×10^{-8}	6.20×10^9
디아릴디설파이드	208	1.42×10^{-8}	1.50×10^{10}

2017년 노벨화학상은 생체분자를 고화질로 관찰할 수 있는 '저온 전자 현미경 관찰법'을 개발한 자크 뒤보셰(76), 요아힘 프랑크(78), 리처드 헨더슨(73)에게 돌아갔다. 저온 전자 현미경 관찰법은 관찰할 생체 용액을 −196℃로 순식간에 동결하여 단백질을 원래 형태대로 관찰할

수 있는 방법이다. 단백질은 극저온에서야 움직임을 멈출 정도로 맹렬하게 움직인다. 이보다 훨씬 느린 원생동물을 관찰하는데도 운동이 너무 빨라 CMC같은 증점제를 투입하여 용액을 고점도로 만들어 천천히 움직이도록 한 뒤 관찰한다.

3. 물도 정말 빨리 움직인다

만약 초속 10m의 속도로 수소 원자 외곽을 돌면 1초에 몇 바퀴나 돌게 될까? 수소 원자의 직경은 0.1nm 정도이니 외경 0.314nm 정도이다. 초속 10m를 나노미터로 바꾸면 $10 \times 10^9 nm$이다. 이것을 외경(0.314nm)으로 나누면 초당 320억 회를 회전할 수 있다는 계산이 나온다. 초속 10m는 평범한 속도인데 원자가 워낙 작아서 엄청나게 회전한다. 그런데 전자는 이보다 3천만 배 빠른 광속의 10%에 해당하는 속도로 핵 주위를 회전한다. 그렇다면 전자는 과연 핵 주위를 초당 몇 번이나 돌고 있는 것일까?

미시의 세계는 정말 현실의 세계와 숫자의 감각이 완전히 다른 세계이다. 물은 세포막을 마구 통과할 것 같지만 전혀 그렇지 않다. 아쿠아포린(Aquaporin)이라는 전용 통로를 통해 출입한다. 그런데 통과 속도가 초당 30억 개 정도라고 한다. 1초에 30억 개의 물 분자가 나란히 서서 통과하는 것이다. 한 번에 한 사람밖에 통과하지 못하는 문이라면 우리는 아무리 서둘러도 1초에 10명 이상 빠져나가기도 힘들 것 같은데, 미시세계는 죄다 그런 식으로 움직인다.

그런데 그 30억 개의 물 분자를 한 줄로 세우면 길이가 얼마나 될까? 물 분자는 보통 0.28nm 간격으로 이어지는데, 이 수치를 대입하면 약 84.6cm 정도이다. 1초에 30억 개는 아주 빠르고 많아 보여도 공기가 수

백 미터를 가는 것에 비교하면 고작 1m도 되지 않는 길이이며, 그 무게
도 전부 합하면 0.00000000000009g에 불과하다. 나노의 세계는 그렇
다. 워낙 작기 때문에 숫자가 많고 빠르지만, 아무리 숫자가 많아봐야 적
은 양이고 짧은 길이이다.

4. 끊임없이 움직이기에 꾸준히 변화가 일어난다

　나노의 세계가 분자의 세계이고, 세포 안에서 일어나는 세계이고, 식
품의 모든 현상이 일어나는 세상이다. 분자는 원자로 되어 있고 원자의
핵 주위를 전자가 엄청난 속도로 돌고 있다. 138억 년 전 우주가 태어난
순간부터 지금까지 한 번도 쉬지 않고 돌고 있으며 이 우주의 수명이 다
하는 날까지 돌고 있을 것이다. 그 움직임이 분자의 요동을 만들고 나노
에서 마이크로 세계의 움직임을 만든다. 그래서 식품은 시간에 따라 꾸
준히 변하고 우리는 그것을 '경시변화'라고 한다.

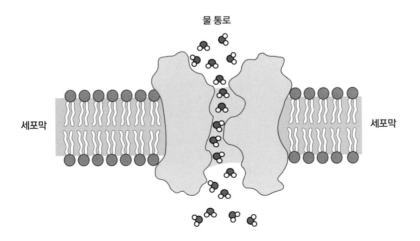

그림 1-16. 세포막에 존재하는 물 통로(aquaporin)

　　　　　　　　　　　　　　　　　　　　　　　　　　　물성의 원리

식품에는 수많은 경시변화가 있다. 그래서 젤리의 이수현상, 분말의 흡습 및 케이킹, 전분의 호화 및 노화 현상, 이온의 석출, 재결정현상 등이 발생한다. 오랜 시간에 걸쳐 형성된 암염이 순도 99% 이상으로 높은 이유도 초콜릿에서 블루밍이 발생하는 이유도 이것이다. 심지어 냉동고에 얼려진 아이스크림의 얼음 입자 크기가 변하는 이유도 이 운동 때문이다. 크기가 변한다는 것은 움직인다는 뜻이다.

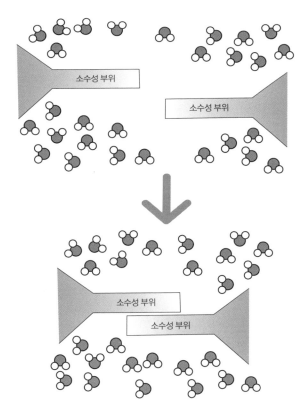

그림 1-17. 시간의 경과에 따른 노화의 원리

이런 변화 중에는 눈으로 확인되는 변화도 있다. 젤리 중에는 위아래 맛과 색이 다른 2층 젤리가 있는데, 이때 사용하는 색소는 수용성보다 유용성이 유리하다. 젤리는 단단해 보이지만 분자들 사이에는 끊임없는 요동이 있다. 유용성 색소는 물과 친하지 않아 그대로 있지만 수용성 색소는 물의 움직임에 떠밀려 다른 층으로 이동하여 색상의 경계가 흐려지기 쉽다. 젤리 속 분자의 움직임이나 물의 움직임을 간접적으로나마 알 수 있는 것이다.

5. 온도란 움직임의 정도이다

식품의 물성을 이해하고 자신이 원하는 형태로 구현하기 위해서는 분자가 어떤 크기와 모양이고 어떤 식으로 움직이는지를 이해해야 한다. 크기의 중요성은 작을수록 빨리 움직인다는 사실로도 나타난다. 분자의 운동은 분자의 크기와 온도(운동력)에 따라 달라진다. 움직임이 가장 적은 상태가 고체이고, 움직임이 빨라지면 액체나 기체로 변한다.

- **고체**: 분자의 운동력이 분자 간의 인력보다 작아서 **분자가 진동만 하는 상태.**
- **액체**: 운동력이 인력과 같아서 **자유롭게 파트너를 바꾸는 정도로만 움직이는 상태.**
- **기체**: 운동력이 인력보다 커서 **각자 자유롭게 마음대로 떠도는 상태.**

액체 분자의 움직임이 달라지면 점성(끈적임)도 달라진다. 보통 온도가 높아지면 분자의 움직임이 자유로워져 점성이 낮아지고, 온도가 낮아지면 움직임이 적어지고 점도가 높아진다. 조청이나 물엿을 넣어 마른 멸치를 볶을 때 뜨거운 상태에서는 적당한 점도가 나중에 식게 되면서로 달라붙고 딱딱해져 먹기가 불편해지는 이유도 이 때문이다. 온도가 높을수록 추출이 잘되는 것도 마찬가지다. 온도는 단순히 이런 물리적 상태를 달리하는 것에 멈추지 않고 화학적 특성까지 완전히 바꾸기도 한다. 일정 온도 이상에서는 색이 만들어지고 향이 만들어지는 것과같은 변화도 일어난다.

사실 온도는 생명의 생사를 좌우하는 가장 기본적인 요소이기도 하다. 단백질의 경우 온도에 매우 민감한데, 온도가 낮으면 반응이 느려져정상적인 대사가 일어나지 않고, 온도가 높으면 단백질의 구조가 변형되어 작동을 멈추고 사망에 이르기도 한다.

온도도 입체적이다

우리는 영하 −273℃의 극저온도 알고 몇만 도의 고온도 안다. 그래서 온도 10℃ 정도의 차이는 너무 가볍게 생각하는 경우가 있다. 그런

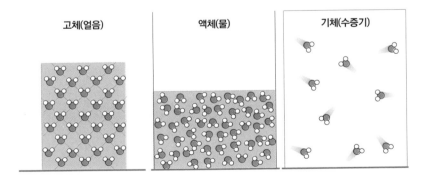

그림 1-18. 온도에 따른 물의 상태 변화

데 온도는 크기와 마찬가지로 입체이다. 분자가 10배 빨라졌다고 느끼는 것은 전후, 좌우, 상하의 3차원적으로 빨라졌다는 뜻이니, 온도가 10℃ 높아진 것은 운동이 1,000배 활발해졌다고 봐야 한다. 그래야 온도에 따른 식품의 변화나 물성의 변화를 이해하는데 효과적이다. 사실 인간은 체온이 27℃ 이하가 되면 저온 쇼크로 죽고, 42℃ 이상이 되면 고온 쇼크로 죽는다. 온도에 따른 단백질의 변화가 그만큼 민감하다는 뜻이다.

Shelf life: 온도가 유통기간을 결정한다

온도가 높아지면 운동이 활발해지고 반응이 빨라지고 품질의 변화 속도가 빨라진다. 일반 냉장고보다 김치냉장고에서 훨씬 오래 김치를 보관할 수 있는 것은 냉장고의 온도는 10℃ 이하인데 비해 김치 냉장고의 온도는 0℃ 전후이기 때문이다. 단지 온도가 10℃ 낮아졌을 뿐인데 유통기간은 그렇게 길어진다.

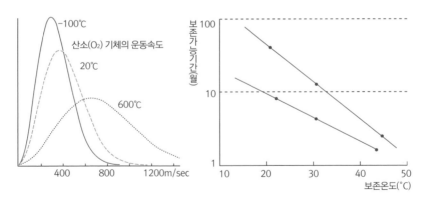

그림 1-19. 온도에 따른 산소 기체의
운동속도 변화

그림 1-20. 온도에 따른
품질 유지 기간의 변화

물성의 원리

형태:
가지가 많으면 뭉치기 힘들다

앞서 물성을 제대로 공부하기 위해서는 분자의 크기, 형태, 움직임만 잘 이해하면 된다고 설명했다. 그중 크기는 원자인 10^{-9}m 이하와 분자인 10^{-8}m 그리고 단백질이나 다당류인 10^{-7}m의 차이가 10배, 100배도 아니고 1,000배, 100만 배 차이라는 것만 알면 된다. 움직임도 크기가 작으면 활발하고 온도가 높으면 활발하다고 했으니 매우 간단하다. 오직 형태만이 복잡하다. 사실 형태는 이미 크기와 움직임까지 아우르는 말인지도 모른다.

자연에는 일정한 패턴이 있어서 형태를 알면 크기와 움직임을 짐작할 수 있다. 단일 분자로써 분자의 크기에 일정 한계가 있다. 포도당에는 설탕 크기 정도의 분자가 많지 아주 큰 단일 분자는 없다. 크기가 아주 큰 분자는 포도당이나 아미노산이 엄청나게 많이 결합한 폴리머 형태로 존재한다. 설탕과 유당은 같은 크기의 이당류인데 형태에 미묘한 차이가 있다. 그리고 맛이나 용해도는 3배 이상 차이가 난다. 그래서 형태의 공부가 가장 복잡하다. 그나마 위안이 되는 점은 생명의 분자는 대부분 탄소(C), 수소(H), 산소(O)로 되어 있어 이들이 어떻게 결합하여 어떤 형태를 만들고, 그 형태에 따라 어떤 특성을 보이는지를 이해하면 된다는 점이다. 만약에 수십 가지의 원자가 수백 가지의 형태로 결합한다면 차라리 개별적으로 일일이 공부하지 굳이 이렇게 원리를 탐구할 필요가 없을 것이다.

1. 유기화합물은 탄소 화합물이다
생명을 구성하는 물질의 대부분은 탄소(C), 수소(H), 산소(O), 질소(N)이다

화학을 배울 때면 먼저 원자의 주기율표를 배운다. 이는 주기율별로 같은 패턴이 있기 때문이다. 여러 원자가 있지만, 식품에 존재하는 의미 있는 분자는 그리 많지 않다. 나트륨(Na), 칼륨(K)은 1가 이온으로써 매우 쉽게 해리되는 특성이 있다. 분자가 (-) 전하를 띠게 하여 분자 간에 반발력이 발생하게 만들면 서로 멀어지므로 용매인 물에 골고루 퍼지게 하여 용해도를 급격히 높이는 효과가 있다. 카제인나트륨, 글루탐산나트륨, 사카린나트륨, 안식향산나트륨 그리고 아세설팜칼륨, 폴리인산칼륨, 글루콘산칼륨 등 끝에 나트륨이나 칼륨으로 끝나는 분자는 물에 들어가면 나트륨과 칼륨이 분리되면서 용해도가 높아지는 공통성이 있다.

칼슘(Ca), 마그네슘(Mg)은 2가 이온으로 양쪽의 분자를 붙잡아 응고하는 경향을 보인다. 대표적인 것이 단백질과 결합하여 두부를 굳게 하는 것이고, 증점다당류와 결합하여 젤리를 만드는 것이다. 채소의 열처리 연화 방지도 가능하다. 질소(N), 인(P)은 3개나 5개의 결합 가지

(bond)를 제공할 수 있는데, 홀수라 대칭성이 없어 분자의 다양한 형태의 핵심적인 역할을 한다. 산소(-O-), 황(-S-)은 결합 사이에 공간이 존재하고 공간적 유연성(flexibility)은 전자 등의 배치 차이에 치우침을 만들 수 있고, 전자적 치우침이 극성을 만든다. 친수성 분자를 만드는 데 많은 역할을 하고, 식품 현상의 중심에는 항상 산소가 있다. 불소(F), 염소(Cl), 브롬(Br)은 강력한 전기적 친화도를 가져서 다른 분자로부터 전자를 빼앗아와 살균력을 가질 수 있다.

그렇지만 이런 패턴까지는 몰라도 된다. 이 책의 주제는 탄소이기 때문이다. 유기화합물은 원래는 생명이 만든 분자라는 뜻에서 유래했지만, 실제 의미는 탄소 화합물에 가깝다. 탄소를 뼈대로 여기에 산소나 수소가 결합하여 만들어진 분자라는 뜻이다. 탄소(C), 수소(H), 산소(O)만 있으면 인체뿐 아니라 대부분 생명체를 구성하는 분자(중량)의 93%가 설명되고, 여기에 질소만 추가하면 96%가 설명된다. 세 가지 원자로 우리가 알아야 할 것의 93%가 설명된다면 충분히 공부할 가치가 있는 것 아닐까?

표 1-5. 인체를 구성하는 원자의 비율

	갯수비	중량비	결합 갯수
탄소	12%	18%	= C =, 4
수소	62%	10%	– H, 1
산소	24%	65%	– O –, 2
질소	1%	3%	– N =, 3(5)
합계	99%	96%	

화합물 중에는 유기화합물(탄소 화합물)이 가장 종류가 많다

세상에는 3,000만 종이 넘는 분자가 있다고 하지만 그중 95%는 탄소 화합물이다. 탄소는 모든 유기화합물의 뼈대인 것이다. 이처럼 탄소가 화학물질의 뼈대가 되는 것은 4개의 강력한 결합 가지(bond)가 있기 때문이다. 순수하게 탄소로만 이루어진 탄소나노튜브는 철의 20배 강도를 가지고 있고, 탄소로만 된 암석 중에는 다이아몬드같이 단단한 것도 있다. 이처럼 탄소는 강력한 결합이 가능하지만, 수소(H), 산소(O), 질소(N)와 결합하여 말랑말랑한 분자의 형태로 존재할 수도 있다.

2. 탄소를 그린다

탄소 화합물 중 가장 단순한 형태가 탄소와 수소로만 된 탄화수소이다. 이것은 직선으로 쭈욱 늘어선 형태, 중간에 곁가지가 난 형태, 5~6개 정도가 환을 이룬 형태 그리고 중간중간 불포화 결합이 있어 꺾인 형태가 가능하다. 우리가 알아야 할 것은 직선 형태인지, 환 형태인지, 직선형이면 길이가 얼마인지, 중간에 불포화 결합이 있는지 정도면 충분하다.

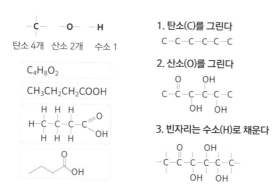

그림 1-21. 탄소 화합물(유기 화합물)의 분자 구조의 표현방법

물성의 원리

같은 길이의 분자라면

분자의 길이가 길어지면 분자 간에 결합하는 힘이 커져서 녹는 온도, 끓는 온도, 점도가 증가하는 것은 당연하다. 탄소의 숫자가 2개, 3개, 4개로 증가할 때마다 그 효과가 증가한다. 그런데 동일한 탄소 수의 분자라도 직선형으로 배치되지 않고 옆으로 가지처럼 붙으면 길이는 짧아지고 촘촘히 결합하기는 힘든 구조가 된다. 이 현상은 다당류에서 DS(Degree of substitution: 치환도)가 많을수록 즉, 사이드체인(side chain)이 많을수록 쉽게 녹고, 점도가 낮은 현상과 동일한 원리이다.

아래 표에 이성질체들은 분자량이 86으로 동일하지만 분자의 형태가 직선인 상태는 끓는점이 69℃이고, 같은 탄소 개수(분자량)이지만 사이드체인이 1개인 것(2-methylpentane, 3-methylpentane)은 끓는점이 60℃, 64℃이며, 사이드체인이 2개인 것(2,3-dimethylbutane, 2,2-dimethylbutane)은 58℃, 50℃로 낮다. 형태와 극성에 따라 끓는점이 3배 가까이 차이 나고 휘발성과 물에 용해도도 완전히 달라진다는 점을 주목할 필요가 있다.

표 1-6. 동일 분자량의 물질의 형태에 따른 끓는점 비교

분자명		분자량	끓는점(℃)
	hexane	86	69
	2-methylpentane	86	60
	3-methylpentane	86	64
	2,3-dimethylbutane	86	58
	2,2-dimethylbutane	86	50

탄소의 결합은 주로 단일 결합이 많고 이중 결합이 약간 있다

탄소 결합은 이중 결합과 삼중 결합도 가능하지만 실제로 존재하는 것은 단일 결합이 많고, 이중 결합이 일부이며 삼중 결합은 매우 드물다. 이중 결합 중에는 수소분자가 한쪽에 몰려 있는지, 위아래 1개씩 균형 있게 배치되었는지만 알면 된다. 불균형한 배치는 분자의 형태가 꺾인 형태를 만드는데, 그것을 시스 형태라고 하며 자연에 흔한 상태이다. 위아래 균형 있는 형태는 불포화지만 포화지방(직선형)에 가까운 특성이 있고 트랜스형이라고 한다.

탄소 화합물 중에는 6개의 탄소가 환 형태로 이어진 것이 있는데 대표적인 것이 벤젠이다. 그리고 벤젠은 여러 가지 형태로 변형된다. 벤젠의 형태는 페닐알라닌이라는 아미노산에서 유래한 것이 많다. 벤젠링을 가진 탄소 화합물은 직선 형태보다 분자끼리 결합하는 힘이 적어서 훨씬 낮은 온도에서 액체가 되고, 휘발성이 있어 냄새가 있는 경우가 많다.

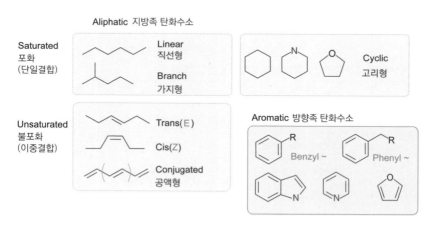

그림 1-22. 탄소 화합물의 대표적인 결합 형태

그래서 방향족(aromatic) 물질이라고 하며, 직선형인 지방족(aliphatic) 물질과 대조를 이룬다.

공액결합은 공명구조를 이룬다

벤젠처럼 포화-불포화결합이 주기적으로 반복되는 것을 '공액결합'이라고도 하는데 이 공액결합의 길이가 증가하면 빛을 흡수하는 성질이 생긴다. 카로티노이드계 색소는 포화와 불포화결합이 11개 정도 반복된 매우 특징적인 형태를 가지고 있다. 이들은 조색단이 없어서 pH 변화와 무관하게 일정한 색을 가지고 열에도 강하다. 그러나 대부분 지용성이고 산화에 약하다.

직선 형태 말고 6각형의 벤젠링을 가진 플라보노이드계 색소도 있다. 분자의 형태에 색의 특성이 나타나 있는 것이다.

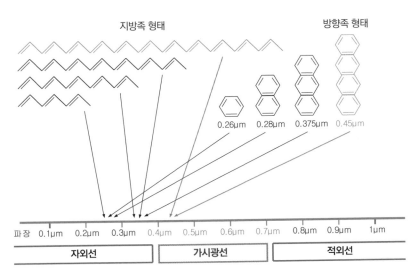

그림 1-23. 공액결합의 정도와 빛의 흡수도

3. 산소를 추적한다

전자적 편중은 극성을 만든다

물은 극성 용매이다. 물은 산소에 2개의 수소 분자가 결합한 형태인데, 만약 수소 분자가 180도 좌우 대칭으로 배열되었으면 극성이 없거나 약했겠지만 104.5도로 거의 ㄱ자 형태로 꺾여 있다. 그래서 수소이온이 가까이 있는 쪽은 (+)전하를 띠고 반대쪽은 (-)전하를 띤다. 이런 전자적 편중(비대칭)이 세상에서 가장 작은 분자 중 하나인 물에 놀라운 특성을 부여한다. 전기적인 끌림에 의해 많은 수소결합(hydrogen bond)을 형성하는 것이다. 식품이든 생명이든 물이 주성분이다. 따라서 물이 어떤 특성을 가지고 있는지 이해하는 것이 가장 중요하다. 물은 극성이기 때문에 극성인 분자가 잘 녹는다. 지방과 같이 극성이 없는 분자는 배척된다.

분자가 극성인지 비극성인지는 전자의 배치가 결정하는데 전자가 한

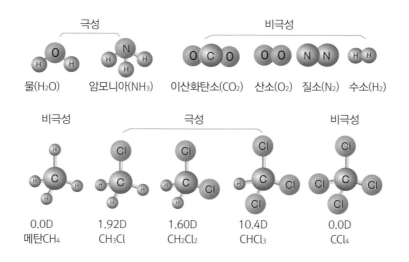

그림 1-24. 분자 형태의 전자적 편중과 극성의 관계

쪽에 치우치면 극성이고, 전체적으로 균형 있게 배치되면 비극성이다. 메탄(CH_4)에서 사염화탄소(CCl_4)의 극성변화를 보면 탄소에 동일한 수소 4개가 결합한 메탄은 비극성이고 물에 잘 녹지 않는다. 여기에 수소와 완전히 특성이 다른 염소가 1분자 치환되면 매우 강한 극성의 분자가 되고, 2개, 3개 결합할수록 염소 위주의 분자가 되어 극성은 오히려 낮아진다. 그리고 4개 전부 염소로 치환되면(사염화탄소, CCl_4) 균형을 이루어 비극성의 분자가 된다.

기체의 용해도를 판단할 때 이런 극성의 정보는 특히 중요하다. 산소, 이산화탄소, 질소 등은 비극성이라 매우 적게 녹지만 암모니아는 극성이라 매우 잘 녹는다.

탄수화물은 산소 덕분에 물에 잘 녹는다

지방은 탄소 뼈대에 위아래로 동일하게 수소(H)가 배치된 균일한 구조지만, 탄수화물은 한쪽에는 수소(H), 다른 한쪽은 수산(-OH)이 결합한 불균일한 구조이다. 이런 불균일한 배치는 극성을 가지게 하고 물과 친한 형태이다. 그래서 당류는 물에 잘 녹는다.

산소를 포함한 분자는 산소가 (-)의 극성을 가진 경우가 많아 (+)극성

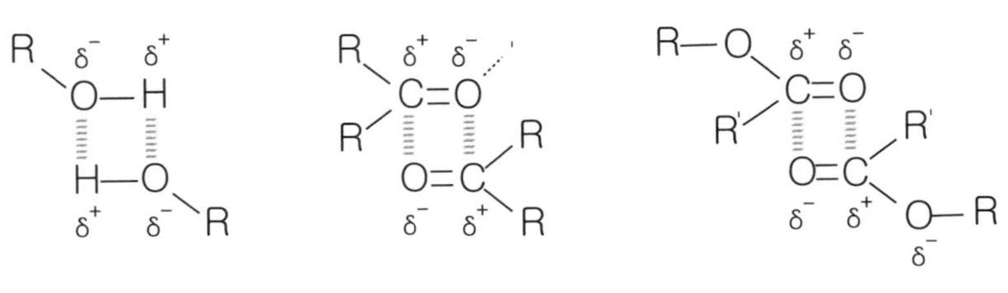

그림 1-25. 수소결합의 형태와 효과

을 가진 분자와 결합하여 끓는점이 높아진다(휘발성이 낮아진다). 예를 들어 에틸알코올, 벤질알코올 같은 산소를 포함한 극성의 분자는 에탄, 벤젠 같은 비극성 분자보다 끓는점이 높다(휘발성이 낮다). 이런 효과는 분자가 적을수록 효과가 강력하고 분자보다 크면 상대적으로 나머지 부위가 커지므로 효과가 작아진다. 극성의 부위가 한 분자 내에 여러 개 있을수록 그 효과가 크다. 아래 표는 거의 동일한 분자량을 가진 분자인데 극성이 달라서 물에 용해도와 끓는점이 완벽하게 달라지는 예를 보여준다.

표 1-7. 극성기가 있을 때 분자간의 상호작용

분자명		분자량	끓는점(℃)	물에 용해성
	hexane	86	69	불용
	ethyl ethanoate	88	77	약간 녹음
	methyl propanoate	88	80	약간 녹음
	pentanal	86	103	약간 녹음
	1-pentanol	88	138	약간 녹음
	butanoic acid	88	164	잘 녹음
	butanamide	87	216	녹음

유유상종, 끼리끼리 모인다

다음 표는 물에 대한 용해도를 좌우하는 작용기를 정리한 것이다. 작용기의 특성을 이해하여 분자의 구조식을 보고 용해도를 짐작할 수 있다면, 식품 공부는 정말 간결해진다. 조금 복잡해 보이지만 내용은 의외로 간단하다.

표 1-8. 친수성 작용기와 소수성 작용기

소수성(친유성) 말단	중간	친수성 말단	
지방족(alipathie)	OH	— OH alcohol	비 이온계
방향족(aromatic)	O=C-O ester O=C ketone O=C-H aldehyde -O- ether =N- amide	O=C-OH carboxylic acid O=P(OH)(OH)-O- O=S(OH)(OH)-	음 이온계
		H-N-H	양 이온계

- **탄소와 수소로만 이루어진 탄화수소**

  맨 왼쪽은 물에 녹지 않는 소수성=지방성 분자의 형태이다. 탄소와 수소로만 된 분자이다. 직선이든 가지이든, 벤젠의 형태이든 벤젠링에 뭐가 붙은 형태이든 물과 전혀 친하지 않다.

- **산소가 포함된 분자**

  산소에 의한 분자의 형태는 케톤(-C=O), 알코올(-OH), 에테르(-O-), 유기산(-COO-) 형태가 있다. 이런 형태가 분자의 중간에 있으면 친수성과 소수성의 중간인 분자가 되고, 분자의 끝에 있으면 강력한 친수성 특성을 보여준다. 따라서 식품 분자에서는 이 2가지 형태만 주목하면 된다. 식품 현상은 탄소가 뼈대이고 산소가 다양성을 부여하므로 항상 산소만 추적하면 된다.

- **질소(N), 황(S), 인(P)이 포함된 분자**

  분자 중간에 존재하는 질소(N)나 황(S)은 약간의 친수성은 준다. 그런데 황산(-SO$_4$), 인산(-PO$_4$), 암모니아(-NH$_3$)는 강력한 친수성 분자이다. 하지만 이들은 관심을 둘 필요가 별로 없다. 이런 극성의 분자는 원래 식품에 존재하는 것이면 몰라도, 식품에 사용하는 것은 금지되어 있기 때문이다. 결국 -OH, -COOH 이 두 가지만 알면 충분하다.

작년부터 그동안 내가 썼던 5권의 책을 〈맛 시리즈〉로 통합하는 작업 중이다. 그리고 이 책이 시리즈의 첫 번째 책이다. 그래서 이 책의 주제인 4가지 성분에 대한 구체적인 설명에 앞서 나의 '식품에 관한 생각'을 총정리한 내용을 먼저 제시하려고 한다. 맛과 물성뿐 아니라 식품에 대한 합리적인 생각법을 모두 정리한 내용이고, 구체적 설명 없이 핵심만을 나열한 것이라 이해가 쉽지 않겠지만, 내가 어떤 태도로 식품을 바라보았는지에 대한 소개이다. 나는 식품에 대한 온갖 오해와 편견을 풀기 위해 식품을 다시 공부하기 시작했고, 이때 가장 도움이 되었던 것이 인간 관점이 투영된 해석은 모두 배제하고, 분자의 관점에서 식품을 바라보는 것이었다. 그러자 맛, 영양, 물성 등 모든 식품 현상이 통합적으로 연결되어 보이기 시작했다.

별첨

식품, 물성, 맛에 대한
나의 생각 정리

식품은 과학으로 이해하고
　문화로 소비할 때 최고의 가치를 가진다.

경험이 없는 이론은 공허하고,
　이론이 없는 경험은 위태롭다.
　　　　　　　　　　_ 임마누엘 칸트

식품에는 모든 것이 연결되어 조금만 깊이 알려 하면 길을 잃기 쉽다.
　식품은 익숙한 것이지 쉬운 것이 아니며,
　　과학은 낯선 것이지 식품보다 어려운 것도 아니다.

진실의 반대말은 신념이고, 과학의 반대말은 체험담이다.

욕망은 타협의 대상이지 투쟁의 대상이 아니다.

우리 몸은 오랜 세월 거친 자연에서 생존하면서 다듬어진 진화의 역작으로
　완벽히 정교하지 않지만 어설픈 과학보다는 현명하다.
자연은 매듭 없이 모두 연결되어 있다.
　그러니 자연이 빚은 결대로 통째 이해해야 한다.

의미와 가치는 사물에 있지 않고 관계에 있다.
　식품과 영양의 가치도 성분이 아니라 관계가 결정한다.

1. 식품은 다양한 분자의 조합일 뿐이고, 의미는 내 몸이 부여한다

- 세상은 원자로 이루어져 있고 만물은 화학물이다. 작은 입자는 떨어지면 당기고, 밀착되면 반발하면서 영구히 운동한다. 그리고 이것이 조직화되고, 그 패턴은 시간과 주변 환경에 따라 변한다. 여기에 상상력만 조금 보태면 통째로 이해할 수 있다.

- 물질은 그저 물질이지 고귀하지도 고약하지도 않으며 무한히 변형 가능하고, 어디에서 얻었는지는 전혀 중요하지 않다. _ 프리모 레비 (1919~1987)

- 자연에는 진보도, 합목적성도, 아름다움도 없다. 자연에 그런 것이 있다고 믿는 것은 단지 인간의 희망이 자연에 투사된 것일 뿐이다. _ 프란츠 부케티츠(1955~)

- 만물은 화학 물질이고 분자에는 선의도 악의도 없다. 그런 분자들이 모인 음식에는 각각의 특성이 있는 것이지 선악이 있는 것은 아니다.

- 식품은 다양한 분자의 집합일 뿐이고, 의미와 역할은 내 몸이 부여한다. 세상에 독이나 약이 되는 분자는 없고, 그것을 독이나 약으로 받아들이는 시스템(몸)이 존재할 뿐이다.

- 자연의 깊은 속 모습은 전혀 자연스럽지 않다. 그런 자연을 있는 그대로 이해하려고 사력을 다하는 것이 자연과학이다. 자연은 과학으로 이해할 때 오해와 거짓이 줄어든다.

2. 생명을 구성하는 원자는 단순하다. 연결이 복잡하다

- 모든 생명체는 세포로 되어 있고, ATP로 작동한다.

- 생명을 구성하는 원자는 정말 단순하다. 탄소화합물이다.

- 유기물은 CO_2에서 시작해서 CO_2로 끝난다.

- 진핵생명체는 산소를 이용하여 대량의 ATP를 만든다.

- 에너지 대사는 유기산으로 연결되어 있다.

- 생명은 주로 물과 폴리머로 되어 있다.

- 미네랄은 만들어지지도 소비되지도 않는다. 배출된 만큼 보충해야 한다.

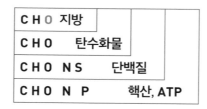

3. 분자는 분자구조로 이해하는 것이 효과적이다

물질의 본질을 쫓지 않고 평판에 주목하니 너무 쉽게 속는 것이다. 식품은 여러 가지 분자의 합이지만 그것은 단순히 물질로 존재하지 않고 우리 몸에 들어와 여러 상호작용을 하기 때문에 그 본질을 보고 통합적으로 이해해야 한다. 그러기 위해서는 분자를 보는 눈을 길러 군살을 제거해야 한다. 지식의 융합은 뭔가를 단순히 섞는 것이 아니다. 군살을 제거하면 실체가 드러나고 융합은 저절로 일어난다.

- **단순화, 기원을 추적한다**
  - 기원을 추적하면 이유가 보이고, 패턴을 찾으면 지식은 간결해지고 가치 판단이 쉬워진다.
- **양 순서대로, 생명 현상은 많은 순서로 공부한다**
  - 식품/물성/생명 현상은 양이 많은 순서로 공부하면 좋다.
  - 생명 현상에서는 양이 많은 것이 그만큼 중요한 역할을 한다.
  - 중요한 것은 우회경로가 있어서 그 진가가 쉽게 드러나지 않는다.
- **패턴 찾기, 하늘 아래 새로운 것은 없다**
  - 자연에는 놀라운 공통성(패턴)과 모듈성이 있다.
  - 팩트만 많이 알면 퀴즈왕일 뿐, 팩트 사이의 관계를 알아야 전문가다.
  - 의미와 가치는 사물이 아니라 관계에 있다.
- **적합한 플랫폼이 필요하다**
  - 자연에 매듭은 없다. 자연이 빚은 결대로 통째 이해해야 한다.
  - 많은 지식을 체계적으로 쌓기 위해 적합한 플랫폼이 있어야 한다.
  - 전체를 봐야 부분이 의미가 새로워지고 재미있어진다.

물성에 대한 생각 정리

분자를 통해 물성을 이해하면 식품 현상의 이해가 쉬워진다

물성이 식품의 기본 현상이고, 분자를 통해 식품 현상을 이해하기 가장 좋은 대상이다. 식품 현상 중에서 가장 논리적이라 원리로 이해하면 공부가 쉬워진다.

- 만물은 원자로 된 화합물질이고, 식품은 다양한 분자의 총합이다
  - 물, 탄수화물, 단백질, 지방 4가지 분자가 식품의 대부분이다.
  - 화학의 도움이 없이는 식품 안을 0.1mm도 들여다 볼 수 없다.
- 분자는 구조식으로 이해하는 것이 가장 효과적이다
  - 분자 구조식을 보는 법을 모르는 것은 독도법을 모르고 미지를 탐험하는 것과 같다. 문제는 이런 사람이 너무 많다는 것이다.
- 물성은 논리적이라 아는 만큼 쉬워진다
  - 분자의 특성은 원자가 어떻게 배열되어 있는가에 따라 결정된다.
  - 분자에는 크기, 형태, 움직임이 있지 의지나 의도는 없다.
- 물성은 배합비보다 순서와 공정이 중요한 경우가 많다
  - 커피는 단 한 가지 원료에서 수만 가지 맛이 난다.
  - 순서와 공정의 의미를 알아야 물성과 품질이 보장된다.

1. 분자에는 크기, 형태, 움직임이 있고, 그것이 물성을 바꾼다

A. 크기: 폴리머의 길이와 사이드체인

- 물성에서 크기(길이)보다 중요한 정보는 없다
  - 표면적은 길이의 제곱이고, 크기는 길이의 세제곱이다.
  - 직경 $100nm$는 $1nm$보다 100배가 아니라 1,000,000배 크다.
- 분자는 나노(nm) 크기이다
  - 향, 맛, 색소, 의약품 등의 분자 크기는 1나노미터(nm) 전후이다.
  - 바이러스는 $0.1\mu m$, 세균은 $1\mu m$, 진핵세포는 $20\mu m$ 정도다.
- 분자의 길이가 공간을 지배한다
  - 모노머의 크기는 작고, 폴리머를 형성하여 길어진다.
  - 분자가 길어지면 운동은 느려지고 분자끼리의 결합력은 증가한다.
- 유화물도 크기가 중요하다
  - 크기가 바뀌면 화학적인 특성마저 바뀐다.
  - 입자의 직경이 줄고 표면적 비율이 늘어나면 반응성이 증가한다. 마찰력이 늘어 이동속도가 감소하고 유화상태는 안정화된다.
- 유화물은 마이크로(μm) 크기로 분자가 10억 개 이상 모인 것이다
  - 가용화: $0.1\mu m$ 이하의 입자로 빛의 파장보다 작아서 투명하다.
  - 유화: $1\mu m$ 크기는 매우 효과적으로 빛을 산란시켜 불투명하다.
  - 미분: $20\mu m$ 이상의 크기는 혀로 입자를 느낄 수 있다.

B. 형태: 극성/비극성, 모노머/폴리머

- 극성 vs 비극성
  - 지방은 주로 탄소와 수소로 된 단순하고 비극성(친유성)의 분자다.
  - 산소가 포함되면 극성(전자적 편중)이 생기고 반응성과 친수성이 커진다.

- 극성이 증가할수록 결합력이 커져 융점과 비점이 높아진다.
- 모노머 vs 폴리머
  - 유기물은 주로 폴리머의 양이 많고, 모노머의 양은 적다.
  - 탄수화물은 포도당, 단백질은 아미노산, 지방은 에틸렌의 폴리머이고, 물마저 클러스터로 집단처럼 움직인다.
- 폴리머의 특성은 사슬의 길이와 사이드체인이 결정한다
  - DP(중합도, 체인길이): 100~1000, 백만.
    높은 DP = 길수록 점도는 급격히 증가하고 수화속도가 느려진다.
    낮은 DP = 길이가 짧을수록 점도가 낮고, 빨리 녹는다.
  - DS(치환도, 사이드체인 수): 0~3.
    높은 DS = 사이드체인이 많고 균일하게 분포하여 쉽게 녹고, 겔화되기 힘들다.
    낮은 DS = 적고 불균일하게 분포하여 녹이기 힘들고, 겔화가 쉽다.

C. 운동: 온도는 운동의 정도이다

- 분자는 영구운동. 결코 멈추지 않고 영원히 움직인다
  - μm 이하는 작을수록, 온도가 높을수록 움직임이 빨라진다.
  - 분자의 요동이 다양한 경시변화의 원인이 된다.
- 온도란 분자의 움직임 정도이다
  - 고체는 진동하고, 액체는 파트너를 계속 바꾸고, 기체는 자유롭게 공간을 초음속으로 이동하면서 서로 충돌한다.
  - 물은 얼린 상태에서도 운동 속도만 감소할 뿐 멈추지 않고 진동한다.
- 유유상종
  - 친수성은 친수성끼리, 친유성은 친유성끼리 점점 더 모이려 한다.

- 상전이에는 충분한 에너지가 필요하다
  - 액체는 액체를 유지하려 하고, 고체는 고체를 유지하려 한다.
  - 결정 핵(Seed)이 있으면 그것을 따라 하는 분자가 많아진다.

2. 식품은 4가지 분자(물,탄수화물,단백질,지방)가 지배한다

A. 물이 물성을 지배하고, 생명 현상도 지배한다

- 물은 가장 평범하면서 가장 비범한 분자이다
  - 물의 특별함은 산소와 수소 분자의 특별한 결합 각도에 있다.
  - 전자의 편중이 극성을 만들고, 극성이 수소결합을 만든다.
  - 물은 한층만 붙잡아도 겹겹이 붙잡혀 덩어리져 움직이려 한다.
- 분자 간에 수소결합(Hydrogen bond)이 생명 현상의 주인공이다
  - 물은 비열이 커서 넓은 범위에서 액체를 유지하고, 생명 현상은 액체 상
    태에서 일어난다.
  - 나무는 모세관 현상으로 물을 100m 높이로 끌어올릴 수 있다.
  - 물은 강력하게 밀착한 상태라 얼면 오히려 부피가 증가한다.
- 물은 자신보다 1조 배나 큰 꽃가루를 뒤흔들 정도로 역동적이다
  - 물은 엄청난 속도로 다른 물과 결합·분리를 반복한다.
  - 상온에서 초당 10^{11}번, 영하에서는 초당 10^5번 진동한다.
- 물은 생명에서 가장 중요하고 결정적인 영양분이다
  - 생명체의 절반 이상이 물이다. 물이 있어야 생명이 있다.
  - 생명체는 물을 이용해 영양성분을 운반하고 폐기물을 배출한다.
  - 효소는 물을 기반으로 작동하고 반응에도 물을 적극 활용한다.
- 용해도의 이해가 물성 공부의 절반이다

B. 지방은 가장 단순명료한 소수성 분자이다

• 지방은 탄화수소(hydrocarbon), 탄소와 수소 위주의 단순한 분자이다
  - 탄소와 수소가 전자적 편중이 없이 배열되어 비극성이다.
  - 지방의 특성은 지방산의 길이와 꺾인 정도가 결정한다.
• 지방족 vs 방향족
  - 직선형이면 지방족이고, 환형이면 주로 방향족이다.
  - 직선형은 쉽게 분자끼리 정전기적으로 결합하여 융점이 높아진다.
  - 방향족은 분자 간에 결합력이 적어 융점이 낮고 휘발성이 있다.
• 탄소 결합은 주로 포화 결합이고, 이중결합은 적고, 삼중결합은 드물다
  - 불포화 결합은 시스형과 트랜스형이 있는데, 자연은 주로 시스형이다.
  - 시스형이 꺾인 구조라 융점이 낮고, 결정다형현상과 공융현상이 있다.

C. 탄수화물은 포도당의 다양한 형태이다

• 식물은 포도당을 만들고, 포도당으로 다른 모든 유기물을 만든다
  - 우리가 먹는 음식의 절반 이상은 포도당(탄수화물)이다.
  - 포도당이 나선(Helix) 형태로 연결되면 전분이다.
  - 포도당이 직선으로 치밀하게 배열되면 셀룰로스다.
  - 직선이면서 사이드체인이 있으면 증점다당류, 식이섬유다.
• 전분은 가장 경제적인 식품소재이다
  - 전분을 분해하면 덱스트린, 물엿, 포도당이 된다.
• 증점다당류는 자체 중량의 1,000배의 물을 붙잡을 수 있다
  - 길이가 길수록 효과적으로 점도를 높일 수 있다.
  - 사이드체인이 친수성이면 잘 녹고 증점제로 쓰기 쉽다.
  - 친수성이 적으면 겔화되기 쉽고, 고온에서는 응집하는 경우가 있다.

D. 단백질은 다양한 형태만큼 다양한 기능을 가진다

- 단백질은 20가지 아미노산으로 만들어진다
  - 아미노산이 다양하니 형태도 다양하고 기능도 다양하다.
  - 친수성 아미노산과 소수성 아미노산이 불균일하게 배열된다.
- 단백질의 형태가 기능을 결정한다
  - 직선형인 콜라겐은 양이 가장 많고, 견고성을 부여한다.
  - 생명의 엔진인 효소는 구형단백질이며 형태가 핵심이다.
- 단백질은 정밀하고 견고하다
  - 감각수용체와 이온채널 등은 매우 정밀한 형태의 단백질이다.
  - 단백질 형태의 사소한 차이도 치명적인 질병이 되기도 한다.
- 단백질은 유연하고 동적이다
  - 단백질의 형태로 효소, 이온펌프, 감각수용체 등이 만들어진다.
  - 효소는 반응을 100만~1조 배 빠르게 할 정도로 동적이다.
- 단백질이 풀리면(unfolding, 변성) 점도가 증가한다
  - 단백질은 가장 다양한 조건에서 풀어진다.
  - 길게 풀어지면 분자끼리 얽혀서 겔화될 확률이 증가한다.
  - 가열을 하면 단백질의 운동성이 증가하여 형태가 풀리기 쉽다.
  - 반죽, 휘핑 같은 기계적인 힘에 의해서도 풀린다.
  - 산과 미네랄의 영향을 받는다. 칼슘은 결합/수축, 인산은 풀림/이완.

3. 용해도가 핵심이며, 물성은 물을 통제하는 기술이다

용해도는 물성과 생명 현상에서 기본 조건이다. 용해도만 제대로 알아도 물성 현상의 절반을 이해할 수 있다.

- 개별 분자 단위로 완전히 녹일 수 있는 것이 물성의 첫 단계다
  - 1cm^3 크기의 각설탕 안에 들어 있는 설탕 분자는 매우 많다. 설탕 분자의 길이는 1nm정도라 1cm^{3}에는 10^{21}개가 들어 있고 1줄로 이으면 $10^{21}nm$ = 10^{14}mm = 10^{11}m = 10^8km(10억 km). 즉 4만 km인 지구 둘레를 2500회 감을 수 있는 길이다.
  - 분자 단위로 완전히 녹이는 것이 중요해서 친수성 다당류는 보통 찬물에 충분히 적신(wetting)후 가열을 한다.
  - 산을 나중에 첨가하는 이유는 먼저 완전히 녹이기 위한 경우가 많다.
- 온도가 높을수록 분자는 빨리 움직이고 반응 속도도 빠르다
  - 폴리머는 길이가 길어 움직임이 느리다.
- 유유상종, 극성은 극성끼리 비극성은 비극성끼리 뭉치려 한다
  - 물은 극성의 용매라 극성의 분자가 잘 녹는다.
  - 분자는 항상 진동하여 친수성은 친수성, 친유성은 친유성끼리 모인다.
  - 고농도에서는 분자끼리 결정화되어 순도가 높아진다.
- 반발력이 있으면 용해되기 쉽다
  - 유기물은 대부분 산성이라, 보통 알칼리에 분자 간의 반발력이 증가하여 잘 녹고, 산성에서 반발력이 감소해 용해도가 감소한다.
  - 단백질은 pH 등전점에서 전기적 반발력이 중화되어 응집된다.
  - 내산성이 있다는 것은 산에 의해 용해도가 덜 변한다는 의미다.

A. 증점(Thickening): 물의 흐름을 억제

• **덩어리짐 없이 분자 하나하나가 분리되어야 제 기능을 한다**

   – 먼저 충분한 수화(swelling) 이후 가열을 하여야 덩어리짐이 적다.

   – 물에 경도가 높으면(2가 이온이 많으면) 용해도가 떨어진다.

   – 찬물에 녹을 정도로 잘 녹는 다당류는 겔화되는 성질이 적다.

• **수분(용매)을 줄이면 점도가 증가한다**

   – 물은 1층만 붙잡혀도 여러 층이 붙잡히고, 그만큼 점도가 증가한다.

   – 폴리머는 길이의 3승 배의 공간에 영향을 준다.

   – 단백질과 다당류 등 길이가 길수록 적은 양으로 많은 수분을 붙잡는다.

   – 물에 쉽게 녹은 폴리머는 점도에는 효과적이고 겔화력은 떨어진다.

• **표면적이 증가하면 점도가 증가한다**

   – 분쇄하면 숫자가 늘고, 표면적의 비율이 늘어난다.

   – 물에 녹지 않는 물질도 크기를 줄여 표면적을 늘리면 점도가 증가한다.

• **점도의 경시변화**

   – 전분은 노화가 일어나 경시변화가 심하고, 증점다당류는 경시변화가 적다.

B. 겔화(Gelling): 물의 흐름을 고정

• **탄수화물의 겔화**

   – 다당류끼리 상호 네트워크를 형성하면 겔화된다.

   – 다당류가 강하게 결합한 겔일수록 이수현상이 발생하기 쉽다.

• **단백질의 겔화**

   – 단백질이 구형에서 직선형으로 풀리면 분자끼리 얽혀서 겔화될 확률이 증가한다.

- 가열이나 반죽, 휘핑 같은 기계적인 힘에 의해 풀리기 쉽다.
- 등전점에서 반발력이 크게 감소하여 응집된다.
- 이온은 일정 농도까지 용해도가 증가하고, 고농도에서는 단백질이 석출된다.
- 칼슘은 단백질의 엉킴, 인산염은 단백질의 풀림에 기여한다.
• 유화물의 겔화(gelled emulsion)
- 유화물도 서로 엉키서 사슬구조를 만들면 반고형 상태로 겔화된다.

C. 유화(Emulsion): 물에 녹지 않은 성분과의 조화

• 유화는 식품에서 가장 복잡한 계면현상이다
- 액체와 액체뿐 아니라 기체, 고체와도 계면을 이룬다.
- 유화는 유화제보다 순서와 공정이 더 중요한 경우가 많다.
- 유화제는 조건에 따라 정반대로 작용하는 경우도 많다.
• 유화의 안정성은 입자의 크기가 중요하다
- 직경을 1/10로 쪼개는 것은 입자를 1,000개로 쪼개는 일이다. 균질기는 마이크로 크기로 지방구를 쪼개서 유화를 안정화시킨다.
- 유화물은 크기를 쪼갤수록 표면적 비율이 높아져 안정적이다. 미세입자의 표면적이 넓어 자체로 강력한 유화력/분산력을 가진다.
• 유화는 용매의 점도가 높을수록 안정적이다
- 유화는 유화물과 용매의 비중 차이가 적을수록 안정적이다.
• 유화물 간의 반발력이 있으면 매우 안정한 상태를 유지한다
- 전기적 반발력이 있으면 서로 멀어지려 한다. 반발력이 셀수록 용해도가 높고, 유화 안정성도 높아진다.
- 물리적 접촉 억제력(Steric hinderance)도 유화의 안정성을 높인다.

- 식품용 유화제는 유화 현상의 일부이지 주인공은 아니다
  - 지방산의 길이는 $2nm$ 정도라 직경이 $2,000nm$ 정도인 유화물에 비해 매우 작다.
  - 지방산은 친유성 부분이 친수성 부분보다 훨씬 길다.
  - 식품용 유화제는 종류와 성능이 대단히 제한적이고 물과 기름을 쉽게 섞을 수 있을 정도로 강력하지 않다.
- 유화제는 동일한 표면적을 두고 경쟁을 한다
  - 최적의 유화제가 있다면 나머지 유화제는 방해 요인이 될 수 있다.
  - 알코올은 유화력과 세척력이 있어서 유화의 파괴하는 힘도 강하다.
  - 당이든 염이든 수분을 붙잡는 물질들은 유화에 기여한다.
- 식품용 유화제는 유화보다 지방산의 특성을 이용하는 경우가 많다
  - 작은 크기의 유화제보다 폴리머로 만든 유화물이 안정적이다.
  - 지방을 결정화시킬 때 유화제는 결정핵(seed)으로 작용한다. HLB값이 낮은 유화제를 코팅하면 방습효과가 생긴다.
  - 전분에 직선형 모노글리세라이드를 사용하면 노화가 지연된다.
  - 전분과 단백질에서 유화제는 기름의 일종으로 윤활과 점탄성을 부여한다.

맛에 대한 생각 정리

맛(Food Pleasure) : 음식을 통한 즐거움의 총합

$$= \Sigma \, Rhythm \; \times \; \Sigma \, Benefit \; \times \; \Sigma \, Emotion$$

감각의 리듬	영양, 안전	감정, 심상
Sensory	Gut, Nutrition	Brain, Memory

A. 감각(Sensation): 맛은 입과 코로 듣는 음악이다

음식을 먹을 때 느껴지는 즐거움, Fast & Direct sensation

- 감각: 5미5감은 맛의 시작일 뿐이다.
- 리듬: 긴장(통제)의 쾌락 vs 이완(일탈)의 쾌락.
- Dynamic Contrast vs Satiety.

B. 영양(Benefit): 맛은 살아가는 힘이다

먹은 뒤 천천히 다가오는 만족감, Slow & Hidden sensation

- 달면 삼키고, 쓰면 뱉어야 한다.
- 맛은 허기와 칼로리에 비례한다.
- 감각적 타격감, 장과 세포 단위까지 느끼는 만족감.

C. 감정(Emotion): 맛은 존재하는 것이 아니고 발견하는 것이다

먹을 것인가, 더 먹을 것인가, 또 먹을 것인가

- 감정(Emotion)은 행동(Motion)을 위한 것이다.
- 맛은 도파민 농도에 비례한다.
- 쾌감에도 항상성이 있다: 도파민은 차이, 더(More)에 반응한다.

- 맛은 곱하기이다
  - 한 가지 요소라도 0점이면 전체가 0점이 된다.
- 감각(Sensation): 오감을 통한 빠르고 직접적인 감각.
  - 입과 코는 맛의 시작일 뿐, 오미오감을 모두 합해도 맛(Food pleasure)의 30%도 설명하기 힘들다.
- 영양(Benefit): 내장기관이 시상하부에 전하는 느리고 숨겨진 감각
  - 맛은 우리 몸에 필요한 안전한 음식을 구하기 위한 것이다. 혀뿐 아니라 우리 몸과 세포 하나하나까지 만족을 주어야 맛있는 음식이라고 최종적으로 판정한다.
- 감정(Emotion): 감정은 판단과 행동을 위한 것
  - 맛은 인간의 모든 욕망이 투영된 것이라 복잡하다.
- 미각과 후각은 완전히 다른 것이지만 우리는 그것을 구분할 수 없다
  - 그래서 우리는 사과에는 단맛과 신맛 외에 사과 맛은 없고, 오직 사과 향만 존재한다는 것을 알기 힘들다.
- 맛은 분위기, 정보와 스토리, 신뢰와 맥락 등에 따라 달라진다
  - 동일한 음식도 온도와 궁합, 심지어 먹는 순서에 따라서 맛이 달라진다.
- 좋은 것만 더한다고 최고가 되지 않는다
  - 때로는 쓴맛과 고통마저 맛의 즐거움을 높이는 작용을 한다.

1. 맛은 살아가는 힘이다

사람들은 좋은 식품을 좋아하지 않는다. 맛있는 음식을 좋아한다. 식품과 식당의 성패는 맛에 달려 있다.

- 조물주는 인간이 먹지 않으면 살 수 없도록 창조하였으며, 식욕으로써 먹도록 인도하고 쾌락으로써 보상한다. _브리야 사바랭
- 맛의 즐거움은 평생토록 하루에 한 번 이상 찾아온다. _브리야 사바랭
- 운명이 감각이고, 감각이 운명이다. 단맛 수용체가 없는 호랑이는 고기만 먹고, 고기가 없는 환경에 처했던 팬더 곰은 감칠맛 수용체를 잃어 대나무를 먹는다.
- 음식의 역사가 맛의 역사이고 생명의 역사이다.

A. 오미, 미각을 통해 영양을 감각한다

- 달면 삼키고 쓰면 뱉어야 한다
  - 인간은 생존을 위하여 탄수화물(포도당)을 단맛으로, 단백질(글루탐산)은 감칠맛으로, 미네랄(소금)을 짠맛으로 감각하여 구하고 애쓴다.
- 맛(미각)은 단순하지만 깊이가 있다
  - 맛 중독은 있어도 향 중독은 없다.
- 세상의 맛은 크게 2가지다. 주식의 맛과 간식의 맛
  - 주식(savory): 짠맛, 감칠맛 + Savory flavor.
  - 간식(sweet): 단맛, 신맛 + Sweet flavor.
- 단맛, 우리가 먹는 것의 절반 이상은 포도당이다
  - 음식의 주목적은 탄수화물을 분해하여 ATP를 재생하는 것이지 피와 살이 되는 것이 아니다.

- **짠맛, 소금은 최초의 첨가물이자 최후의 첨가물이다**
  - 세상에서 소금보다 맛있는 것은 없다. 지나치게 많을 때만 짜게 느껴진다.
- **신맛, 생명의 대사는 에너지 대사를 통해 유기산으로 연결된다**
  - 수소이온의 농도차로 에너지를 만든다.
- **감칠맛, 생명의 엔진은 단백질이며, 단백질을 만드는 아미노산의 시작과 끝을 담당하는 글루탐산이 감칠맛의 핵심이다**
- **독은 쓴맛으로 감각하여 피하려고 애쓴다**
  - 자연은 무미거나 쓴맛이다. 30종류의 미각 수용체 중 25종이 쓴맛이라 피하기 쉽지 않다.
- **미각은 후각보다 독립적이다. 맛은 섞여도 최소한의 특성은 남는다**

B. 향기, 후각을 통해 차이를 식별하고 기억한다

- **맛의 다양성은 향에 의한 것이다**
  - 맛은 5가지뿐이고, 음식의 수만 가지 다양한 풍미는 향에 의한 것이다.
- **사과에 사과 맛은 없다. 사과 향만 있다**
  - 맛은 향이 지배하고, 향은 뇌가 지배한다.
- **후각은 동물의 지배적인 감각이고 향은 식물의 언어이다**
  - 동물은 페로몬에 굴복하고 식물은 향으로 소통한다.
- **인간의 후각은 탐색능력은 떨어져도 분별능력은 압도적이다**
  - 후각은 인체에서 가장 많은 유전자(400종)가 투입된 기능이다.
  - 400가지 수용체와 뛰어난 뇌로 인류는 1조 가지 향의 차이를 구분한다.
- **향기 분자는 크기가 작아 향은 0.1%로도 충분하다**
  - 식품 성분의 98%는 물과 탄/단/지 같은 무미 무취의 성분이다.

- 향은 분자량 300 이하의 휘발성 물질일 뿐 자체에는 어떤 의미도, 영양적 가치도 없다
  - 좋은 향기와 나쁜 향기는 따로 없고, 이취 여부는 농도와 맥락에 의해 결정된다.
- 향은 역치의 차이가 최대 100만 배, 양보다 역치가 훨씬 중요하다

C. 내장감각, 맛은 칼로리에 비례한다

우리의 몸은 충분히 똑똑하여 몸에 좋은 것을 맛있다고 느낀다. 단지 항상 먹을 것이 부족했던 원시인 시절에 있을 때 30% 정도 더 먹게 설정되어 있을 뿐이다.

- 허기가 최고의 반찬이다
  - 세상에 허기보다 강력한 반찬은 없다.
- 혀의 감각 수용체는 나노 크기여서 분자 단위만 감각할 수 있다
  - 입과 코는 음식의 표정만 읽는 셈이고, 진짜 맛은 내장기관이 본다.
- 입과 코는 잠시 속일 수 있어도 내장기관과 내 몸속까지 속일 수는 없다
  - 입과 코로는 전분, 단백질, 지방 등 식품 성분의 대부분은 감각할 수 없지만, 내장기관은 섭취한 음식을 쪼개고 분해하여 총량과 개별 성분까지 낱낱이 감각한다. 단지 그 결과물이 뇌의 무의식 영역에 전달되어서 우리가 그 강력함을 쉽게 눈치 채지 못할 뿐이다.
- 인간의 행동은 무의식이 주인공이다
  - 무의식이 결정하고, 의식은 행동을 변명하는 수준이다.
- 우리 몸의 정교함과 무의식의 강력함을 모르고 무작정 칼로리를 줄인 다이어트 제품은 실패할 수밖에 없다

• 칼로리는 열량의 단위지만 맛의 단위이기도 하다
  - 칼로리 밀도 5.0이 사랑받는 이유이다.

D. 맛은 도파민 분비량에 비례한다

우리 뇌에 쾌감엔진은 단 하나뿐이다. 수백 종류의 즐거움과 중독은 동일한 쾌감엔진의 산물이다. 감각은 자극의 위치와 정도를 전할 뿐이고 쾌감과 통증은 뇌가 만든 것이다.

• 뇌는 생존과 번식에 유리한 모든 행동에 도파민(쾌감)을 분출한다
  - 몸에 좋은 음식에 많은 도파민을 분비하고 맛있다고 기억한다.
• 도파민은 차이, 더(more)에 반응한다
• 도파민은 행동을 위한 호르몬이다
  - 맛은 먹을지 말지, 더 먹을지 말지, 다음에 또 먹을지 말지를 결정하기 위한 것이지, 맛을 객관적으로 평가하기 위한 것이 아니다.
• 뇌는 선택과 행동을 위해 때로는 사소한 차이를 크게 증폭하고, 때로는 상당한 차이도 완전히 무시한다
• 뇌에는 항상성이 있어서 지속되는 강한 쾌감은 둔감화시킨다. 그런 둔감화 현상이 더 강한 자극을 욕망하는 중독을 만든다

2. 맛은 입과 코로 듣는 음악이다. 리듬이 핵심이다

아무리 잘 차려진 한상의 음식도 한꺼번에 믹서에 넣고 갈면 맛의 즐거움은
완전히 사라진다. 리듬이 사라지기 때문이다.

- 대비(contrast)를 통한 긴장과 절제를 통한 조화가 만족감을 만든다.
- 맛은 새로움에 의한 긴장의 즐거움과 익숙함에 의한 이완의 즐거움의
  협연이다.
- 단맛은 낯선 음식을 쉽게 친해지게 만들지만 지루해지기 쉽고, 쓴맛은
  까다롭지만 친해지면 깊어지고 오래간다.
- 새로움을 추구할 때는 생소함에 조심해야 하고, 익숙한 것은 지루함을
  조심해야 한다.
- 새로운 것은 편안하게, 익숙한 것은 감각적으로 제공할 수 있는 능력이
  핵심이다.
- 적절한 다양성이 리듬의 핵심이지만 불필요한 다양성은 자신감의 부족
  이고, 선택의 피로감만 높일 뿐이다.
- 물성이 다양성을 구현할 기반이 된다. Texture makes taste. 물성이 중
  요한 이유는 식감보다 이런 리듬감을 구현할 수 있는 바탕을 제공한다
  는 데 있다.

A. 익숙함, 맛의 절반은 추억이다

우리의 유전자에는 매머드 사냥에 적합한 원시인의 몸과 욕망 그대로 남아
있다. 논리적(가성비)으로 설명되지 않는 쾌락의 상당 부분은 원시인 DNA
로 해석하는 것이 쉽다.

• 맛의 절반은 추억이고, 추억의 절반은 맛이다
  - 좋아하면 먹게 되고, 먹다 보면 더 좋아진다. You ate what you like,

you like what you eat.

- 맛은 기억을 남기고, 기억은 맛을 결정한다
  - 우리가 맛을 볼 때마다 과거의 경험과 기억이 호출된다. 그리고 그 기억과 비교하여 맛있는지 맛없는지를 판단한다. 과거의 기억(경험)이 없으면 맛을 제대로 평가하기 힘들다.
- DNA에 각인된 선조들의 기억도 있다. 맛의 욕망을 제대로 알려면 진화적 배경도 알아야 한다
- 향에서 타고난 취향은 별로 없다
  - 신선함, 고소함, 잘 익은 과일 정도는 누구나 좋아하지만 나머지 향에 대한 선호는 대부분 학습에 의해 형성된 것이다. 그만큼 변덕스럽고 쉽게 바뀐다.

B. 새로움, 인간만이 유일하게 초잡식성 동물이다
- 인간보다 다양한 환경에서 살며 다양한 식재료를 먹는 동물은 없다
  - 대부분 초식이나 육식처럼 편식하고, 잡식도 제한적이다.
  - 인간만이 진정한 잡식성 동물이다.
- 새로운 것은 항상 의심하고 조심해야 한다
  - 잡식동물의 딜레마. 낯선 음식에 대한 의심과 두려움은 본능이다.
- 인간만이 요리를 한다
  - 두부는 나무에서 열리지 않고, 자연에 인간을 위해 준비된 식재료는 없다. 가공하고 조리하여 살균하고 소화력을 높인 것이다.
- 농사와 축산은 검증된 식재료이다
  - 지금의 농산물은 자연에서 그나마 나은 것을 고르고 또 골라 육종하고 개량한 것이다.

C. 리듬: 이완의 쾌락 vs 긴장의 쾌락

적절한 새로움은 즐거움을 주지만 적절한 익숙함은 감동까지도 준다. 식품은 가장 보수적이다. 안전과 생존의 문제이기 때문이다. 익숙한 것을 좋아하지만 이내 지루해하고, 새로운 것을 좋아하지만 생소한 것은 두려워한다. 문제는 새로움과 생소함에 별 차이가 없고, 개발자는 생소한 것을 새로운 것으로 받아들이기를 기대한다는 것이다. 개발자는 소비자에 비해 항상 새로운 것에 훨씬 많이 노출되었고, 정보에 의해 신뢰를 가지고 있지만 우리나라 소비자는 항상 의심하도록 교육받고 있다. 새로운 것은 편안하게, 익숙한 것은 감각적으로 제공할 수 있는 능력이 핵심이다.

D. 맛은 조화와 균형의 게임이다

사람들은 최고의 정답을 찾으려 하지만 우리의 욕망은 결코 한 가지 상태에 머무르는 것에 만족하지 못한다. 쌍안정성이 있어서 오히려 상반된 욕망을 적당히 오가는 것이 오히려 인간적이다.

- **최고만을 합한다고 최고가 되지 않는다**
  - 좋은 꽃향기에는 개별적으로는 악취인 물질도 포함되어 있다.
- **본연의 맛**
  - 날 것 그대로의 맛이 아니라 우리의 조상이 고르고 고른 재료를 그 재료로 낼 수 있는 이상적인 맛을 낼 때 하는 말이다.
- **정점이동(Peak shift), 평균이 호감을 만들고, 정점이동은 최고를 만든다**
  - 평균의 힘: 모든 얼굴을 평균 내면 균형 있고 예쁘게 보이듯이, 음식도 맛의 요소가 평균을 갖출 때 균형 있고, 맛있다고 느낀다.
  - 매력 포인트 강조: 잘 조화된 평균에 좋아하는 요소가 강조되면 최고의 맛이 된다.

- 균형과 조화
  - 적절함의 극치인 황금 비율은 아주 사소한 차이로 위대한 차이를 만들기도 한다.
- 최고의 맛
  - 정점 이동 그리고 균형과 조화(황금비, 음식궁합).
- 미식이론
  - 많은 사람이 좋아하는 음식에는 충분한 이유가 있다.
  - 노출 효과: You eat what you like, You like what you ate.
  - 익숙함 효과: 편안함, 이완의 즐거움.
  - 기억효과: 그 음식과 관련된 추억의 호출 효과.
  - 다양성 효과: 긴장의 즐거움, 새로움 효과, 놀람 효과.
  - 리듬 효과: Dynamic contrast, 대조와 대비.
  - 성분 효과: 맛은 칼로리에 비례한다. 달면 삼키고 쓰면 뱉어라.
  - 정성 효과: 인정의 욕구, 대접/존중 받았다는 느낌.
  - 희소성 효과: 좋고 비싸면 숭배를 하고, 그러다 싸지면 냉담해진다.
  - 유화 효과, 물성 효과, 요리 효과, 아쉬움 효과, 군침 효과.

3. 맛의 절반은 뇌가 만든 것이다

우리가 어떤 음식을 먹을지 말지 결정하는 것은 지각이 아니라 감정이다. 맛은 인간의 감정과 모든 욕망을 반영한 것이어서 대단히 복잡하다. 뇌를 아는 것이 맛을 아는 것이고, 맛을 아는 것이 뇌를 아는 것이다.

- 뇌는 상호작용하는 신경세포의 네트워크일 뿐, 주인공은 없다
  - 뇌는 가소성이 있는 하드웨어이다. 바꾸기 쉽지 않다.
  - 뇌는 차이식별장치이다. 절대감각은 없다. 훈련으로 달라진다.
- 뇌는 생존을 위해 장치이다
  - 뇌는 세상을 객관적으로 보기 위해 설계되지 않았다. 생존에 유리한 형태로 감각의 정보를 적당히 가공하고 재구성한다.
- 뇌는 적절한 행동(대응)을 위한 기관이다
  - 행동의 95%는 무의식(자동화, 습관)이다.
  - 행동은 감정이 결정하고 의식이 변명한다.
  - 생각은 내면화된 운동이고 감정이 방향성을 부여한다.
- 예측이 먼저고 감각은 나중이다
  - 모든 감각에는 이미 뇌의 판단이 반영되어 있다. 그러니 세상에 순수한 눈(감각)은 없다. 인간의 동기와 가치가 물든 해석이다.
- 맛은 뇌의 끝없는 되먹임 구조로 작동한다
  - 우리의 뇌는 모든 감각의 정보가 입력된 후에 그것을 차례차례 처리하여 판단하지 않는다. 선입견과 예측으로 판단하고 그것을 감각으로 확인하는 식으로 매초마다 감각과 판단의 되먹임 루프를 수백 번 돌린다.
- 맛은 감각의 상향식 흐름과 기억과 판단의 하향식 흐름이 대화하고 타협한 결과이다
  - 맛이 가격을 결정하고, 가격이 맛을 좌우한다. 맛있으면 즐겁고, 즐거우

면 맛있다고 느낀다.

A. 지각은 감각과 일치하는 환각이다

우리 눈앞에 펼쳐지는 장면은 단순히 거울에 비추듯이 망막의 정보가 뇌에 뿌려진 영상이 아니다. 뇌가 눈에 들어온 정보를 참고하여 하나하나 일일이 보정하여 그린 그림이다. 그러니 우리는 눈으로 세상을 보는 것이 아니라 뇌로 본다.

뇌는 눈(감각)에 들어온 정보를 바탕으로 눈앞에 펼쳐진 세상을 재구축하면서 기억에 저장된 모형과 비교하여 세상을 이해하며, 그것을 또 기억하여 세상에 대한 모형을 늘려나간다.

- **뇌는 구축된 모형과 따라 하기를 통해 세상을 이해한다**
  - 인간은 세상에서 가장 탁월한 흉내쟁이다. 그리고 흉내보다 효과적인 학습법도 없다. 뇌는 눈앞에 펼쳐진 세상을 그대로 따라 재구축하면서 세상을 이해한다. 이런 모형(기억)과 따라 하기가 없으면 카메라가 찍는다고 세상을 보지 못하듯 우리도 세상을 보지 못한다. 보면 기억하고 기억이 볼 수 있게 한다.
- **맛 또한 뇌로 그린 그림이다**
  - 음식의 성분은 맛의 시작일 뿐이고, 맛은 뇌가 그린대로 지각된다.
- **마약은 환각을 일으키는 능력을 부여하는 물질이 아니라 억제를 푸는 물질이다**
  - 미러뉴런 매칭 시스템의 핵심은 감각과 불일치의 억제이다. 현실과 구분되지 않는 환각은 정말 위험하다.

본질주의

"사람들은 와인을 마시면서 쾌락을 얻는 이유가 맛과 향 때문이고, 음악이 좋은 이유는 소리 때문이며, 영화를 즐기는 이유는 스크린에 나타나는 영상 때문이라고 말한다. 다 맞는 말이다. 아니 일부만 맞는 말이다. 사실은 우리가 쾌락을 얻는 대상의 참된 본질을 어떻게 생각하는지에 영향을 받는다."

"예술에서 얻는 쾌락의 대부분은 작품 이면에 존재하는 인간의 역사를 감상하는 데 있기 때문이다. 진품이라고 믿었던 그림이 위작으로 밝혀지면 그 순간 그림에서 느꼈던 즐거움은 눈 녹듯 사라진다."

스토리와 맥락

고대 유물이 천문학적인 가치가 있는 이유는 희소성 때문이기도 하지만 사실은 그 희소성을 떠받치는 서사적인 '이야기'가 있어서다. 그 유물을 어디서 누가 어떤 용도로 사용했는지가 유물의 객관적 가치보다 훨씬 중요하다. 그래서 이야기가 있는 물건이 비싸게 거래된다. 그래서 마음을 자극하는 스토리텔링은 언제나 특별한 대우를 받아 왔다. 누군가의 마음을 움직인다는 것. 그것은 이야기가 가진 특별한 힘이다.

물성의 원리

초정상자극

"들칠면조 속에 칠면조를 채우고, 그 속에는 거위를 넣고, 그 속에는 꿩을 넣고, 그 속에는 닭을 넣고, 그 속에는 오리를 넣고, 그 속에는 뿔닭을 넣고, 그 속에는 작은 오리인 쇠오리를 넣고, 그 속에는 누른도요새를 넣고, 그 속에는 자고새를 넣고, 그 속에는 검은가슴물떼새를 넣고, 그 속에는 댕기물떼새를 넣고, 그 속에는 메추라기를 넣고, 그 속에는 개똥지빠귀를 넣고, 그 속에는 종달새를 넣고, 그 속에는 멧새를 넣고, 그 속에는 정원솔새를 넣고, 그 속에는 올리브를 넣는다."

지금 세상에 3일을 굶어도 '맛없다'고 할 정도의 음식은 없다. 세상은 이미 우리의 감각의 목적을 넘어설 정도로 너무 맛있어졌다. 배가 불러도 맛이 있는 음식은 초정상자극(Supernormal stimuli)인 셈이다.

B. 중독은 장기기억 현상이다

인간의 뇌가 큰 것은 적절한 판단을 위해 많은 패턴을 기억해야 하기 때문이다. 기억은 커다란 감정이 동반되거나 반복이 지속될 때 잘 만들어진다. 중독은 생존에 필수적인 쾌감의 항상성과 장기기억 현상에 의해 만들어진 것이라 벗어나기 쉽지 않다.

4. 맛은 존재하는 것이 아니고 발견하는 것이다

맛은 객관적이라 과학이 있고, 주관적이라 다양성이 있다. 맛은 개인적인 취향이 있고, 사회적이라 유행이 있다.

- 감각은 사람마다 다르고, 나이와 환경에 따라 달라진다
  - 어떤 음식을 70% 이상이 최고라고 동의한다면 그것은 기적이다.
- 조명이 달라져도 항상 흰색은 하얗게 보이는 것처럼 맛도 꾸준히 뇌가 보정한다
- 맛은 주관적이고 사회적이라 다양성이 있고 어려움이 있다
  - 만약에 맛이 쉽다면 오직 가성비가 지배할 것이다.
- 맛은 보정과 타협의 결과물이다
  - 천차만별의 감각을 가진 사람들이 같은 음식을 좋아할 정도로 꾸준히 서로가 서로를 조율한다.
- 절대 미각이나 후각은 맛의 즐거움에 별로 도움이 되지 않는다
  - 조향사에게 필요한 것은 뛰어난 후각보다는 뛰어난 상상력이다.

A. 감각한다고 감동할 수 있는 것이 아니다

- 세상에는 맛 물질도 향기 물질도 없다
  - 내 몸은 필요에 의해 수용체를 만들어 애써 느낀다. 음식이 맛있는 것이 아니라 우리가 그것을 맛있게 느끼도록 진화해온 것이다.
- 감각한다고 지각할 수 있는 것은 아니고, 지각한다고 감동할 수 있는 것도 아니다
- 맛의 감동은 뇌가 감각의 결과를 얼마나 입체감 있게 펼치느냐에 달려 있다
- 관심과 훈련이 깊이와 섬세함을 다르게 한다

B. 맛은 Food pleasure, 음식을 통한 즐거움의 총합이다

맛은 인간 현상을 들여다보기에 가장 좋은 창문의 하나이기도 하다. 맛을 제대로 이해하면 욕망, 쾌락, 예술 등 생각보다 많은 인간 현상의 내면을 들여다 볼 수 있다.

• 먹는 즐거움과 식사의 즐거움은 다른 것이다 _ 브리야 사바랭

• 음악과 예술이 생존에 필요성과 무관하게 가치가 있듯이, 맛도 그 자체로 가치 있다

• 인정받고 싶은 욕망은 인간의 가장 근본적인 욕구이다. 정성이 느껴지는 음식에 감동하는 이유는 대접받는 느낌 때문이다

• 미식은 행복을 위한 것이지 건강을 위한 것이 아니다. 건강은 절제의 현명함을 갖출 때 얻는 덤이다

• 맛을 아는 것이 나를 아는 것이고, 나를 아는 것이 맛을 아는 것이다

맛은 살아가는 힘이다

맛은 살아가는 힘이다.

먹지 않고 살아갈 수 있는 동물은 없다.

조물주는 우리가 살아가기 위해 먹도록 명령했고,

먹지 않을 때는 심한 허기의 고통을 주고,

먹을 때는 한없는 맛의 즐거움을 준다.

맛은 객관적 평가가 아니라 행동을 위한 것이다.

그러니 뇌는 부족한 정보에도 단호하게 행동을 결정하기 위해

때로는 사소한 차이를 크게 증폭하고,

때로는 상당한 차이도 완전히 무시한다.

맛은 살아가는 리듬이다.

인간은 결코 한 가지 욕망에 멈추는 법이 없다.

상반된 욕망을 자유롭게 넘나들며 리듬을 탄다.

맛은 인간의 모든 욕망을 투영한 것이라

그만큼 다양하고 변화무쌍하다.

맛은 음식을 통한 즐거움의 총합이고,

맛은 평생 매일같이 찾아오는 유일한 즐거움이다.

맛은 뇌가 그린 풍경이다

맛은 뇌가 그린 풍경이다.

뇌에는 각자의 경험이 새겨 놓은 풍경이 있고,

감각은 그 풍경을 따라 흐르면서

풍경을 조금씩 바꾸어 놓는다.

감각은 결코 홀로 목적지로 가지 않는다.

감각의 순간에 이미 짝이 되는 기억과 느낌이 호출되어 있고,

감각은 그들이 안내를 받으며 함께 간다.

그들이 걷는 길을 따라 감정이 출렁이고,

그 출렁임에 따라 조금씩 풍경도 바뀌어 간다.

그러니 맛은 존재하는 것이 아니고,

발견하고 가꾸어가는 과정이다.

감각할 수 있다고 모두가 감동할 수 있는 것은 아니다.

경험과 훈련을 통해 섬세하고 입체적인 풍경을 만든 사람일수록

조그마한 차이에도 깊고 화려한 감동을 느낄 수 있다.

맛은 감정을 통해 기억에 흔적을 남기고,

기억은 느낌을 통해 맛을 구성한다.

맛은 각자 만들어가는 풍경이고 각자의 인생이다.

맛은 존재하는 것이 아니고 발견하는 것이다

세상에는 인간의 먹이가 되기 위해 태어난 생명체는 없다.

동물은 생존을 위해 싸우거나 도망치고, 식물은 독을 만든다.

세상에는 맛을 내는 물질도 향을 내는 물질도 없다.

단지 3,000만 종의 분자가 존재할 뿐이다.

분자 중에 극히 일부가 내 몸의 감각 수용체와 결합할 수 있고,

그때 만들어진 전기적 펄스가 뇌에 전달될 뿐이다.

내 몸이 감각 수용체를 만들어 감각하는 것은

생존에 필요한 극히 일부일 뿐이고, 그중에는 맛과 향도 있다.

그러니 "왜 설탕은 달고, 소금은 짠가?" 하는 질문은 틀린 것이고,

"왜 우리 몸은 왜 설탕은 달게, 소금은 짜게 느끼도록 진화했을까?"

하는 것이 올바른 질문이다.

세상에 인간을 위해 만들어진 것은 없다.

우리가 필요한 것을 느끼고 찾아서 쓸 뿐이다.

그리고 각자의 몸은 너무나 다르기 때문에 맛에 정답은 없다.

따라서 미식의 핵심은 음식 자체보다

그것을 만드는 사람과 그것을 먹고 느끼는 사람에 있다.

맛은 존재하는 것이 아니고 발견하는 것이다.

물성의 원리

식품에 대한 생각 정리

한국인의 식품과 건강에 대한 불안감은 지나치게 높다. 위험정보는 과다하고 그것을 판단하는 훈련을 받은 적이 없기 때문이다. 소비자가 식품에 대한 과도한 기대를 버리고, 위험 정보를 바르게 읽을 수 있어야 의미 없는 불안감에서 벗어날 수 있다.

1. 식품은 건강의 필요조건일 뿐 충분조건은 아니다

– 먹어야 산다. 광합성을 하지 못하는 동물은 유기물을 먹어야 그것으로부터 에너지(ATP)를 얻어 살아갈 수 있다.

– 엉터리로 먹고도 건강할 수는 없다. 행복하기 위해서는 건강해야 하고, 건강하기 위해서는 적절히 먹어야 한다.

– 좋은 음식이란 소화 흡수가 잘되는 평범한 음식이다. 특별한 효능이 있는 음식은 아프거나 특별할 때만 먹어야 한다.

– 생존과 건강에서 식품보다 중요한 것도 없지만 식품이 건강의 해결사는 아니다. 건강에 관여하는 요소는 음식 말고도 많다.

– 식품은 단순하고 내 몸의 활용이 복잡하다. 식품으로 기본을 채우면 나머지는 내 몸의 몫이다.

– 먹거리는 한때 어떤 생명의 일부이거나 전부였던 물질이다. 각자의 생존을 위해 최선을 다한다. 그러니 자연 현상을 착하거나 악하다는 선악의 개념으로 평가하는 것은 전혀 맞지 않다.

- 인간에게 안전하고 훌륭한 식재료가 되기 위해 태어난 생물은 없다. 최대한 고통을 주지 말아야 하고, 감사해야 한다.

A. 당신이 먹는 것이 당신은 아니다. You are NOT what you ate!

섭취 ≠ 소화 ≠ 흡수 ≠ 축적, 뼈를 갈아 먹는다고 뼈가 튼튼해지지 않는다. 식품은 분자 단위로 분해되어 흡수되며, 내 몸의 필요에 따라 재구성된다. 가치는 내 몸이 부여하는 것이지 음식 자체에 있는 것이 아니다.

- **과거가 우습다고? (과거)**
  - 임신 중 닭을 먹으면 닭살의 아이가 태어난다?
  - 거북이나 자라는 오래 사니 자라를 먹으면 오래 산다?
  - 야생동물을 먹으면 야생의 힘을 얻는다?
  - 해구신을 먹으면 정력이 강화된다?
- **현재도 별 차이 없다 (현재)**
  - 지방을 먹으면 지방이 늘어난다?
  - 콜레스테롤을 먹으면 콜레스테롤이 증가한다?
  - 콜라겐을 먹으면 콜라겐이 늘어난다?
  - 유전자 변형 작물을 먹으면 유전자가 변형된다?

B. 독과 약은 하나다. 양이 결정한다

약식동원은 음식에 대한 폄하이다. 아플 때나 먹는 것이 약이고, 먹을 때 행복한 것이 음식이다.

- **독을 희석하면 약이 되고 약이 지나치면 바로 독이 된다. 물질에 따라 그 양만 다르다**
  - 중요한 것은 독성물질의 존재여부가 아니고 그 양이다.

- 소량의 독이 오히려 건강에 도움이 되는 것을 호르메시스라고 한다.
- 독이 될지 약이 될지는 그 물질이 아니라 받아들이는 시스템이 결정한다.
- **과유불급, 지나치면 항상 독이 된다**
  - 운동도 과하면 독이 되고, 비타민도 과하면 독이 된다.
  - 알레르기, 청결도 지나치면 독이 된다.
- **급성독성 또는 반응성이 강한 물질은 판별이 쉽다**
  - 독은 세포막을 통과해야 작동하기에 적당한 크기의 지용성 분자인 경우가 많다.
  - 질병과 노화의 주범은 활성산소다.
- **분자 자체에 선악은 없다. 상호 관계만 있다**
  - 만물은 원자로 되어 있고, 경계도 없이 끊임없이 상호작용을 한다. 우리 몸을 구성하는 원자마저 매년 절반 이상은 우리 몸 밖에 있던 다른 원자로 바뀌지만 그럼에도 나는 나다. 우리는 겉으로 산과 바다를 나누지만, 그것은 단지 우리가 이해하기 쉽게 나눈 개념일 뿐 경계는 없다. 산과 바다 등 모든 것이 상호작용을 하며 흘러간다. 그것을 시간이라고도 한다.

C. 식품 문제는 결국 맛으로 인한 과식 문제다

• 식품 문제는 대부분 과식에 의한 비만 문제지 성분 문제가 아니다

- 지금 살아남은 음식들은 모두 충분히 좋은 음식이다.

- 세상은 정규 분포하며, 식품도 보통의 것이 많지 유별난 것은 별로 없다.

- 과식 문제를 특정 음식 탓으로 돌리면서 재앙이 시작됐다.

- 지금 우리의 일상식은 100년 전만 해도 황제조차 먹기 힘든 화려한 축제 음식이다.

- 평범하고 소화 잘되는 음식이 최고의 음식이다. 일상의 음식이 평범하고 편안할수록 축제의 음식이 빛을 발휘한다.

• 욕망은 타협의 대상이지 투쟁의 대상이 아니다

- 과식의 문제는 적게 먹는 것 말고 다른 해결책이 없다.

- 소식(小食)이 그나마 검증된 유일한 건강장수법이고, 실질적인 친환경이다.

• 배가 고플 때, 배가 고프지 않을 정도만 먹는 것이 핵심이다

- 소위 좋은 음식을 과식하는 것보다, 나쁘다는 음식을 소식하는 것이 더 건강할 수 있다.

2. 인류 역사상 지금처럼 식품이 안전하고 풍요로운 적은 없었다

A. 한국인은 건강에 대한 걱정이 지나치다

인류는 역사상 가장 안전하고 풍요로운 식품을 먹고 있다. 한국인의 평균수명은 세계에서 가장 빠른 속도로 증가하여 이미 세계 최장수 국가의 하나가 되었다. 우리나라의 식품 환경은 세계에서 가장 훌륭한 편이다.

- 우리나라보다 안전한 식품을 먹는 나라는 없다
  - 세계에서 가장 까다로운 법규와 위생기준으로 관리된다.
  - 국토가 좁아서 유통기간이 짧고 신선식품이 많다.
  - 우리나라가 세계에서 채소, 과일, 생선, 해조류를 가장 많이 먹는다.
- 식품기업은 매출을 추구하지 첨가물이나 가공식품을 탐하지 않는다
  - 기업은 좋은 이미지를 구축하여 많은 매출을 일으키려 한다.
  - 소비자가 소비하는 대로 제품의 트렌드가 바뀐다. 소비자와 생산자는 저절로 바뀐다.
  - 기업의 가장 큰 감시자는 경쟁 기업이다. 공정한 경쟁 환경이 안전성을 높인다.
- 한국인이 가장 건강한 편이다
  - 세계에서 가공식품을 가장 많이 먹는 일본이 세계 최장수 국가였다가, 지금은 홍콩이 세계 최장수 국가다.
  - 세계에서 가장 빠른 속도로 수명이 늘어 이미 장수국이며, 머지않아 한국이 세계 최장수 국가가 된다고 한다.

B. 음식과 천연에 대한 과도한 환상이 있다

- 음식은 정말 소중하지만 음식이 건강의 해결사는 아니다
  - 풀만 먹는다고 풀이 되지 않고, 소가 되지도 않는다.

- 식품은 내 몸의 연료와 부품이 될 뿐이다.
- 좋은 것만 골라 먹은 갑부나 권력자도 특별히 오래 살지는 못한다.
• 중요한 것은 음식의 종류가 아니고 음식을 대하는 태도다
- 장수촌마다 먹는 음식이 다른데 장수식품을 말하는 것은 엉터리다.
- 자연식품, 유기농 천연 무공해 식품만 먹었던 100년 전 우리 선조의 평균수명은 30세도 넘기기 힘들었다.
- 전통식품도 그것이 만들어질 때는 가장 혁신적이고 낯선 것이었다.
• 천연식품도 화학물질이고, 요리는 응용화학이다
- 천연식품인 채식과 육식 중에 어느 것이 더 좋은지도 논란 중이다.
- 세상의 모든 것이 다 그렇듯이 음식 역시 상이한 화학물질의 혼합물이며, 맛, 향, 색깔, 영양 등은 모두 그 화학적 성질의 표출이다. _ 해롤드 맥기

C. 과거가 아름답고 안전했다는 생각은 환상일 뿐이다
• 절대 안전은 절대 없다
- 의사도 암에 걸린다. 권력, 금력도 건강과 죽음 앞에는 평등하다.
- 원시인의 모습과 현대인의 삶의 중간적 모습이면 안전하다.
• 안전은 가운데 있다. 이분법적 사고는 불안만 키운다
- 우리 몸을 오랫동안 속이기는 힘들다.
- 내 몸이 알아서 조절하고 적응한다.
• 건강정보를 멀리 해야 건강해진다
- 위험정보와 손해에 훨씬 민감한 것이 인간의 본능이다.
- 세상에는 유해성 실험이 있을 뿐, 100% 안전을 보증하는 실험법은 없다.
- 조심은 지혜지만 과도한 불안감은 인생의 낭비이다.

- 현대인은 가진 조건에 비해 행복하지 못하다
  - 그 막강한 능력과 지식을 행복으로 전환하는 방법을 모른다.
  - 부족한 것은 영양이나 안전이 아니라 감사의 마음이다.

D. 가공식품과 첨가물에 대한 오해와 편견이 많다

- 식품첨가물은 식품 성분 중 활성성분일 뿐이다
  - 비타민과 미네랄도 식품첨가물이다.
  - 천연과 합성의 차이는 대부분 순도와 용해도뿐이다.
- 첨가물이 속임수면 자연도 위대한 사기극이다
  - 천연색소, 천연향 등 천연이 더 진하고 독하다.
  - 천연이 가장 싸다. 석유도 설탕도 옥수수도 천연이라 싸다.
- 가공식품, 두부는 나무에서 열리지 않는다
  - 가공식품은 최고가의 설비와 가장 정밀한 제어로 만들어진다.
  - MSG, 사용하기 쉽다고 쉽게 만들 수 있는 것은 아니다.
  - 패스트푸드, 빨리 제공된다고 빨리 만들어진 것은 아니다.
  - 슬로우푸드, 오래되었다고(숙성한다고) 무작정 좋아지지 않는다.
- 정성은 노동의 양이 아니고 최고의 품질에 대한 집중력이다

E. 현재 식품의 문제는 성분이 아니라 욕망의 문제다

- 식품 문제는 과식에 의한 비만 문제이고, 과식은 맛 때문이다
  - 지금 살아남은 음식들은 모두 충분히 좋은 음식이다.
  - 과식 문제를 특정 음식 탓으로 돌리면서 재앙이 시작됐다.
  - 지금 일상으로 먹는 음식은 과거에는 왕도 먹기 힘든 축제의 음식이다.
- 평범하고 소화 잘되는 음식이 최고의 음식이다

3. 방법이 많다는 것은 관심만 많고 정답은 없다는 뜻이다

실제 의미 있는 건강 상식은 '즐겁게 적당히 먹고, 적당히 운동하고, 스트레스를 관리하고, 적당한 휴식을 취하라.' 정도다. 나머지 정보는 오늘 말과 내일 말 다르며, 이사람 말과 저사람 말 다른 어설픈 정보이다. 어떤 사람에게는 맞는다고 나에게도 맞는다는 보장은 없다.

 - 진실의 반대말은 신념이고, 과학의 반대말은 체험담이다. 식품에는 과학적 사실보다 소수의 체험담을 신념을 가지고 말하는 사람의 말을 믿는 경우가 많다.

A. 우리가 모르는 기적의 건강비결 따위는 없다

• 식품에서 단편적인 문제는 대부분 해결되었다. 불량식품은 거의 없고, 불량지식만 많아졌다

 - 남은 것은 음식을 배고프지 않을 정도로만 먹는 것처럼 평범하지만 꾸준히 실천해야 할 것이다. 이것이 가장 어려운 난제다.

• 방법이 많다는 것은 관심은 많으나 정답이 없다는 뜻이다

 - 아무리 치명적인 질병도 해결책이 나오면 관심에서 사라진다. 다이어트, 항암식품, 건강법처럼 방법이 많은 것은 아직 정답이 없다는 뜻이다.

 - 2년 넘게 인기 끄는 건강법이나 다이어트법은 없다. 2년 뒤에도 인기나 효과가 있는지 보고, 그 뒤에 따라 해도 늦지 않다.

B. 다이어트는 오히려 살찌는데 유리하다

음식은 혀와 몸(소장 등 내장기관)과 지방세포 등 모두를 만족시켜야 한다. 가짜로 혀는 속여도 모든 세포의 욕망을 잠재우기는 불가능하다.

- 다이어트 식품이 실패하는 것은 우리 몸을 결국 속일 수 없어서다
  - 살을 빼는 방법은 2만 가지가 넘는다. 단지 2년 이상을 지속할 방법이 없을 뿐이다.
  - 살을 빼려고 마음을 먹는 순간, 다이어트는 이미 실패한 것이다.
  - 살 빼려고 할 것이 아니라 생활을 바꾸려고 해야 한다.
  - 비만율이 높은 나라일수록 사람들이 다이어트를 많이 하는 것이 아니라 다이어트를 많이 하는 나라일수록 사람들의 비만율이 높다.
- 중요한 것은 공복감과 포만감의 관리이다
  - 칼로리는 식량자원이 부족할 때 적절한 영양 분배에나 적합한 이론이다.
  - 과식할 때는 편식이 오히려 체중이 덜 늘어나게 한다.
  - 저지방, 제로 칼로리 따위는 아무런 의미 없다. 칼로리 대비 포만감/만족감이 얼마나 큰지가 핵심이다.
  - 칼로리가 높아도 적게 먹고 만족하면 다이어트에 좋은 식품이고, 칼로리가 없어도 다음에 더 먹게 만들면 오히려 나쁘다.
  - 세상에 치열한 맛 경쟁은 있어도 포만감 경쟁은 없다. 그러니 다이어트에 대한 해결책은 요원한 것이다.

4. 우리 몸은 충분히 똑똑하다

달면 삼키고 쓰면 뱉어야 한다. 감각이 틀린 것이 아니라 현대에 맞지 않을 뿐이다. 항상 먹을 것이 부족했던 과거에 맞게 세팅되어 있어 항상 많이 먹는다. 우리 몸은 완벽하지 않지만 충분히 효율적이고 생존을 유지하기에는 충분히 정교하다. 그래서 영양학이 없던 시절에도 잘 살아남았다.

A. 우리 몸 안에는 타고난 대책이 있다

세상에 어떤 동물도 건강학과 영양학에 의지하지 않고 스스로 알아서 먹고 살아간다. 우리 몸에도 그런 생존 감각과 시스템이 있다.

• 면역, 아파야 산다
  - 면역은 강화의 대상이 아니고, 훈련의 대상이다.
• 암, 죽어야 산다
  - 죽음은 우연의 산물이 아니고 다세포 동물의 필연적인 발명품이다.
• 세포의 수명과 반감기
  - 내 몸 세포의 절반은 매년 새롭게 태어난다.
  - 생명은 물처럼 흐른다. 이 또한 지나갈 것이다.
• 내 몸은 손상에 대비되어 설계되었고, 타고난 대책이 있다
  - 과거의 혹독한 환경에서도 살아남은 생존력이 있다.
• 인간의 위대성은 강인함이 아니라 탁월한 적응력에 있다
  - 자연은 편식한다. 인간보다 다양한 음식을 먹는 동물도 없다.
  - 인간보다 다양한 지역, 기후에서 다양한 방식으로 사는 동물은 없다.

B. 완벽한 몸이란 없다

생명은 진화의 산물이고 완벽한 진화는 없다. 우리 몸은 원시적 흔적이 가득하다. 생명은 주변의 재료를 모아 뚝딱뚝딱 만들어 끝없이 개량하고 고쳐서 재사용한다. 과거의 유산으로부터 자유로울 수 없다.

- **진화란 환경에 적응하는 활동이다**
  - 생명에는 비용이 수반된다. 효율성이 없으면 도태되기 쉽다.
  - 진화의 속도는 변이의 속도가 아니라 선택의 속도에 따라 달라진다.
  - 진화의 산물이라 공통성이 많고, 진화의 산물이라 경계가 모호하다.
- **생명은 퇴화가 기본모드이다**
  - 생명은 정교하고 복잡하여 돌연변이는 1:200의 비율로 불리하게 일어난다. 성(Sex, 유전자 교환)이 필요한 이유이다.
- **몸의 변화의 속도보다 문명의 진화 속도가 너무 빨랐다**
  - 원시인 DNA를 가지고 현대를 살아가야 하기에 어려움이 많다.

5. 식품은 과학으로 이해하고 문화로 소비될 때 최고의 가치를 가진다

식품을 설계할 때는 안전, 위생, 영양 등을 가장 과학적으로 따지고, 소비할 때는 식품은 단순히 살기 위해 섭취하는 영양분이 아니므로 문화적일 필요가 있다. 그런데 우리는 식품을 이해할 때는 국산, 전통 등 문화적으로 이해하고 식품을 소비할 때는 비타민과 미네랄 같은 영양에 건강에 효능 등 과학적으로 검증되어야 할 것을 들먹인다. 반대로 하니 항상 뒤집히는 것이다.

A. 불량식품보다 불량지식의 식별능력이 점점 더 필요하다

Franken knowledge, 단편적 실험결과와 체험담 중 제 입맛에 맞는 것만 골라 만든 불량지식이 많다. 그런 불량지식은 불량식품보다 해롭다. 우리는 그런 불량지식을 피하는 판별력을 키울 필요가 있다.

- **전체를 모아본다**
  - 세상의 위험 주장을 모두 합하면 먹을 것은 하나도 없고 몸에 좋다는 음식을 다 챙겨 먹으면 큰 탈만 난다.
  - 개별 체험담으로는 대단해 보여도 모두 모아보면 별것 없다.
  - 방법이 많다는 것은 아직 정답이 없다는 것이다.
- **체험담의 함정은 구체성과 생생함이다**
  - 개인은 운명적이어도 집단은 통계적이다.
  - 동전을 던져 앞면이 8번 연속 나올 확률보다 100번 중 75번 앞면이 나올 확률이 1만 배나 낮다.
- **뒤집어 보고 균형을 찾아야 진짜 가치를 알 수 있다**
  - 효능론: 좋다고 하면 그것이 아직 천하 통일을 하지 못한 이유를 찾아본다. 진짜 해법이 나오면 문제는 해결되고 관심은 순식간에 사라진다.
  - 유해론: 나쁘다고 하면 그것이 아직 살아남은 이유를 추적해 본다. 사람

들은 싸고 좋은 면을 과용하고, 과용의 부작용을 그 물질의 부작용으로 생각해서 욕하는 경우가 많다.

- **생명 현상에는 평범한 것이 훨씬 가치가 있다**
  - 흔한 것이 독성이 적다. 필수 아미노산은 우리 몸에 합성 능력이 없는 아미노산이다. 그만큼 대사능력이 떨어져 과하면 독이 되기 쉽다. 비필수 아미노산은 우리 몸이 언제든지 합성하고, 분해하여 제거한다. 그러니 많이 먹어도 훨씬 안전하다.
  - 비타민도 우리 몸에 필요한 수만 가지 화합물 중에 합성력이 떨어진 유기화합물일 뿐이다. 부족하지 않으면 되는 것이지 숭배할 이유는 없다.

B. 맛은 평생 날마다 찾아오는 유일한 즐거움이다

식사에서 식품이 차지하는 비중이 적을수록 수준 높은 식사가 된다. 영양을 얻기 위한 식사는 모든 동물이 가능한 식사이고, 문화를 즐기기 위한 식사는 인간만이 가능한 식사이다.

최고의 맛은 가장 아름다운 순간의 추억이다. 찬양할 것은 성분이 아니고 그 단순한 성분으로도 놀랍도록 다양한 경험을 선사하는 요리사의 창의성과 그 것을 느끼는 우리의 몸이다.

지방은 가장
단순명료한 분자이다

지방이란 무엇인가?
탄화수소(Hydrocarbon)

지금까지 지방에 대한 오해는 정말 많았다. 2017년에도 한 먹을거리 고발 프로그램이 카스텔라에 쓰이는 식용유를 문제 삼은 적이 있다. 버터 대신 식용유를 과도하게 쓴다는 방송이 나오자마자 카스텔라를 찾는 손님이 급감했고, 폐업하는 가게가 줄을 이었다. 사람들의 지방에 대한 공포가 부른 비극이 아닐 수 없다. 예전에는 버터가 오히려 콜레스테롤이 많은 동물성 포화지방이라며 독극물 취급을 받고, 식용유는 식물성이고 불포화지방이라며 찬사를 받았는데, 어느새 신세가 역전되어버린 것이다.

지방이 비난을 받기 시작한 것은 미국의 비만과 심혈관질환 때문이다. 60년대 이후 미국 사람들의 비만율이 심각해지고, 심장병으로 사망하는 사람이 갈수록 늘자 그 원인으로 동물성 포화지방과 콜레스테롤을 지목하여 대대적인 반대운동이 시작되었다. 하지만 문제는 해결되지 않았다. 그러자 다음으로 트랜스 지방이 원인으로 꼽혔고, 그것으로도 해결이 안 되자 지금은 식물성 불포화유지에 많은 오메가-6 지방이 비난의 표적이 되고 있다. 이러한 지방에 대한 오해와 편견은 지방의 기본 구조와 물리적 특성조차 모르면서 입맛에 맞는 단편적인 연구 결과로 소비자를 호도한 사람들의 영향이 크다고 할 수 있다.

지방의 분자구조와 그 구조에 따른 특성은 정말 간단하다. 내가 네 가지 분자 중 지방을 가장 먼저 설명하는 이유도 가장 쉽기 때문이다. 지방의 분자적 특성을 알면 지방에 얽힌 그 지긋지긋한 선악론에서도 쉽게 벗어날 수 있다. 지방은 3대 영양소이다. 호르몬처럼 적은 양으로 작동하는 신호 물질이 아니라 우리 몸에 많은 양이 존재하므로 그 물리적인 특성을 이해해야 기능을 제대로 이해할 수 있다.

우리 몸에 존재하는 지방은 주로 중성지방이라고 불리는 트리-글리세라이드(글리세롤 + 3개 지방산)이다. 잉여 에너지를 가장 안전하고 효율적으로 보관하는 방법이다. 모든 생물에게 꼭 필요한 극성지방은 세포막

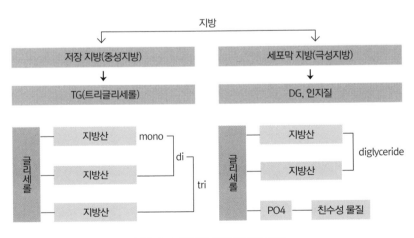

그림 2-1. 지방의 역할에 따른 분류

을 구성하는 지방으로써 글리세롤에 2개의 지방산과 1개의 인산을 포함한 극성(친수성) 분자로 구성된다. 레시틴 같은 것이 대표적으로 유화제로도 불린다. 그 외에도 여러 형태가 있지만, 양이 많지 않아 이 두 가지만 알아도 충분하고 그 중에서 글리세롤은 공통으로 들어가 있으니 결국 지방산의 종류와 특성만 알면 충분하다.

지방산은 크게 포화와 불포화지방으로 나누어진다. 포화지방은 이중 결합이 없는 것이고, 불포화지방은 이중 결합이 있는 지방이다. 불포화지방은 이중 결합의 숫자와 위치에 따라 단일 불포화지방, 다가 불포화지방으로 나뉜다.

지방산의 종류에서 오메가-3(ω-3)은 지방산의 메틸기 위치에서 3번(3-4번 사이)에 불포화가 있다는 뜻이고, 오메가-6은 6번 위치, 오메가-9는 9번 위치에 불포화지방이 있다는 뜻인데 불포화기는 9번, 6번,

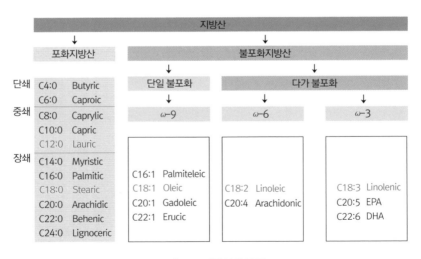

그림 2-2. 지방산의 분류

3번 순으로 생기므로 오메가-3은 이미 9번, 6번이 불포화인 데다 오메가-3마저 불포화라는 뜻이다. 마찬가지로 오메가-6은 9번도 이미 불포화이다.

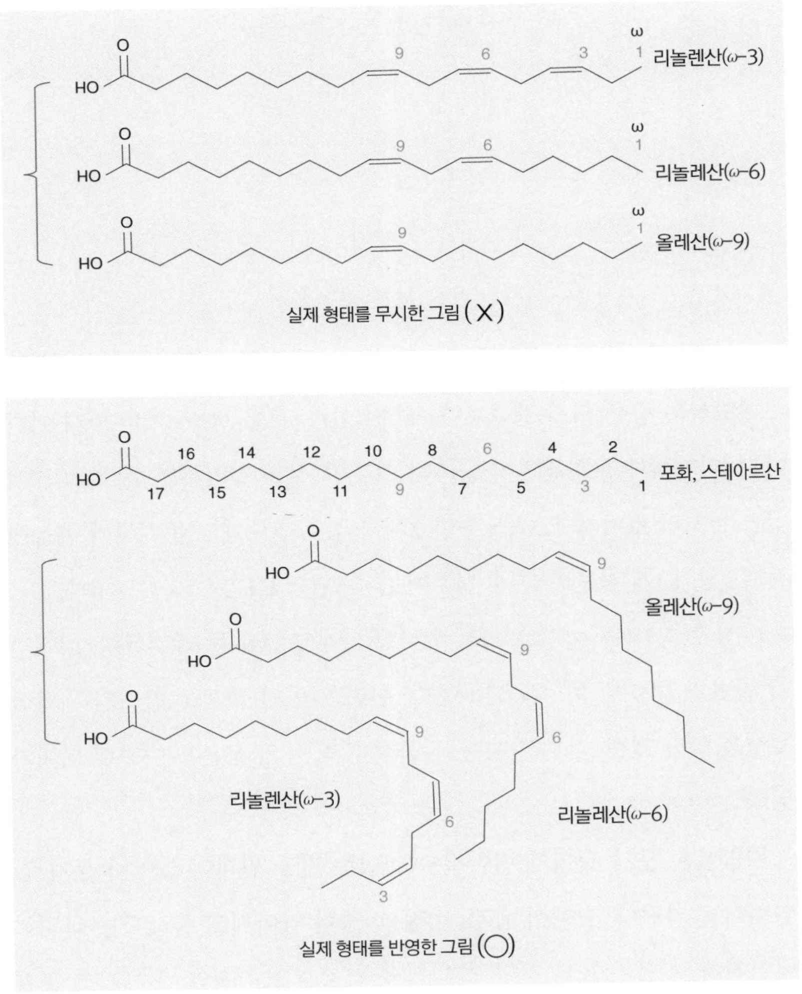

실제 형태를 무시한 그림 (X)

실제 형태를 반영한 그림 (○)

그림 2-3. 포화지방산과 불포화지방산의 구조

지방의 특성은
지방산이 결정한다

지방산의 종류 역시 생각보다 제한적이다. 보통 탄소 수가 20개 이하이고, 여기에 불포화결합이 1~5개 정도인 것을 감안하면 최소 80종이 있을 것처럼 보이지만, 탄소 수가 2개씩 주로 짝수개로 존재하기 때문에 실제로는 12개 전후와 18개 전후가 많다. 결국 C12, C16, C18-0, C18-1, C18-2, C18-3 이렇게 여섯 종류만 알아도 90%는 해결된다. 이것들이 지방의 대부분 특성을 말해준다. 어떤 지방의 특성을 알려면 지방산 조성을 알면 될뿐, 식물성 지방, 동물성 지방 등의 구분은 아무런 의미가 없다.

지방산은 분자 길이가 길어질수록 접촉 가능 면적이 늘어나 분자 간 인력이 증가한다. 그래서 융점, 비점, 비중이 높아지고 용해도는 급격히 낮아진다. 지방은 물에 전혀 녹지 않을 것처럼 보이지만 아주 작은 분자는 녹는다. 알코올은 물에 너무나 잘 녹지만 탄소의 길이가 증가하면 급격히 용해도가 감소하는 이유는 친수성 부위는 줄고 지방의 구조끼리 강하게 결합하기 때문이다.

지방산 길이의 효과가 가장 극단적으로 나타나는 형태는 바로 폴리에틸렌(PE)이다. 플라스틱인 폴리에틸렌과 지방은 길이만 조금 다를 뿐이다. 생명체가 만드는 것은 고작 20개 이하인 지방이거나 이보다 길이만 2배 이상 긴 왁스가 고작인데 인간은 이보다 훨씬 길게 에틸렌을 결합시

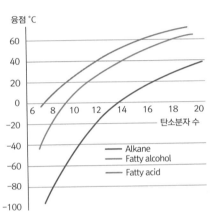

그림 2-4. 지방산의 길이에 따른 녹는점   그림 2-5. 지방산의 길이에 따른 용해도

표 2-1. 알코올의 분자 길이에 따른 용해도

화학식	물 용해도
CH_3OH	완전히 혼합됨
CH_3CH_2OH	완전히 혼합됨
$CH_3CH_2CH_2OH$	완전히 혼합됨
$CH_3CH_2CH_2CH_2OH$	7.9%
$CH_3CH_2CH_2CH_2CH_2OH$	2.7%
$CH_3CH_2CH_2CH_2CH_2CH_2OH$	0.6%

켜 PE 즉, 폴리에틸렌을 합성해서 쓴다.

폴리에틸렌의 특성은 지방의 특성과 완벽하게 똑같다. 직선형이면 단단한 고밀도 PE(HDPE)가 되고, 사이드체인이 많으면 사이에 빈공간이 많아서 단단히 결합하지 못하여 저밀도 PE(LDPE)가 된다. 공부를 하려면 가장 낮은 경우와 가장 높은 경우를 알고 중간은 선을 그어 이해하면

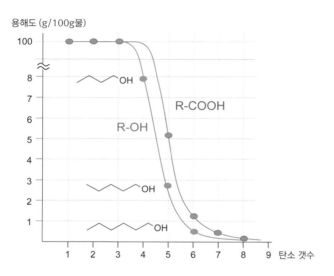

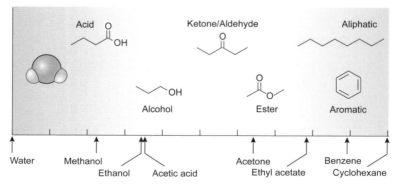

그림 2-6. 길이와 용해도의 관계

좋고, 지방의 특성을 이해하려면 지방산이 가장 길게 늘어난 형태인 폴리에틸렌을 공부하는 것이 좋다.

단단한 폴리에틸렌이 지방과 기본 구조가 같다고 하면 믿기 힘들겠지만, 생명이 만든 폴리머도 합성 플라스틱 못지않은 단단함을 가진 것이 많다. 근육의 힘줄인 콜라겐도 단백질이고, 비단(silk)도 단백질이며, 거미줄도 단백질이다. 거미줄은 같은 무게의 강철과 비교하면 20배나 질기다. 식품이나 생명은 너무 단단하면 오히려 쓸모가 없다. 식품에 존재하는 평범한 분자로도 길고 촘촘한 배열을 통해 얼마든지 단단한 조직을 만들 수 있지만 너무 무르지도 단단하지도 않게 만들 뿐이다.

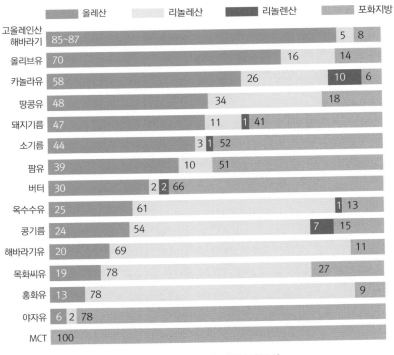

그림 2-7. 지방의 종류별 지방산의 조성

지방에 대해 포화지방과 불포화지방으로 나누어보는 것은 크게 도움이 되지는 않는다. 동일한 포화지방도 지방산의 길이에 따라 그 특성이 완전히 달라지기 때문이다. 동일한 길이의 지방도 불포화도에 따라 특성이 달라지는데, 지방산의 길이가 짧은 것은 불포화결합이 없고, 탄소 수가 18개부터 불포화결합이 있다. 불포화결합은 1개나 2개 또는 3개가 있지 그 이상은 별로 없다. 그리고 불포화 구조가 있으면 꺾인 구조가 되어 융점, 비점이 급격히 감소한다. 이것이 지방에 대하여 알아야 할 거의 전부이다. 너무나 간단하지 않은가?

포화지방은 융점이 높고 산패에 강하다. 우리는 액체인 기름과 고체인 기름을 모두 쓰지만, 고체 기름도 체온에서 녹는 정도의 기름만 쓴다. 왁스도 지방의 일종이지만 너무 융점이 높아 식용으로는 쓸 수 없다. 상온에서는 딱딱한 고체이지만 체온에서 녹는 가장 대표적인 지방이 코코아버터다. 코코아버터는 상온에서는 딱딱하지만 입안에서는 사르르 녹

표 2-2. 지방산의 종류에 따른 융점의 변화

탄소 길이	명칭	지방 융점	지방산 융점
6:00	카프로산	-15	-2
8:00	카프릴산	-5	17
10:00	카프르산	5	31
12:00	로르산	15	44
12:00	미리스트산	33	54
16:00	팔미트산	45	63
18:00	스테아르산	55	69
20:00	아라키돈	64	75

불포화	명칭	지방 융점	지방산 융점
18:01	올레산	5	14
18:02	리놀렌산	-15	-5
18:03	리놀레산	-21	-11

는데, 그 특성은 팔미트산(26%), 스테아르산(32%), 올레산(35%)이 대부분을 차지하는 단순한 조성 때문이다. 팔미트산과 스테아르산은 포화지방이면서 비교적 융점이 높다. 올레산은 불포화지방 중에서 융점이 높은 편이다. 이들이 조합되어 상온에서 가장 딱딱한 편이지만 절묘하게 혀에서 잘 녹는 융점을 가졌다. 그리고 포화지방의 비율이 높으니 산화에도 안정적이다.

코코아버터는 포화지방이 63%인데 야자유는 92% 정도이다. 그러면

표 2-3. 지방 종류별 지방산의 구성비

종류	유지	포화									불포화			
		6:0	8:0	10:0	12:0	14:0	16:0	18:0	20:0	소계	18:1	18:2	18:3	소계
	지방 융점	-15	-5	5	15	33	45	55	64		5	-15	-21	
	지방산 융점	-2	17	31	44	54	63	69	75		14	-5	-11	
식물성	들기름						6.5	2		8.5	17.8	15.3	58.3	91.5
	포도씨유						7	4		11	17	72		89
	해바라기유			0.5	0.2		6.8	4.7	0.4	12.6	18.6	68.2	0.5	87.4
	대두유				0.1		11	4	0.3	15.5	23.4	53.2	7.8	84.5
	옥수수유						12.2	2.2	0.1	14.5	27.5	57	0.9	85.5
	유채유						3.9	1.9	0.6	6.6	64.1	18.7	9.2	94.8
	참기름						9.9	5.2		15.1	41.2	43.2	0.2	84.9
	면실유					0.9	24.7	2.3	0.1	28.1	17.6	53.3	0.3	71.9
	현미유		0.1	0.1	0.4	0.5	16.4	2.1	0.5	20.3	43.8	34	1.1	79.6
	올리브유						13.7	2.5	0.9	17.1	71.1	10	0.6	82.9
	땅콩유				0.1		11.6	3.1	1.5	19.4	46.5	31.4		79.6
	팜유				0.3	1.1	45.1	4.7	0.2	51.4	38.8	9.4	0.3	48.6
	팜핵유	0.3	3.9	4	49.6	16	8	2.4	0.1	84.3	13.7	2		15.7
	야자유	0.5	8	6.4	48.5	17.6	8.4	2.5	0.1	92	6.5	1.5		8
	MCT	2	55	42	1					100				0
	코코아버터					5	26	32		63	35	2		37
동물성	버터	2.3	1.1	2	3.1	11.7	27.2	5		56.9	36	2.9	0.5	42.6
	계지				0.2	1.3	23.2	6.4		31.4	41.6	18.9	1.3	68.6
	돈지			0.1	0.1	1.5	24.8	12.3	0.2	39.5	45.1	9.9	0.1	60.3
	우지			0.1	0.1	3.3	25.5	21.6	0.1	52.3	38.7	2.2	0.6	46.2

야자유가 코코아버터보다 딱딱할 것 같지만 실은 훨씬 부드럽다. 그 이유는 포화지방이지만 지방산의 길이가 훨씬 짧은 로르산(C12)이 주성분이기 때문이다. 그래서 야자유는 체온에서 잘 녹고, 요즘은 중쇄지방이라는 이름으로 각광받고 있다. 그런데 100% 포화지방도 있다. MCT라는 지방인데 야자유보다 지방산의 길이가 짧은 C6, C8, C10이 주성분이다. 불포화지방보다 더 융점이 낮은 액체기름이면서 산패에 강한 포화지방의 장점을 그대로 가지고 있다. MCT는 식물성/ 동물성, 포화/ 불포화기름의 구분이 얼마나 의미 없는 것인지를 보여주는 대표적인 예이다.

요즘은 버터가 인기이다. 버터는 아주 짧은 지방산이 상당히 많아서 특유의 향취가 있다. 그리고 여러 종류의 지방산이 있어서 낮은 온도에서도 녹는 것이 있고, 비교적 높은 온도에서 녹는 것도 있어 고체 특성을 유지하는 부분이 있다. 그래서 빵에 발라 먹기 좋은 것이다. 너무 딱딱하면 빵에 바르기 힘들고, 액체라면 적시는 것은 가능해도 바르는 것이 불가능하다. 버터는 잡다한 지방산의 조성 때문에 비교적 넓은 온도에서 고체도 액체도 아닌 물성을 가지는 장점이 있다.

그런데 버터는 한동안 심장병을 일으키는 최악의 지방으로 알려졌고, 식물성 기름이 찬양을 받은 적이 있다. 그래서 식품회사는 칭찬받는 식물성 기름을 이용하여 버터를 대체하려 했다. 식물성 기름은 액체이다 보니 적당히 고체화(수소첨가반응)하여 버터의 물성을 흉내를 냈다.

트랜스지방

액체인 식물성 기름을 반고체 형태로 만드는 과정에서 의도치 않게 만들어지는 것이 바로 트랜스지방이다. 불포화지방은 시스(Cis)형과 트랜스(trans)형 2가지 형태가 가능한데, 자연에 존재하는 지방산은 주로 시스형이다. 하지만 완전히 그런 것은 아니어서 반추동물(소, 양 등)의 젖이나 지방에는 2~5%의 트랜스지방이 있다. 모유도 1~7%는 트랜스지방이다(스페인 1%, 프랑스 2%, 독일 4%, 캐나다 7%). 그리고 라이코펜, 토코페롤, CoQ10, 공액리놀렌산 등 이소프레노이드 계통의 건강 기능성 성분도 트랜스 형태이다.

불포화지방이 많은 액체기름은 산패하기 쉽고, 액체 상태이기 때문에 버터처럼 빵에 발라먹을 수 없다. 그래서 수소첨가반응(Hydrogenation)을 하면 불포화결합에 수소가 첨가되면서 꺾인 구조에서 직선 구조로 바뀌면서 고체지방이 된다. 이 과정에서 일부 트랜스형(거의 직선형) 지방이 생기는데, 예전에 마가린을 제조할 때는 최대 15% 정도의 트랜스지방이 생겼다고 한다. 트랜스지방은 불포화지방(액체기름)과 포화지방(고체기름)의 중간적 성격을 가진다. 액체기름보다는 체내 잔류 기간이 길지만, 포화지방보다는 빠르다.

스테아르산(C18-0, 포화): - 융점 73℃, 체내 반감기 43일.

에라이딘산(C18-1, 불포화 trans형): - 융점 42℃.

올레산(C18-1, 불포화 cis형): - 융점 5.5℃, 체내 반감기 18~27일.

트랜스지방의 유해성 논란이 일어난 뒤로는 모두 에스테르화 공법으로 바꾸어 우리나라는 트랜스지방이 없는 마가린만 판매되고 있다. 그전부터도 문제될 정도의 양은 먹지 않았지만, 이제는 버터 등에 자연적으로 존재하는 트랜스지방만 먹고 있다. 물론 그렇다고 해서 건강문제

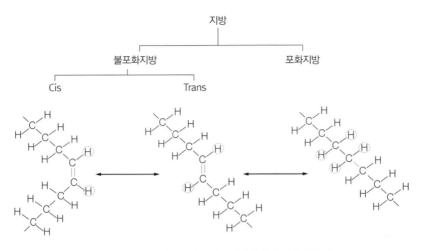

그림 2-8. 시스지방산과 트랜스지방산과의 형태적 특성

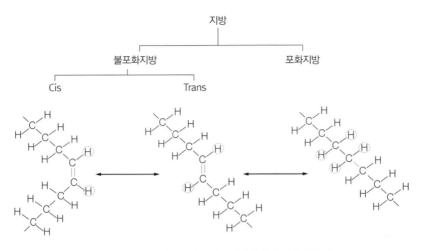

그림 2-9. 지방산의 형태(시스, 트랜스, 포화)에 따른 융점의 변화

가 크게 나아지는 것은 없다. 미국이나 캐나다는 우리보다 트랜스지방을 20배 정도 많이 먹다가 지금은 크게 섭취량이 줄어든 것으로 알려졌지만, 그 이후 건강문제가 해결되었다는 소식은 들려오지 않는다.

불포화지방이 가지는 결정다형현상

불포화지방은 꺾인 형태 때문에 결정다형현상과 공융현상 등이 발생한다. 이 현상을 보여주는 대표적인 예가 초콜릿을 만드는 코코아버터(지방)이다. 코코아버터는 포화지방산이 60% 정도이고, 불포화지방산은 40% 정도이다. 그리고 이 불포화지방산의 꺾인 구조 때문에 다양한 결정 형태를 가진다. 마치 테트리스 게임처럼 채우는 방법에 따라 비어있는 공간이 많기도 하고 적기도 하다. 비어있는 공간이 없이 차곡차곡 쌓을수록 코코아 지방의 결정은 더 조밀해지고, 안정화되어 녹는 온도도 높아지고 단단해진다.

코코아버터의 결정 형태는 대략 6가지로 나누는데 이 중에서 1형과 2형은 쌓인 상태가 가장 엉성하고 융점이 낮아 아이스크림을 코팅하는 데 적합하다. 아이스크림은 냉동을 하니 융점이 조금 낮아도 유통 중에 녹을 염려가 없고, 워낙 차가운 상태라서 융점이 낮을수록 입안에서 잘 녹아 오히려 유리하다.

5형과 6형은 가장 높은 온도(33~36℃)에서 녹는 결정 형태다. 초콜릿은 단단하고 표면이 마치 거울처럼 윤기와 광택이 나며, 부러질 때 뚝 소리가 나면서 기분 좋은 느낌을 준다. 이런 특성 때문에 대부분 초콜릿을

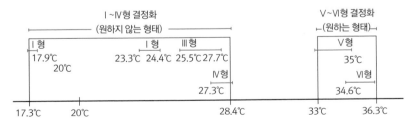

그림 2-10. 코코아 지방의 6가지 형태(polymorph)의 녹는점

만드는 사람은 이런 코코아버터 결정을 만들려고 한다. 하지만 쉽게 만들 수 있는 것은 아니다. '템퍼링'이라고 하는 과정을 잘 거쳐야 하며, 미리 만들어진 5형 결정 '씨앗'을 첨가해주는 과정을 통해야 효과적으로 만들 수 있다. 자세한 이야기는 이어지는 초콜릿 이야기에서 다루고자 한다.

가장 쉽게 만들어지는 형태는 3형과 4형이다. 템퍼링이 잘 되지 않으면 이 형태가 된다. 이 초콜릿은 윤이 나지 않고 만지면 부드러운 느낌이 나고 손에서 잘 녹는다. 그래도 딱딱하지 않아 좋아할 것 같지만 예전에 유통조건이 좋지 않을 때는 낮은 온도임에도 초콜릿이 녹아 제품을 망치기 일쑤였다. 그리고 그렇게 급격한 변화가 없더라도 이런 결정 상태는 조금씩 더 조밀한 상태로 변하려고 한다. 그 과정에서 지방과 섞여 있던 당이 분리되어 표면에 배출되는데, 그러면 초콜릿 표면에 흰색 반점이 생겨 마치 곰팡이가 핀듯한 외관이 된다. 소비자가 싫어하는 외형이다.

소비자는 애매한 것을 좋아하지 않는다. 어떤 재료를 단단하여 똑 부러지는 초콜릿으로 감싸면 겉은 단단한 껍질이 있고 안에는 부드러운 중심부가 있어서 조직감의 대조 효과로 색다른 즐거움을 만들 수 있다. 단단하고 똑 부러질 것이라고 기대하며 초콜릿 바를 집어 들었는데 끈적거리며 녹아 있던 경험을 해본 사람이라면, 똑 부러지는 특성이 없는 초콜릿이 얼마나 실망스러운지 잘 알 것이다.

공융현상(Eutectic mixture)

앞서 코코아 지방은 불포화지방의 꺾인 구조가 있어 다양한 결정형태가 존재한다고 했다. 그런데 대부분이 포화지방이라 직선 구조인 야자유

물성의 원리

와 만나면 무슨 현상이 벌어질까? 바로 각각의 융점보다 훨씬 낮은 온도에서 녹는 아주 특별한 현상이 일어난다. 이것을 '공융(Eutectic)현상'이라고 한다. 직선형 지방은 직선형 지방끼리 차곡차곡 쌓을 수 있고, 꺾인 지방산은 꺾인 지방산끼리 차곡차곡 쌓을 수 있는데, 두 가지가 1:1로 있으면 꺾인 사이에 직선형이 끼어들어 가장 조밀하지 못한 구조가 된다. 그만큼 융점이 낮아져 각자가 가지고 있는 융점보다도 낮은 융점을 보이는 것이다.

이런 현상은 상온에서 유통하는 초콜릿에서는 절대로 있어서는 안 된다. 그래서 코코아버터를 사용하는 초콜릿 생산라인과 야자유를 함유한 초콜릿의 생산라인은 반드시 분리한다. 하지만 아이스크림에 사용하기에는 오히려 이런 초콜릿이 좋다. 이런 공융의 특성을 이용하면 두툼한 초콜릿이 입안에서 시원하게 녹는 즐거운 경험을 가질 수 있다.

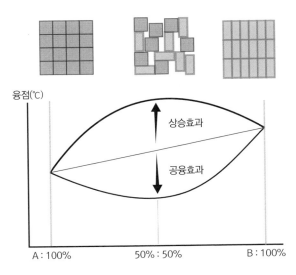

그림 2-11. 공융현상의 모식도

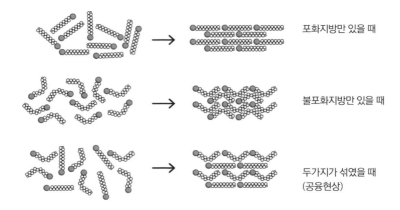

포화지방만 있을 때

불포화지방만 있을 때

두가지가 섞였을 때
(공융현상)

그림 2-12. 포화지방과 불포화지방의 혼합 효과

식품에서 지방의 역할

지방은 오감에 영향을 준다. 시각으로는 색과 윤기를 주어 외관을 좋게 하고, 촉각으로는 혀에 닿는 느낌을 부드럽게 하고, 후각으로는 가열할 때 만들어진 고소한 향으로 우리를 유혹하고, 청각으로는 튀김을 할 때 들리는 소리만으로도 군침이 돌게 한다. 기름은 바삭함을 주기도 하고, 스테이크에서 육즙의 느낌을 높여준다. 실제 우리의 내장기관은 지방의 총량뿐 아니라 지방산의 종류별로 그 양이 얼마만큼 들어왔는지까지 체크한다. 단맛, 짠맛, 신맛, 쓴맛, 감칠맛에 이은 6번째 맛의 가장 강력한 후보가 지방인 것도 바로 그런 이유다.

물은 100℃에서 끓지만 기름은 200℃가 넘어도 끓지 않는다. 물은 0~100℃ 범위에서 액체지만, 기름은 0℃ 이하에서도 액체이고 200℃ 이상에서도 액체를 유지하는 등 물보다 2배는 넓은 온도 범위에서 액체 상태를 유지한다. 고온에서도 액체인 특성을 이용하여 튀김처럼 높은 온도로 가열하는 것이 가능하다.

고온에서 만들어진 고소한 향은 아주 치명적인 유혹이다. 지방 자체는 맛이 없고 느끼하지만 아미노산, 당과 함께 반응하면 너무나 매력적인 향이 만들어진다. 이것을 '마이야르 반응'이라고 하는데 당과 시스테인 같은 아미노산에 소기름이 있으면 소고기 향, 돼지기름이 있으면 돼지고기 향, 닭기름이 있으면 닭고기 향이 만들어진다. 그리고 향기 성분은 원래 지방에 잘 녹는 성분이라 가열 중에 생긴 향이 지방에 잘 포집되어 풍부한 향을 즐길 수 있다. 그래서 삼겹살이나 마블링이 좋은 고기가 맛이 있는 것이다.

표 2-4. 식품에서 지방의 역할

구분	식품에서 역할
외관	색, 기름짐, 윤기와 광택, 표면의 균일성.
물성	점도: 자체가 물보다 훨씬 점도가 강하고, 유화물을 이룰 때는 더 큰 점도를 준다. 유화: 마요네즈, 드레싱, 크림수프, 소스. 가소성: 제과, 아이싱, 페이스트리. 불용성: 물에 녹지 않아 차별성 부여.
식감	크림성, 바삭거림, 녹는 느낌, 크리미한 정도, 매끄러운 정도, 무거운 느낌. 입을 코팅하는 정도, 시원한 느낌 또는 따뜻한 느낌. 소트닝(바삭거림): 비스킷, 페이스트리, 케이크, 쿠키. 부드러움: 캔디, 쉬폰케이크.
풍미	가열시 당류 아미노산과 반응하여 특유의 향이 만들어진다. 향의 release 즉, 시간에 따른 향의 강도(프로파일)에 많은 영향을 준다. 지방이 없을 때보다 탑노트는 약해지고, 상큼한 느낌은 줄지만 부드럽고 풍부한 느낌을 준다.
포만감	자체로 포만감을 주며, 유화물을 만들었을 때는 더 큰 포만감을 준다.
열 전달 (고온조리)	튀김, 볶음에서 160℃ 이상의 고온조리가 가능하게 한다. 수분을 쉽게 제거하여 바삭이는 식감을 갖게 한다.

그리고 지방은 향의 방출 패턴에 큰 영향을 준다. 지방이 있으면 향이 지방 속에 녹아 들어가 붙잡혀 있다가 조금씩 방출된다. 향료는 수십~수백 가지 물질로 구성되는데 물질별로 모두 지방에 녹는 정도와 방출되는 정도가 다르기 때문에 동일한 향도 어디에 녹아 있는지에 따라 향의 느낌이 달라진다. 보통 지방이 있으면 향의 방출이 완만하고 느려진다. 그만큼 부드러워지며 약해지기도 한다. 향의 양이 많으면 약하다는 느낌 대신에 풍성하다는 느낌을 준다.

지방은 이처럼 3대 영양소에 걸맞게 맛과 향에도 많은 영향을 주지만 물성에도 많은 영향을 준다. 지방이 많은 제품은 지방 자체의 물성효과와 지방이 물에 녹지 않는 성질로 인한 물성효과가 같이 일어난다.

생명에서 지방의 역할

사람들은 지방의 효능에 대하여 말을 많이 한다. 포화지방은 나쁘고 불포화지방은 좋다는 식이다. 그런데 식품 원료는 대부분 원래 생명의 일부였던 것이다. 결국 생명에는 왜 지방이 있었을까? 설마 그것으로 음식을 만들 때 맛이 있으라고 생긴 것도 아닐 테고, 식감을 부여하기 위해서도 아닐 것이다.

생명체에 들어 있는 지방의 가장 기본적이면서 중요한 역할은 '생명의 경계막' 기능이다. 최초의 생명이 어떻게 생겨났는지는 아직 모른다. 하지만 생명이 시작되기 위해서는 생명에 필요한 성분들이 흩어지지 않고 한군데 모여 있어야 한다. 어떤 경계막을 통해 자신에게 필요한 성분은 모으고 불필요한 성분은 배출하는 시스템이 없는 생명은 상상하기 힘들다. 그래서 야생의 동물도 2~3%의 지방은 반드시 가지고 있다.

세포막은 성분들이 임의대로 세포 안팎을 출입하는 것을 통제한다.

막을 통해 세포의 안과 밖이 구분되는 것이다. 내장기관의 장관벽을 보면 그 시스템이 복잡하기 그지없다. 그리고 뇌에는 '혈액-뇌 장벽(BBB: blood-brain barrier)'이라는 독특한 구조가 있어 뇌의 신경세포에 분자가 드나드는 것을 체세포보다 훨씬 엄격하게 통제한다. 그리고 뇌에 가장 많은 성분은 물과 지방이다. 뇌의 고형분은 절반 이상이 지방이다.

뇌의 신경세포는 뾰쪽한 돌기가 많은 구조라 다른 세포보다 유난히 표면적이 넓고, 그것을 감싸려면 지방과 콜레스테롤이 많을 수밖에 없다. 그리고 뇌의 미엘린수초는 신경세포를 지방으로 감싸고 있어서 전기적 신호의 전달을 훨씬 효과적으로 할 수 있다. 이러한 지방의 모든 기능을 여기에서 다룰 수는 없지만, 그러한 기능을 이해하는 데 지방의 물성이 가장 핵심이라는 사실을 기억할 필요가 있다.

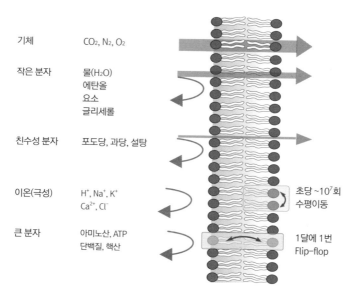

기체	CO_2, N_2, O_2	
작은 분자	물(H_2O) 에탄올 요소 글리세롤	
친수성 분자	포도당, 과당, 설탕	
이온(극성)	H^+, Na^+, K^+ Ca^{2+}, Cl^-	초당 ~10^7회 수평이동
큰 분자	아미노산, ATP 단백질, 핵산	1달에 1번 Flip-flop

그림 2-13. 세포막의 선택적인 차단성

생명은 세포로 되어 있고, 세포의 생명 활동은 세포막 안의 화학반응이다. 만약 지방막(세포막)이 없으면 세포 안의 물질이 모두 밖으로 빠져나가 생명 활동은 곧장 중지될 수밖에 없다. 인체에 있는 지방의 역할 중 가장 중요한 것이 이 세포막을 유지하는 기능이다. 세포막은 유동성과 선택적 투과성이 있어서 필요한 물질을 통과시킨다.

세포막은 비극성의 지방막이라 분자 크기가 작거나 비극성인 산소, 이산화탄소, 에탄올은 비교적 자유롭게 통과하지만, 친수성인 물과 글리세롤은 투과성이 낮다. 그리고 나트륨, 칼슘, 탄산 등 극성인 분자(이온)나 핵산, 당류, 단백질과 같은 거대 분자는 별도의 통로가 있는 경우를 제외하고는 통과할 수 없다. 분자가 세포막 안팎을 통과하는 현상을 통제하는 것이 세포막이고, 생명에서 가장 기본적인 조건이다.

산소, 이산화탄소 등이 세포막을 드나들 수 있는 것은 세포막을 구성하는 지방 분자가 가만히 있지 않고 끊임없이 진동하고 있기 때문이다. 1초에 수천만 번 이상 옆에 위치한 지방과 자리바꿈을 할 정도로 아주 활발하게 움직인다. 그 작은 지방 분자가 하루 안에 세포막 전체를 한 번 횡단할 정도이고, 한 달에 한 번은 안과 밖이 뒤집어질 정도다.

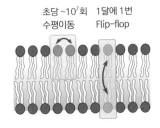

그림 2-14. 세포막에서 지방 분자의 운동

세포막의 유동성을 좌우하는 것이 지방산의 조성(길이와 불포화 정도)과 콜레스테롤 함량이다. 대표적인 포화지방산인 스테아르산은 직선형 구조로 세포막에 빼곡하고 촘촘하게 배치되어 견고성을 부여하여 투과성을 억제한다. 불포화지방인 올레산이나 리놀레산은 꺾인 구조로 인해 단단하고 촘촘한 구조를 만들지 못하고 엉성하게 배치되어 유동성과 투과성을 높인다. 세포막은 적당한 유동성을 지녀야 하는데, 유동성이 너무 크면 막이 붕괴하기 쉽고, 유동성이 너무 적으면 투과성이 낮고 세포막에 존재하는 단백질이 제 기능을 수행하기 힘들다. 세포막에 존재하는 막 단백질은 감각 작용, 호르몬 작용, 에너지 합성 등에 아주 중요한 역할을 하는데, 유동성이 부족해 이들의 작업이 방해 받으면 곤란하다.

온도와 조성에 따라 세포막 지방의 유동성이 달라지는데, 이를 완충하는 것이 콜레스테롤이다. 콜레스테롤은 분자 자체가 견고하며 특이한 구조로 인해 포화지방에는 유동성을 높이는 역할을 하고, 불포화지방에는 꺾인 구조에 존재하는 빈 부분을 채워서 단단하게 하는 역할을 한다.

물고기는 수온이 낮아지면 세포막의 불포화지방과 콜레스테롤의 비율을 높여 유동성을 유지하고, 높은 온도에 계속 노출하면 불포화지방을 줄이고 포화지방이 증가하는 방식으로 지방산 조성을 변화시켜 견고함을 유지한다. 그래서 추운 바다에 사는 물고기는 불포화지방이 많고, 적도의 식물은 포화지방이 많은 것이다.

고세균은 이중막이 아니고 길이가 일반 지방보다 2배 이상 긴 이소프렌으로 되어 있다. 유동성과 투과성이 훨씬 낮아서 영양의 통과 속도가 낮다. 그 대신에 고온과 높은 염도, 산도에 잘 견딜 수 있다. 속도 경쟁에 밀려 일반 조건에서는 보기 힘들지만, 화산이나 온천과 같은 극한의 조건에서는 주인의 역할을 한다. 세포막의 투과성이 거대한 생물군의 운명을 좌우한 것이다.

이런 지방의 기본적인 물성부터 이해하려는 노력 없이 제 입맛대로 실험하고 해석한 단편적인 연구 결과 때문에 많은 사람들이 이리 저리 휘둘리고 고통받은 지난 60년의 지방에 대한 오해와 편견을 생각하면 너무나 안타깝다.

지방은 지용성 용매로써의 향을 포집하는 역할을 하지만, 생명에서는 이소프레노이드 계통의 분자, 콜레스테롤과 호르몬, 지용성비타민 A,

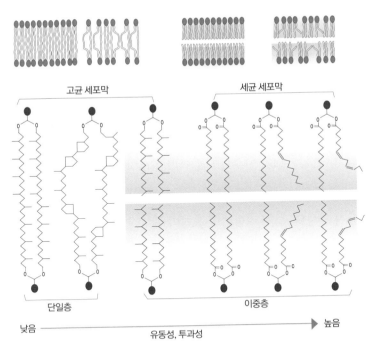

그림 2-15. 세포막의 형태에 따른 투과성의 변화

D, E, K 등의 용매로도 작용한다. 또한 단백질과 결합하여 리포프로테인 (Lipoproteins)으로 작용하고, 효소의 성분의 일부로 작용하기도 한다. 그리고 다른 필수 성분의 원료물질이 되지만 우리 몸에서 합성되지 않는 필수지방산도 있다.

에너지원 비축원의 역할

지방은 분명 3대 영양소지만, 흔히 부정적으로 생각한다. 완전히 인간 위주의 오해와 편견 때문이다. 현재 최대의 식품문제는 과식으로 인한 비만 문제인데, 사람들은 원인인 과식보다는 과식의 결과로 체내에 쌓이는 지방만 미워하는 경향이 있다. 우리 몸은 어떠한 영양분을 먹든 칼로리가 남으면 지방의 형태로 비축한다. 우리 몸이 남는 에너지를 지방의 형태로 비축하는 이유는 지방이 가장 안전하고 효율적이기 때문이다.

1. 가볍다: 탄수화물, 단백질은 수분을 함유하고 있어서 무겁다. 무겁고 부피가 크고 단단한 탄수화물은 움직이지 않는 식물의 저장 방식이다.
2. 에너지 밀도가 높다: 탄수화물과 단백질 대비 2배 이상(9cal)이다.
3. 독성이 낮다: 포도당, 아미노산은 단당류로 있으면 혈액에 무리가 된다.
4. 저장이 편하다: 쉽게 지방끼리 뭉친다.
5. 매우 천천히 쓰인다: 용해도가 낮아 일단 지방으로 뭉치면 녹이기 쉽지 않다. 장기 저장에 유리하다.
6. 단열성이 높다: 항온 동물은 체온을 유지하는데 가장 많은 칼로리가 쓰이는데, 지방은 열전달이 적어 에너지 소비를 줄일 수 있다.
7. 쿠션으로 훌륭하다: 출혈이나 멍들고 상처가 나는 것을 줄여준다.

이처럼 지방은 너무나 훌륭한 비축의 수단이어서 우리는 여러 통로를 통해 단백질, 탄수화물로도 지방을 만들 수 있게 진화되었다. 특히 잉여의 탄수화물이 지방으로 비축된다. 일부 철새들은 단 몇 주 만에 몸의 50%를 지방으로 채운 다음, 도중에 연료를 주입하지 않고도 3,000~4,000km를 날아간다. 낙타는 40kg의 지방을 에너지와 물로 전환하여 생존한다. 그리고 일부 동물은 지방을 비축하여 물을 먹지 않고 겨울잠을 잘 수 있다. 어떤 동물은 비축한 지방을 쉽게 분해하여 활용하는데, 우리의 몸은 비축한 지방을 잘 분해하려 하지 않고 너무 아껴서 문제일 뿐이다.

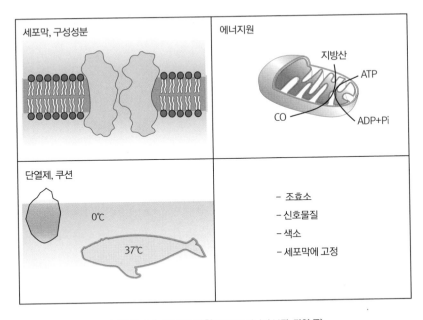

그림 2-16. 지방의 역할(세포막, 에너지 보관, 단열 등)

초콜릿의 매력은 무엇일까?

　가공 전의 코코아빈은 맛이 별로다. 코코아빈은 온통 섬유질로 되어 있어 쓰거나 밍밍할 뿐, 과일 맛도 없고 초콜릿과 비슷한 맛은 전혀 찾아 볼 수 없다. 그런 열매가 매력적인 초콜릿으로 변하려면 당연히 여러 단계의 공정이 필요하다. 그 중 맛의 핵심을 이루는 공정이 바로 발효와 로스팅이다. 이 과정을 잘 거친 열매를 갈고 거기에 뜨거운 물을 부으면 비로소 초콜릿 음료가 된다. 처음으로 초콜릿을 재배했던 마야인들이 이미 이런 식으로 만들어서 즐겼다고 전해진다.

　초콜릿은 탐험가들에 의해 17세기에 유럽으로 전파되었지만 처음에는 차나 커피에 비해 큰 인기를 끌지는 못했다. 그렇게 200년 정도를 이국적이지만 대중적이지 못한 음료로 남아 있다가 몇 가지 변신을 통해 운명이 급격하게 변했다. 첫 번째 계기는 1838년 독일의 초콜릿 회사 반호우튼이 개발한 회전 압착기다. 발효와 로스팅을 거친 코코아빈을 이 압착기로 부수면 코코아버터(기름)가 흘러나온다. 이렇게 기름을 분리한 코코아는 더 미세한 가루로 분쇄할 수 있었고, 음료에 사용하기에도 더 좋았다. 그리고 결정적으로 음료가 아닌 오늘날의 초콜릿 형태 제품을 만들 수 있게 되었다. 코코아의 분말 성분과 기름 성분 비율을 마음대로 조정하고, 거기에 미세하게 분쇄된 설탕과 바닐라를 조화시켜 매력적인 초콜릿을 만들 수 있게 된 것이다.

설탕은 초콜릿에 달콤함을 부여하고 쓴맛은 줄여준다. 더구나 가격마저 저렴하여 초콜릿에 없어서는 안 될 중요한 원료이지만 사용하는데 한 가지 결정적인 문제가 있다. 바로 입도의 문제이다. 우리의 혀는 크기가 20μm가 넘으면 입자감을 느끼는데, 초콜릿은 물이 없어서 설탕 입자가 녹지 않고 그대로 남게 된다. 물이 있으면 설탕이 녹으므로 입자가 전혀 문제가 안 되는데, 초콜릿에는 물이 전혀 없고 기름만 있으므로 설탕이 녹지 않아 입안에서 서걱거리는 불쾌한 느낌을 준다.

이 느낌을 없애려면 코코아매스나 코코아 분말 그리고 설탕 등을 혼합 후 적당한 지방 비율이 되도록 코코아버터를 추가한 뒤 미세하게 분쇄하면 된다. 그러면 혀에서 거친 느낌이 없는 아주 섬세하고 고운 분말을 얻을 수 있다. 여기에 여분의 코코아버터와 바닐라 분말 등을 추가하면 많은 사람들이 좋아하는 초콜릿이 된다.

보통의 식품은 성분이 물에 녹아있는 상태이다. 그런데 초콜릿은 기름에 식품 성분이 녹아있다. 맛 성분은 물에 잘 녹고, 향기 성분은 기름에 잘 녹는다. 코코아에는 쓴맛 성분도 상당히 많은데, 만약에 물이 있다면 쓴맛 성분이 녹아 나오기 쉽다. 그런데 초콜릿은 용매가 기름이라 이들 쓴맛 성분이 덜 녹아 나온다. 그래서 쓴맛이 적고 풍부한 맛의 초콜릿이 만들어질 수 있는 것이다.

우유 성분이 없는 다크초콜릿은 대략 50%의 코코아 지방과 20%의 코코아 분말을 함유하고 있다. 나머지 성분의 대부분은 설탕이다. 보통 달콤한 음료에 들은 설탕의 양이 10% 정도인데, 설탕이 30%나 포함돼 있으므로 매우 달게 느껴져야 할 것 같지만 다크초콜릿은 그렇게 달게 느껴지지 않는다. 어떨 때는 전혀 달지 않기도 한다. 이것은 설탕이 코코아 지방에 둘러싸여 있기 때문이다. 지방이 녹아야 비로소 설탕을 느낄 수 있고, 이와 동시에 코코아 분말에 있는 카페인과 테오브로민 같은 알칼로이드와 페놀릭 성분이 나온다. 이들은 쓰고 떫은맛이라 쓴맛과 신맛의 수용체를 활성화하고 설탕의 단맛을 상쇄한다.

초콜릿의 가장 큰 매력 중 하나는 만졌을 때는 딱딱하지만, 입안에 들어가면 사르르 녹아내린다는 것이다. 다크초콜릿 한 조각을 입에 넣으면 혀를 통해 단단한 덩어리를 느낄 수 있지만, 곧바로 풍미가 느껴지지는 않는다. 잠시 시간이 지나야 초콜릿 덩어리가 혀에서 열을 흡수해 녹으면서 갑자기 부드러워지기 시작한다. 초콜릿이 녹아 액체가 되어감에 따라 혀에는 시원함이 느껴지고, 이어서 달고 쓴 여러 맛들이 입안으로 홍수처럼 밀려들어 과일과 견과류 등의 복잡한 풍미가 가득 찬다. 초콜릿을 만드는 복잡한 과정에서의 정성과 노력이 오직 그 순간을 위해 존재하는 것이다.

딱딱하다가 한순간에 시원하게 녹는 초콜릿의 물성은 그야말로 독보적이다. 이렇게 녹는 비밀은 코코아버터(지방)의 특성에 있다. 코코아 기름은 상온에서 딱딱한 고체이다. 그래서 초콜릿을 상온에서 판매할 수 있다. 그런데 이 딱딱한 지방이 입안에서는 가장 깔끔하게 사르르 녹는다. 코코아버터는 지방산의 조성이 팔미트산 25%, 스테아르산 32%, 올레산 36%로 아주 간단하다. 지방산은 각각 녹는 온도가 다르다. 보통의 기름은 지방산의 조성이 복잡하여 넓은 범위에서 녹는데, 코코아버터는 지방산의 조성이 단순하여 좁은 범위에서도 녹을 수 있다. 좁은 온도 범위에서 급격하게 녹으니 열을 빼앗아 청량감을 주기도 한다. 자일리톨도 녹으면서 열을 빼앗기에 시원함을 느끼는데 지방 중에는 코코아버터가 그런 특성을 보이는 것이다.

입안에서 녹지 않으면 맛으로 느낄 수 없고 몸에도 좋지 않다. 입안에서 조금이라도 덜 녹는 부분이 있으면 초를 씹는 듯한 기분 나쁜 느낌을 주는데, 코코아버터는 입안에서 완전히 녹는다. 초콜릿을 만들기에 최고의 기름이고, 비싼 대접을 받기에 충분한 가치가 있는 것이다. 이것을 대체할 지방이 상당히 개발되기는 했지만 아직은 특성이 떨어진다.

템퍼링(Tempering)

초콜릿이 상온에서는 딱딱하게 굳어 있다가 입안에서 사르르 녹게 만들려면 '템퍼링(조온)'이라는 과정을 거쳐야 한다. 초콜릿의 템퍼링은 3가지 단계로 구성된다. 먼저 초콜릿을 가열해 완전히 녹이고, 이것을 다시 약간 식혀 새로운 스타터 결정을 형성시킨다. 그리고 다시 조심스럽게 가열하면 열에 약한 것은 녹고 열에 강한 것이 남아 결정핵(seed)으로 작용해 이것을 기초로 열에 안정적인 결정이 형성되는 것이다. 초콜릿이 굳은 온도보다 약간 낮은 온도에 두면 이 결정핵을 중심으로 치밀하고 단단한 결정 그물구조가 형성된다.

초콜릿을 완전히 녹인 후에 급속하게 온도를 낮추면 지방분자들이 가장 엉성하게 결합을 하여 낮은 온도에서 녹게 된다. 그러면 15~28℃의 온도에서도 흐물거리거나 녹게 되어 상온에서 유통도 곤란할 뿐만 아니라 초콜릿 특유의 녹는 맛도 적어진다. 초콜릿을 제대로 템퍼링하면 매우 치밀하고 안정적인 구조를 만들어 32~34℃에서 녹는 조직을 만들 수 있다. 초콜릿을 녹였다 굳히는 작업은 보기에는 평범해 보이지만 초콜릿을 50℃까지 가열해 모든 결정들을 녹인 다음, 안정적인 결정 형태들이 형성되는 온도대보다 살짝 높은 35~38℃까지 식힌다. 그런 다음 남겨 놓았던 안정적인 결정들을 가진 고형의 초콜릿을 저어 넣되 온도를 템퍼링 온도대인 31~32℃로 유지해야 하는 섬세한 작업이다.

블루밍(Blooming)

템퍼링이 잘 되지 않은 초콜릿은 지방과 당이 초콜릿 표면으로 이동해 희끄무레한 결정질의 가루를 이룬다. 이것을 '블루밍'이라고 하는데, 20℃보다 높은 온도에서 간혹 발생한다. 겉으로는 전혀 녹은 흔적이 없는데, 설탕과 지방에 마치 발이라도 달린 것처럼 겉면으로 삐져나온 것이다. 이것은 분자는 결코 움직임을 멈추지 않는다는 설명을 상기하면 쉽게 이해할 수 있는 현상이다.

냉동상태로 보관하는 아이스크림도 만약에 안정제나 다른 고형분 없이 물과 설탕만으로 만든 상태로 얼려두고 시간이 지나면 겉면으로 설탕 분자들이 점점 이동하여 끈적이는 점액층을 형성하기도 한다. 이것을 '블리딩(bleeding)' 현상이라고 한다. 이것에 비하면 블루밍은 꽤 점잖은 축에 속하며 성분상 먹어도 아무런 문제가 없지만, 겉보기에 마치 곰팡이가 핀 것 같아서 먹고 싶은 마음이 완전히 사라지게 된다.

코코아 분말에 알칼리 처리(Dutch process)를 하면 색이 진해지는 이유

식품을 구성하는 원자는 탄소, 수소, 산소 불과 이 세 가지 원자가 95% 정도를 차지한다. 만약에 산소가 없이 탄소와 수소로 분자가 만들어지면 지방의 구조이고, 산소가 있으면 -OH(알코올), =O(케톤),

물성의 원리

-COOH(유기산) 같은 형태를 가지는데 이런 형태는 극성을 띠고 물에 잘 녹는 형태가 된다. 탄소, 수소, 산소로 만들어진 분자는 결국 중성이거나 산성이다. 이 3가지 원자에 질소가 추가되면 아미노산(단백질)이 만들어지는데, 아미노산은 알칼리성도 있지만 산성이 더 많다. 따라서 생명이든 식품이든 구성분자를 평균하면 산성이다.

그리고 산성 분자는 알칼리성에 더 잘 녹는다. 산성인 분자는 중성이나 알칼리성의 용액에서는 점점 더 강한 극성(제타전위)을 가져 분자끼리의 반발력은 증가하고 물과는 더 친하게 되어 잘 녹지만, pH가 낮아지면 이들의 극성 부분이 수소이온(H+)으로 마스킹되어 분자 간의 반발력이 감소하여 용해도가 떨어진다.

코코아 분말을 알칼리 처리하면 색은 진해지고 물에 용해도가 증가하는데, 이것은 전혀 특별한 현상이 아니다. 대부분의 식품에는 알칼리성 분자는 별로 없고 유기산, 아미노산 같은 산성 분자가 많으므로 pH가 높아지면 용해도가 증가하는 공통적인 패턴을 가진다. 식품 현상 중에서 용해도를 제대로 이해하는 것보다 중요한 건 없다. 특히 물성을 제어하는 기술을 이해하려면 먼저 용해도의 이해가 필수이다. 물성의 공부는 용해도의 이해에서 시작되고 용해도의 이해에서 끝난다고 해도 과언이 아니다.

초콜릿의 점도를 낮추는 기술

템퍼링이 된 초콜릿을 몰드에 부어넣고 완전히 굳게 되면 몰드에서 떼어내는데, 이때 중요한 것은 표면에 거품이 없이 매끈해야 한다는 점이다. 점도가 높으면 공기 기포가 잘 빠져나가지 않아 불량이 발생하기 쉽다. 점도를 최대한 낮추는 기술이 필요한 것이다.

초콜릿의 점도를 낮추는 가장 쉬운 방법은 유지의 함량을 높이는 것이다. 그런데 코코아버터는 설탕보다 몇 배나 비싸서 비용도 올라가고 사용량 대비 효과도 떨어지고 맛도 희석된다. 그래서 사용하는 것이 유화제인 레시틴이다.

레시틴은 세포막의 중요한 성분일 뿐 아니라 뇌, 신경조직, 심장, 폐, 간 등의 조직에 고농도로 분포되어 생체기능에 매우 중요한 역할을 한다. 레시틴은 영양소의 흡수, 지용성 비타민의 흡수, 노폐물의 배출 등 대사에 관여하고, 콜레스테롤 가용화에 관여하여 혈중 콜레스테롤을 감소시킨다. 이러한 레시틴의 용도 중에서 특이한 경우가 초콜릿에 사용할 때이다.

초콜릿은 물 한 방울 첨가하지 않는다. 그런데 왜 물과 기름을 섞어주는 유화제(레시틴)를 넣을까? 그것은 설탕이 달라붙어 점도가 높아지는 것을 막기 위함이다. 초콜릿은 코코아 지방에 설탕 분말이 분산된 상태이다. 설탕 분말이 낱개로 움직이면 점도가 낮은데, 적은 양의 물이 존재하면 설탕 입자가 서로 녹아 달라붙기 시작한다. 지방 입자든 설탕 입자든 사슬처럼 달라붙으면 점도가 급격히 증가한다.

설탕이 수분을 흡수하여 사슬처럼 이어지는 것을 막아 점도를 높지 않게 유지해야 초콜릿의 성형이 용이해진다. 그래서 물 한 방울 첨가하지 않지만 레시틴을 쓰는 것이다. 그리고 이런 효과는 레시틴을 단독으로 사용하는 것보다 폴리글리세린 계통의 친수성이 강한 유화제와 함께 쓰면 효과가 훨씬 좋아진다. 초콜릿을 통해 물성의 기술은 식품 어디에나 적용되는 공통의 기술이라는 것을 알고 조금 친해졌으면 좋겠다.

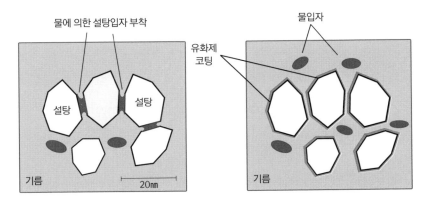

초콜릿에서 유화제 첨가 효과 모식도

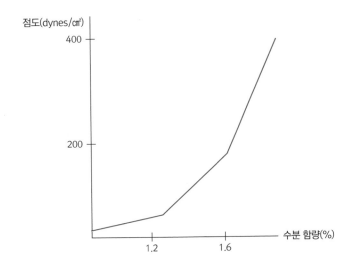

초콜릿에서 수분 함량에 따른 점도의 변화

이소프레노이드,
지방과 콜레스테롤은 무슨 관계일까?

식품 현상은 폴리머 현상이다. 탄수화물과 단백질은 확실히 폴리머이다. 포도당이 무수히 결합한 탄수화물 계통의 바이오폴리머로 셀룰로스, 전분, 식이섬유, 키토산 등이 있고, 아미노산이 무수히 결합한 단백질 계통으로 콜라겐, 젤라틴 등이 있다. 그런데 완전히 잊힌 바이오폴리머가 있다. 말랑말랑한 천연고무와 씹는 껌의 치클이다.

이소프렌은 끓는점이 34℃인 휘발성 액체로 화학식은 C_5H_8이다. 사실 이소프렌은 탄수화물, 단백질, 지방에 이은 제4의 영양성분이기도 하다. 이소프렌이 2개 결합하면 테르펜(terpenes)이 된다. 이 테르펜(탄소 원자 10개)은 이소프렌이 3개 결합한 세스퀴테르펜(탄소 원자 15개)과 함께 수많은 식물의 향기 성분이 된다. 감귤류 에센셜오일에는 테르펜이 90% 이상 들어 있다. 테르펜이 3개 결합하면 콜레스테롤의 원료인 스콸렌(스쿠알렌)이 되고, 4개 결합하면 식물에 많이 존재하는 카로티노이드 색소가 된다. 그리고 이소프렌이 아주 많이 결합하면 천연 치클이나 천연고무가 만들어진다.

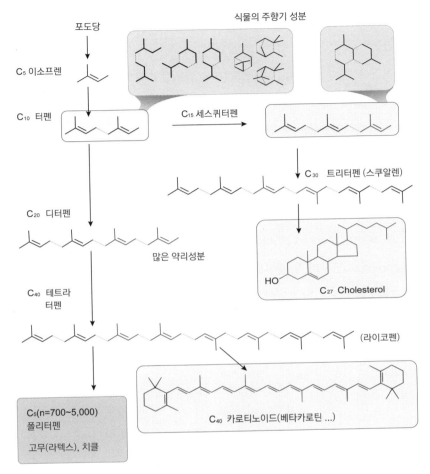

포도당

C5 이소프렌

C10 터펜

C15 세스퀴터펜

C30 트리터펜 (스쿠알렌)

C20 디터펜

많은 약리성분

HO
C27 Cholesterol

C40 테트라
터펜

(라이코펜)

C40 카로티노이드(베타카로틴 ...)

C5(n=700~5,000)
폴리터펜

고무(라텍스), 치클

이소프레노이드 계통의 물질 합성 경로

지방의 친구 이소프레노이드: 고무와 치클 이야기

말랑말랑한 고무와 씹는 껌은 굳이 분류하자면 지방에 가까운 분자이다. 껌은 처음에는 당연히 천연 재료로만 만들어졌다. 중남미 지역에서 자라는 사포딜라 나무에서 나오는 고무의 일종인 치클(chicle)이 그 원료였다. 800년경까지 번성했던 마야문명 시대의 사람들이 즐기던 껌을 미국인들이 재발견한 것이다.

치클은 껌의 이상적인 주재료였다. 부드럽고 탄력 있게 씹히고 제품의 향기도 오래 유지했다. 그래서 1940년대에 합성 고분자 원료가 등장할 때까지 50년 동안 독점적인 지위를 누렸다. 하지만 치클은 정글에서 자라고 있는 20년 이상 된 사포딜라 나무에서만 수확할 수 있다는 단점이 있었다. 게다가 한 그루에서 채취하는 수액으로는 약 1kg의 껌만 생산할 수 있으며, 그것도 3~4년에 한 번씩만 생산할 수 있었다.

그러다 이 치클이 나무가 생산하는 간단한 탄화수소 분자인 이소프렌(isoprene)으로부터 만들어진다는 것을 알게 되었다. 사실 천연 치클에는 다른 불순물이 남아있어 매우 강한 냄새가 나는 단점이 있다. 그래서 반드시 세척공정을 거쳐야 한다. 당연히 껌 제조업자들은 순수한 이소프렌에서 만들어진 재료를 더 선호할 수밖에 없다.

고무   치클

이소프레노이드 폴리머

껌은 보통 껌베이스, 감미료, 향료, 유화제, 보습제, 산화방지제 등이 들어 있다. 껌베이스는 폴리머로 오래 씹어도 녹지 않고 원래의 상태를 유지하며, 맛을 위한 성분으로는 무게의 절반 정도를 차지하는 설탕이나 자일리톨 같은 감미료다. 그리고 나머지가 1~2% 정도이다.

많은 식품의 경우에 지방을 첨가하면 조직이 부드러워지는데, 껌베이스에 왁스를 혼합하면 이와 똑같은 일이 일어난다. 왁스가 고분자 가닥들 사이에서 윤활제로 작용해 껌을 부드럽게 한다. 왁스는 보통의 지방과 같은 구조인데 단지 길이만 길다. 지방산은 탄소가 20개 미만인데 결정성 왁스는 25~30개, 미세결정 왁스는 35개~50개의 탄소를 가지고 있다. 천연 왁스로는 카나우바 왁스와 밀랍이 대표적이다.

물이 전혀 없는 껌에도 레시틴과 모노글리세라이드 같은 유화제가 쓰인다. 이것은 여러 성분들이 섞이는데 도움을 주기도 하지만, 수분을 붙잡아 껌이 의치에 달라붙는 것을 억제하는 역할을 하기도 한다. 껌에 BHT나 토코페롤 같은 항산화제가 쓰이는 이유는 껌베이스가 산소로부터 받는 공격을 막아주기 위해서다. 껌베이스의 길다란 사슬의 이중결합이 산소의 공격을 받으면 교차결합이 생기고 단단해진다.

고무도 이소프레노이드이다

식품하고는 관련이 없지만 이소프렌으로 만들어진 또 다른 물질이 천연고무(rubber)이다. 이 또한 나무의 수액으로, 콜럼버스가 아메리카 대륙으로 떠난 제2차 원정(1493~1496년)에서 발견되었다. 아이티섬에 상륙할 당시 그 섬의 주민들이 어떤 종류의 수액으로 만든 탄력성이 큰 공을 가지고 놀고 있는 모습을 본 것이다. 남아메리카나 중앙아메리카의 원주민은 오래전부터 나무껍질에 상처를 입히면 유백색(乳白色)의 액을 내는 고무나무를 알고 있었다. 그들은 이 나무에서 수액을 채취, 건조·응고시켜서 탄력이 있는 공이나 신발로 만들거나 항아리나 옷감에 발라서 방수용으로 쓰고 있었다.

그 후 유럽에 소개되고, 찰스 굿이어가 1839년에 고무에다 유황을 가해 반응시키는 가황법을 발견함으로써 더욱더 탄력이 높은 고무가 개발되었다. 생고무는 탄력이 강하지 못하다. 즉 세게 늘이면 늘여진 것이 되돌아가지 않게 되고, 오랜 기간이 지나면 노화해 버리기 쉽다. 그런데 여기에 유황을 반응시키면 유황분자가 고무분자와 고무분자 사이에 다리를 걸치는 모양으로 결합된다. 이와 같은 가교가 있기 때문에 잡아당겨져도 고무 분자가 서로 미끄러지기 어렵게 되어 있어서 강한 탄력을 가진다.

이소프렌 분자가 수천 개나 결합되어 이루어진 고분자가 천연고무라는 것을 알게 되자 인공적으로 이와 같은 고무 탄성체를 합성하려는 연구가 시작되었다. 합성고무의 연구는 이미 1860년경부터 착수되었는데, 그 후 약 50년간은 연구가 성공을 거두지 못했다. 당시의 기술로는 아무리 해도 천연고무처럼 이소프렌의 이중 결합이 시스형인 형태를 만들지 못한 것이다. 그러다 1954년에야 결국 이소프렌을 천연고무와 똑같은 구조로 종합하는 방법에 성공했다.

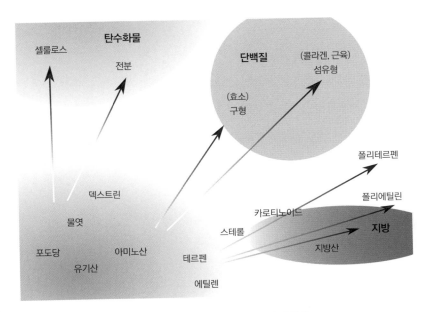

식품의 주요 단분자(모노머)와 폴리머의 관계

PART

3

탄수화물은 포도당의 다양한 형태이다

탄수화물이란
무엇인가?
Carbohydrate: Polysaccharide

　탄수화물(carbohydrate)은 '탄소(carbon; 炭)에 물이 결합한(hydrate; 水化物)' 형태의 분자로써 탄소에 수소가 결합한 지방(탄화수소)과 대비되는 분자다. 탄수화물은 식물의 세포벽 등 몸체를 구성하거나 에너지원으로 쓰이는데, 에너지원으로 쓰이는 것은 전분(녹말)이나 그것의 분해물이고, 구조를 유지하는 데 쓰이는 것은 세포벽을 만드는 셀룰로스와 식이섬유, 곤충의 껍질을 만드는 키틴 등이 그 예이다.

　단당류는 구성하는 탄소의 수에 따라 삼탄당부터 칠탄당까지 있으나 포도당 같은 육탄당과 리보스 같은 오탄당이 대부분이다. 단당류가 2개 결합한 이당류에는 설탕, 맥아당, 유당이 있다. 당이 3개가 결합한 삼당류, 4개가 결합한 사당류도 있으나 삼당류, 사당류보다는 올리고당, 물엿, 덱스트린 같은 용어가 주로 쓰인다. 자연에 이당류와 포도당이 수백 개 이상 결합한 다당류 사이의 중간 크기 분자는 별로 없다.

생명도 식품도 시작은 포도당이다

식물은 이산화탄소와 물만 있으면 햇빛의 에너지를 이용하여 포도당을 만들 수 있다. 그것이 광합성이며 그렇게 만들어진 포도당으로부터 다른 모든 유기물이 만들어진다. 그리고 포도당을 분해하면 생명의 배터리 역할을 하는 ATP를 합성할 수 있다. 가장 대표적이고 효율적인 방법이 크렙스회로를 통한 유산소 호흡이다. 그리고 지방, 단백질, 수많은 2차 대사산물도 결국 크렙스회로를 중심으로 포도당으로부터 만들어진다. 단백질의 합성을 위해서는 암모니아(NH_3) 형태의 질소가 추가로 필요할 뿐, 식물은 포도당만으로 필요한 모든 유기물을 만들 수 있다. 수만가지의 색상, 향기, 씹는 감촉, 형태 등 모든 것이 결국 이 포도당에서 나온 것이며, 지구상에 있는 3천만 종이 넘는다는 화학물질 대부분은 포도

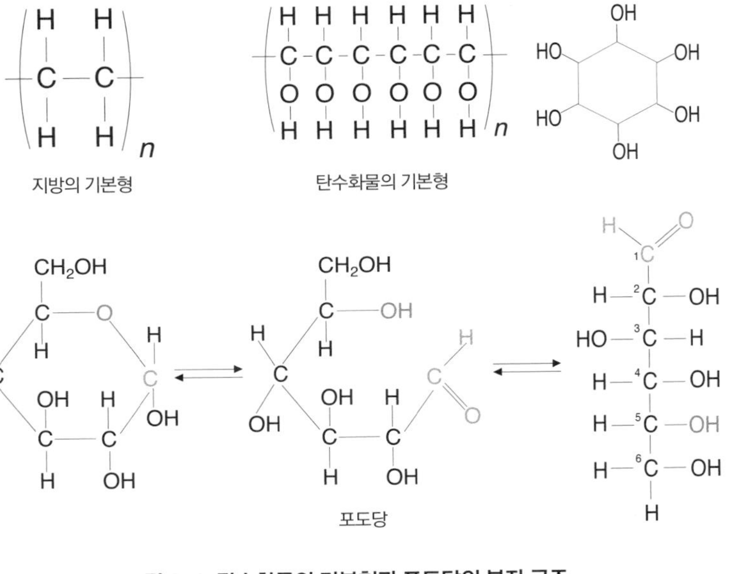

지방의 기본형

탄수화물의 기본형

포도당

그림 3-1. 탄수화물의 기본형과 포도당의 분자 구조

당을 중심으로 식물이 만든 것이다.

포도당이 동일한 크기면서 아주 사소하게 모양만 변한 것이 과당, 갈락토스, 자일로스, 아라비노스, 만노스 등이다. 그리고 포도당 2개가 결합된 것이 맥아당(조청)이며, 포도당과 과당이 결합한 것이 설탕, 포도당과 갈락토스가 결합한 것이 유당(젖당)이다.

포도당이 여러 개 결합하면 올리고당, 물엿, 덱스트린 형태이고, 수천개 이상 결합하면 전분이나 셀룰로스가 된다. 탄수화물 중에는 포도당이 직선으로 결합한 셀룰로스와 코일 형태로 결합한 전분이 압도적으로 많다. 따라서 가장 많은 유기화합물이 셀룰로스와 전분이다. 그리고 이것을 식량으로 살아가는 동물이 가장 많다. 사람은 잡식이지만, 그래도 식사의 비중에서 가장 높은 비율을 차지하는 것이 탄수화물이다. 한국인이 먹는 음식도 67% 정도가 탄수화물이고, 분해하면 포도당이 된다.

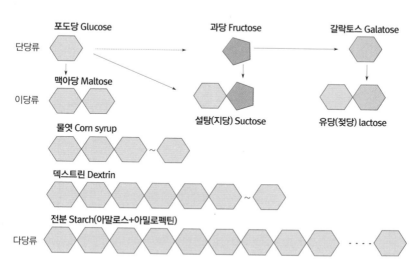

그림 3-2. 포도당의 다양한 형태 변화

포도당의 가장 기본적인 특성은 물에 잘 녹는 친수성 분자라는 것이다. 친수성인 -OH기 형태가 5개, -O- 형태가 1개 있으니 물에 잘 녹는 것은 당연한 결과이다. 다른 당류도 물에 잘 녹는다.

포도당은 주로 다당류 형태로 존재한다

식물의 잎에서 광합성을 통해 포도당이 형성되면 설탕의 형태로 바꾸어 식물의 각 조직으로 전달된다. 그러면 뿌리와 줄기 등에 전분의 형태로 보관되었다가 필요하면 다시 포도당 형태로 분해하여 사용된다. 이 책의 주제는 물성이므로 포도당이 2개, 3개 결합하면 그 물성이 어떻게 변하는지가 주제인데, 자연에는 포도당 같은 단당류의 형태와 전분 같은 다당류의 형태가 많지, 중간의 형태는 많지 않다. 중간 형태는 전분이 분해하여 만들어진 것이다. 전분은 전분 그 자체로도 쓰이지만 가장 저렴한 편이라 그것을 분해한 형태로도 많이 쓰인다.

전분은 DE값이 0이다. 포도당으로 완전히 분해되면 100이다. 1/10 정도로 분해되면 포도당이 10 정도 연결된 덱스트린이다. 이보다 더 분해되면 물엿이다. 저DE 물엿은 분해도가 낮아서 감미도가 낮은 덱스트린에 가까운 물엿이고, 고DE 물엿은 분해도가 높아서 포도당에 가까운 물엿이다.

표 3-1. 물엿의 DE에 따른 특성의 변화

특성	저DE		고DE
감미도(Sweetness)	Low	→	High
용해도(Solubility)	Low	→	High
점도 접착력(Viscosity)	High	←	Low
결정 방지력	High	←	Low
기포안정성	High	←	Low
바디감	High	←	Low
갈변화(Browning)	Low	→	High
빙점강하(Freezing point depression)	Low	→	High
비점상승(Boiling point elevation)	Low	→	High
수분활성도(Water activity Lowering)	Low	→	High
삼투압(Osmolality)	Low	→	High

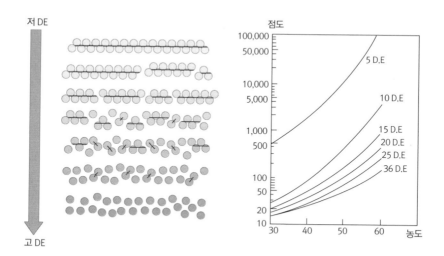

그림 3-3. 전분의 분해 효과

고DE 물엿이 저DE 물엿보다 많이 분해돼서 포도당에 가까우니 감미도가 높고, 용해도, 삼투압, 어는 온도를 낮추는 효과나 끓는점을 높이는 효과가 큰 것은 당연한 일이다. 포도당이 보다 여러 개 결합한 저DE 물엿은 분자의 길이가 길어서 점도가 높고, 점도가 높으니 결정이 석출하는 것을 막는 힘도 크고, 입안에서 바디감도 크다. 이런 성질을 이해하면 훨씬 길이가 긴 다당류인 셀룰로스, 식이섬유, 전분의 특성을 이해하는 데 도움이 된다.

탄수화물은 지상에서
가장 풍부한 유기물이다

셀룰로스는 식물 세포벽의 주 구성성분으로써 지구상에서 가장 흔한 유기화합물이며, 식물은 해마다 10^{14}kg의 셀룰로스를 만들어낸다. 식물에서 셀룰로스는 보통 전체 질량의 약 33%를 차지한다(면화에서는 90%, 목본식물에서는 50% 정도로 나타난다).

과거에 먹을 것이 없을 때는 초근목피로 연명했다는 말이 있다. 아무리 먹을 것이 없어 굶어 죽는 시기에도 산천에 풀과 나무는 있었고, 그중에 풀뿌리와 나무 속 껍질에는 아주 약간은 소화되는 성분이 있어서 그것이라도 캐서 먹었다는 뜻이다. 그런데 이것들도 포도당으로 만들어졌다. 그냥 지천에 널려있는 풀과 나무를 먹고 소화할 수 있다면 굶어 죽을 염려도 없고, 힘들게 먹을 것을 구하기 위해 일할 필요도 없을 텐데, 인류는 왜 셀룰로스를 소화시키지 못하고 굶어 죽었을까?

나는 그 이유에 대해 전분은 알파결합을 하고, 셀룰로스는 베타결합을 하는데 대부분 동물은 베타결합을 끊을 효소가 없기 때문이라고 학교에서 배웠다. 그때는 수긍을 했지만, 지금 생각해보면 그것은 상당히 허술한 설명이었다. 인간이 가지고 있는 효소의 종류는 1만 종에 달한다. 내 몸에서 콜레스테롤을 합성하려면 이소프레노이드에서 스콸렌까지의 합성과정을 제외하고, 스콸렌에서 콜레스테롤의 형태를 만드는 데만 18개의 효소가 사용된다. 이처럼 우리 몸은 효소 천지이고, 생존을 위해서라면 거침없는 변신을 거듭하는데, 그 오랜 진화의 과정에서 모든 동물의 운명을 완벽하게 가를 수 있는 효소 하나를 갖추지 못했다는 말인가? 더구나 자연에는 이미 그런 효소를 만드는 유전자가 있고, 자연에서 유전자의 수평적 이동은 너무나 흔한 데도 말이다. 결국 핵심은 특정 효소가 없는 것이 아니고, 그런 효소가 있어도 소용없는 환경 즉, 효소가 끼어들 여지를 배제한 셀룰로스의 구조와 형태인 것이다. 알파결합, 베타결합이 중요한 것이 아니라 베타결합이 만든 단단한 형태였던 것이다.

전분은 사다리꼴의 포도당이 한 방향으로 연결되어 있다. 긴 쪽이 긴 쪽과 만나고 짧은 쪽이 짧은 쪽과 만나니 필연적으로 휠 수밖에 없고, 커다란 나선을 그리면서 연결된다. 나선형 코일은 공간을 엉성하게 차지하고 나선 간의 결합력이 약하니 쉽게 떨어져 나오고 효소로 분해하기 쉬운 형태이다.

셀룰로스는 사다리꼴의 포도당이 지그재그로 결합한 형태이다. 그래서 쭉쭉 뻗은 직선이고 물에 젖은 생머리처럼 빈틈없이 빽빽하게 공간을 채울 수 있다. 물이나 효소가 침투할 방법이 없는 것이다. 만약에 셀룰로스가 전분처럼 틈이 많고 엉성한 구조였다면 나무로 된 통나무집, 공원의 벤치는 비만 오면 흔적도 없이 사라지게 될 것이다.

셀룰로스는 정말 강인한 구조이다. 나무가 100m 넘게 자랄 수 있는 것도 셀룰로스가 그만큼 강하기 때문이다. 로프나 옷의 재료인 마, 모시, 삼베도 식물의 셀룰로스이다. 이 셀룰로스를 가공하여 레이온을 만들기도 한다.

물론 반추동물이 셀룰로스를 분해하기는 하지만, 단단한 나무보다 풀처럼 부드러운 것을 선호한다. 아직 셀룰로스가 충분히 발달하지 못한 어린잎과 새싹을 더 좋아한다. 그리고 풀 정도의 부드러운 셀룰로스를 분해하기 위해서도 그 대가를 치르고 있다. 반추동물은 4개의 방으로 분화된 커다란 위를 가지고 있어야 하며, 사료를 섭취하고 반추하는 데 하루 12시간 이상 시간을 보내며 30,000~50,000번을 씹는다. 그래

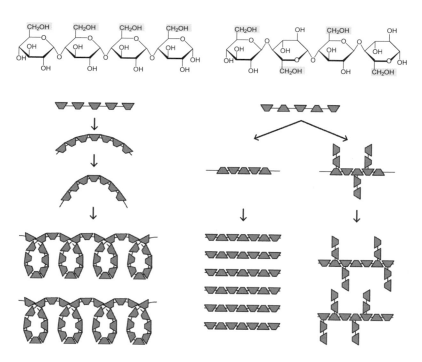

그림 3-4. 전분의 구조, 셀룰로스의 구조, 식이섬유의 구조

서 음식을 씹고 소화시키는 데 이미 섭취한 에너지의 25% 이상을 소모한다. 단순히 효소의 문제라면 풀 대신 통나무를 쪼개주더라도 잘 소화시켜야 한다.

한지는 닥나무 껍질로 만든 우리의 종이로써 예로부터 높은 품질로 명성이 높았다. 한지를 만드는 방법은 닥나무를 채취한 뒤 껍질 벗기기, 껍질 삶기, 씻기, 자르고 두드려서 풀기, 닥풀 추가하기, 한지 뜨기, 말리기의 순으로 이루어진다. 여기서 핵심공정은 바로 삶기이다. 잿물(알칼리수)에 4~5시간 삶아 섬유소의 틈새를 벌리는 것이다. 너무 삶아지거나 덜 삶아져도 좋은 종이를 얻어낼 수 없다. 닥나무는 섬유소의 길이가 20~30mm 이상으로 일반 침엽수가 2.5~4.6mm, 활엽수가 0.7~1.6mm 정도인 것에 비교해 아주 길다. 그래서 닥나무 껍질은 섬유소끼리의 결합이 강하고 질기며, 강도가 뛰어나 훌륭한 종이가 될 수 있다.

한지 제지의 원리는 이런 섬유소를 물에 잘 푼 후 얇게 떼내어 말리는 것이다. 이때 섬유소들은 접착제 없이 셀룰로스 분자 사이의 수소결합으로 엉기면서 단단한 조직이 된다. 한지는 pH가 7.9로 약알칼리성이다. 일반 종이가 세월이 흐르면 누렇게 변색하는 이유는 산성지이기 때문이다. pH 4.0 이하의 산성지는 50~100년 정도 지나면 누렇게 황화현상을 일으키며 삭아버리는 데, 한지는 중성지라 1,000년을 견디기도 한다.

한지를 만들 때 닥풀을 쓰는 이유는 종이를 고착시키기 위한 것이 아니라 섬유질을 균등하게 분산시키기 위해서다. 섬유가 빨리 가라앉지 않고 물속에 고루 퍼져 있어야 얇고 균일한 종이를 만드는 데 유리하다. 그리고 결합보다는 오히려 겹쳐진 젖은 종이를 쉽게 떼는 역할을 한다. 접착력은 셀룰로스 자체가 가지고 있고 닥풀은 가공의 편의성을 부여하는 것이다. 셀룰로스는 친수기(-OH)가 많아 섬유소 간에 많은 수소결합을 통해 별도의 접착제가 필요 없이 단단한 조직을 만들 수 있다. 한지는 닥나무 껍질보다 훨씬 부드럽게 풀어진 상태지만 여전히 견고하고 우리 몸의 효소에 의해 소화되지 않는다. 활용의 가치를 결정하는 데는 물성이 훨씬 중요한 것이다. 한지의 제조공정을 보거나 셀룰로스를 분해하는 반추동물도 단단한 통나무는 소화시키지 못하는 것을 보고 셀룰로스를 이용하지 못하는 이유로 물성에 주목을 했다면 좋았을 텐데, 그저 설명하기 쉽다는 이유로 효소에만 주목한 것 같다. 사실 목재 나무의 대부분은 죽어 있다. 단단한 형태를 유지하기 위하여 셀룰로스와 리그닌 형태로 대부분을 구성하기 때문이다. 그 단단한 형태는 그것을 합성한 식물 자신도 전혀 활용하지 못한다.

1. 셀룰로스검

단단한 나무도 시간이 지나면 결국 갈색부후균 등에 의해 분해가 된다. 이것은 세균이 과산화수소를 분비하면서 일어나는 일련의 강력한 화학반응 때문일 것이라 추측하고 있다. 세균 말고는 흰개미 정도가 셀룰로스를 식량자원으로 사용하는데, 흰개미도 스스로 그런 능력이 있는 것은 아니다. 흰개미가 키우는 버섯이 바로 강력한 리그닌 분해 전문가이다. 흰개미는 나무를 씹어서 삼키는데 그런 흰개미의 배설물에는 다량의 난소화성 리그닌이 들어 있다. 이것을 흰개미 집에 사는 흰개미 버섯이 섭취하고 몇 주간의 작업을 거쳐 이를 분해하여 흰개미가 소화시킬 수 있는 형태로 전환시킨다. 그것을 흰개미가 다시 먹게 된다. 아프리카에서 리그닌의 약 90%는 이 작은 농부들에 의해 먹이사슬로 복귀하고 있다.

단단한 셀룰로스도 수산화나트륨(NaOH)이라는 강력한 알칼리 물질을 이길 수는 없다. 수산화나트륨 용액에 셀룰로스를 침지시키면 크게 부풀게 된다. 팽윤 정도는 알칼리 농도, 온도, 셀룰로스 상태에 따라 다르지만, 순수한 셀룰로스로 구성된 면섬유는 17.5%의 수산화나트륨(NaOH) 용액에서 최대 팽윤한다. 이런 셀룰로스의 직선형 구조에 중간 중간 잔기를 붙인 것을 '셀룰로스검(gum)'이라고 하는데, 이 덕분에 사이사이에 공간이 확보되어 물을 흡수할 수 있고 용해될 수도 있다. 그래서 식품에 다양한 용도로 쓰일 수 있다.

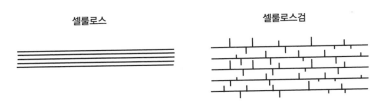

그림 3-5. 셀룰로스와 셀룰로스검의 차이

- **셀룰로스검의 종류는 다양하다**: CMC만 해도 300가지 이상.
- **중합도(DP)**: 100~3,500(포도당이 100~3,500개 정도 연결된 상태).
- **치환도(DS)**: 0.4~1.2(포도당 1개당 붙은 잔기의 수).

2. 식이섬유 또는 증점다당류

식이섬유란 인간이 가진 소화효소로는 분해되지 않는 난소화성(難消化性) 고분자 물질이다. 우리 몸은 영양분을 작은 분자 단위로 분해하여 흡수하는데, 분해가 되지 않는 고분자는 흡수되지 않고 다른 물질과 함께 그대로 배설된다. 식이섬유라는 용어가 1953년 힙슬레이(Hipsley)에 의해 만들어질 때는 셀룰로스, 헤미셀룰로스, 리그닌을 한정하는 단어였는데, 점차 개념이 확대되어 식물과 동물을 포함하여 인간의 소화효소에 의해 분해되지 않는 식품의 구성성분을 통칭하는 말이 되었다. 한때는 우리 몸에 불필요한 물질 또는 영양의 소화흡수를 방해하는 물질로 알려지기도 했으나 지금은 오히려 그것이 장점으로 작용한다. 소화관의 운동, 대변의 용적, 장내 통과시간, 장내세균 등에 긍정적으로 작용한다. 그래서 식이섬유는 변비 및 대장암 등에 좋고, 콜레스테롤 조절, 식후혈당 상승 억제 등에 도움이 된다. 보통 하루에 25~30g 이상 섭취를 권장한다.

식이섬유는 식물세포의 세포벽 또는 식물 종자의 껍질 부위 등 다양한 형태로 존재하며, 크게 수용성 식이섬유와 불용성 식이섬유로 구분한다. 수용성에는 폴리덱스트로스, 펙틴, 구아검, 카라기난, 알긴산 등이 있고, 불용성 식이섬유에는 셀룰로스, 헤미셀룰로스, 리그닌, 키틴 등이 있다. 과일에 많은 펙틴, 곤약, 구약감자에 많은 글루코만난, 다시마, 미역에 많은 알긴산, 우뭇가사리에 많은 한천은 오래전부터 사용되었던 것이고, 현대에 들어와서 미생물을 통해 만드는 잔탄검, 젤란검, 플루란 등이 가세하였으며 셀룰로스를 가공하여 만든 셀룰로스검 등이 추가되었다. 폴리덱스트로스와 난소화성 말토덱스트린은 소화흡수가 안 되는 측면에서는 식이섬유이나, 작은 분자여서 물에 매우 잘 녹고 점도도 낮아서 일반 식이섬유와는 많은 차이가 있다.

증점다당류의 역할

식이섬유 중에는 포도당과 같은 단순 당이 길게 결합한 형태가 많다. 그래서 난소화성 다당류(Polysaccharide)라고 한다. 그중에서 식품

첨가물로 주로 쓰는 것은 증점다당류 즉, '친수성 다당류(Hydrophilic polymer)'이다. 물에 녹아서 많은 양의 물을 붙잡아야 점도를 높이거나 겔화가 가능하기 때문이다. 통칭하여 검류(Gum)나 안정제(Stabilizer)라고 부르기도 하고, 점도가 주목적일 때는 증점제나 호료(Thickener), 겔로 굳히는 목적일 때는 겔화제(Gelling Agent)라고 한다. 동일한 물질이지만 목적에 따라 여러 이름을 붙이는 것이다.

표 3-2. 증점다당류의 출처에 따른 분류

	천연물	가공품
식물성	카라야검, 트라간스검, 가티검, 아라빅검, 펙틴	셀룰로스(CMC, MC, HPMC) L.M 펙틴
식물 씨앗	로커스트 콩 검, 구아검, 타마린드 검, 사일리움시드	
해양식물	한천, 카라기난, 알긴산	P.G 알긴산
미생물	잔탄검, 젤란검, 플루란 등	

표 3-3. 증점다당류의 기능별 분류

기능	용도		
증점(Thickening)	점도 조절, 식감, 바디감		
겔화(Gelling)	젤라틴, 한천, 알긴산, 젤란, 펙틴(시너지: 잔탄+LBG)		
안정화(Stabilizer)			
유화안정성 향상	드레싱, 소스		잔탄검
Encapsulation	향의 포집		아라빅검
단백질 안정화	요구르트 산성유 음료		펙틴, CMC
빙결정 성장억제	아이스크림, 냉동식품		LBG, CMC
입자의 분산	우유에 코코아 분말 분산		카라기난, 아라빅검
지방 흡수방지	튀김류		메틸셀룰로스, HPMC
식이섬유(Dietary fiber)	기능성 식품, 저칼로리 식품		수용성, 불용성

증점다당류(친수성 다당류)의 특성

식이섬유 중에서 물에 잘 녹는(극히 일부는 기름에 잘 녹는) 증점다당류는 식품에 유용한 소재이므로 이들의 특성을 잘 이해할 필요가 있다. 증점다당류는 문자 그대로 단당류가 수백 개 이상 결합하여 만들어져 점도를 높이는데 효과적인 폴리머이다. 종류도 많고 특성도 다양하다.

증점다당류의 카탈로그를 보면 여러 정보가 있다. 몇 도에서 녹고, 몇 도에서 겔화되는지, 온도와 농도에 따른 점도의 변화, 산에 의한 안정성의 변화, 어떤 조건에서 겔이 되고, 어떤 조건이면 겔이 잘 형성이 안 되는지, 어떤 용도에 좋다는 등에 대한 정보이다. 반면, 왜 그런 물질이 그런 특성을 보이는지, 왜 분자량은 비슷해 보이는데 어떤 것은 겔화가 되고, 어떤 것은 겔화가 되지 않고 점도만 높아지는지 등의 특성에 대한 설명은 없다. 심지어 내산성의 정확한 의미도 알 수 없다.

결국 원료 하나하나를 여러 용도에 적용해 보면서 익혀나가는 방법밖에 없는 것처럼 보이지만, 분자구조식을 보는 법만 알면 구조식을 살펴보는 것만으로도 대부분의 특성을 알 수 있다. 심지어는 제품 카탈로그에 설명되지 않는 특성까지도 유추가 가능하다.

증점다당류의 개별적인 특성은 다음번 책인 『물성의 기술』에서 다룰 예정이지만, 일단 중합도와 치환도만 알아도 기본적인 특성은 알 수 있다. 증점다당류의 가장 기본적인 특성은 중합도(DP, Degree of Polymerization)에 달려 있다. 지방의 특성을 지방산의 길이가 좌우하는 것과 같은 원리이다. 폴리머의 길이가 n배 증가하면 점도는 n^3배로 증가한다고 생각하면 간편하다.

다음 그림은 CMC의 종류와 농도에 따른 점도의 변화이다. 농도가 높아지면 점도가 증가하는 것은 당연한 현상이지만, 같은 양의 CMC라도 중합도에 따라 점도가 1,000배 이상 차이가 나는 것에 주목할 필요가 있다. 단순히 점도를 높일 목적이라면 중합도가 높은 것을 쓰는 게 훨씬 효율적이겠지만 식품은 그렇게 단순하지 않다. 분자의 길이가 길수록 입 안에서 미끄덩거리는 성질이 있어서 선호도가 떨어진다. 점도와 식감, 바디감 등 여러 요소를 만족시키기 위해서는 다양한 제품이 존재할 수 밖에 없다.

증점다당류가 길이의 3승 배의 공간을 지배한다는 것은 정말 적은 양으로도 많은 수분을 흡수할 수 있다는 뜻이다. 대략 건조 중량의 1,000배 정도의 수분을 붙잡을 수 있다고 기준을 잡고, 그보다 잘 붙잡는 것과 못 붙잡는 것을 파악하는 것이 좋다. 폴리머가 길면 그만큼 점도가 높고 운동이 느려서 물과 결합하는 속도도 느리다. 폴리머 길이가 짧으면 그만큼 점도는 낮고 물과 결합하는 속도는 빠르다.

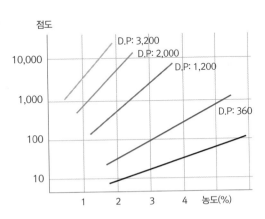

그림 3-6. CMC의 종류(중합도)에 따른 점도의 변화

사이드체인(잔기)이 많을수록 잘 녹는다

폴리머가 매끈하게 직선형으로 있으면 중량 대비 수분을 붙잡는 효율이 매우 좋지만 녹이기 힘들고, 온도 및 pH에 따른 점도의 변화도 심하다. 사이드체인이 있으면 용해는 쉽게 되고 변화는 적지만 겔화는 잘 일어나지 않는다.

사이드체인 = 치환도(Degree of substitution, DS).
- 치환도가 높으면(Higher DS) = 수화 빠름 → 증점현상.
- 치환도가 낮으면(Lower DS) = 수화 느림 → 겔 형성.

- **아라빅검**: 본체보다 사이드체인이 훨씬 길다. 점도가 가장 낮다.
- **잔탄검**: 본체보다 사이드체인이 많다. 분자량 대비 점도는 비효율적이지만, 내산성, 내염성이 있다.
- **구아검 vs LBG**: 구아검은 균일한 잔기의 분포하여 점도만 높이지 겔화가 되지 않는데, 로커스트 콩검(LBG)은 비균질하게 잔기가 분포하여 다른 검류와 겔화 및 시너지(synergy) 효과가 가능하다.

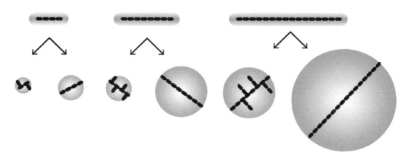

그림 3-7. 증점다당류의 길이에 따른 효과

- **젤란검**: 잔기가 적은(Low acyl) 젤란검이 단단한 겔을 형성한다.
- **펙틴**: 잔기가 적은 LM 펙틴이 낮은 농도에서도 겔화된다.

결국 치환도가 높다(=친수성의 사이드체인이 많다)는 것은 찬물에도 녹을 정도로 쉽게 수화가 잘된다는 뜻이고, 그만큼 겔화가 어렵다는 뜻이다. 구아검, 람다 카라기난, 잔탄검 같은 것은 찬물에도 녹고 그만큼 겔화가 힘들다. 젤란, 한천처럼 찬물에 녹지 않고 고온에서 녹는다는 것은 온도가 낮아지면 쉽게 겔화된다는 뜻이기도 하다.

사이드체인이 얼마나 많은지뿐 아니라 사이드체인이 어떤 분자 띠로 되어 있는가도 그 분자의 특성을 좌우한다. 예를 들어 (−)극성을 띠고 있으면 분자 간에 반발력이 심해 공간이 넓어지므로 용해도가 높고 물을 흡수하는 성질도 좋다. 카라기난은 단백질과 결합하는 독특한 특성이 있는데, 이것은 사이드체인에 황산염(sulfate)을 가지고 있기 때문이다. 이것이 우유 단백질과 결합하여 망상구조를 만들어 단순히 물에 녹인 것에 비해 5배의 점도를 가질 수 있다.

표 3-4. 분자의 구조에 따른 용해도의 특성

	분자 구조	용해도 특성
구아검	치환도가 높고 균일하다.	물에 잘 녹고 겔화력이 없다.
로커스트콩검	군데군데 치환되지 않는 부분이 있다.	좀 더 고온에서 녹고, 시너지 현상이 있다.
알긴산	잔기가 반발력이 있다.	물에 잘 녹는다.
카라기난	Lambda: 치환도가 높다.	잘 녹는다.
	Iota: 치환도가 중간.	부분적으로 녹는다.
	Kapa: 치환도가 낮다.	가열해야 녹는다.
잔탄검	치환도가 높고, 반발력이 있다.	찬물에서 잘 녹는다.

식감에 대한 배려가 필요하다

증점다당류는 적은 양으로도 효과적으로 점도와 물성을 부여하고, 전분과 달리 노화 현상이 없으므로 장기간 안정적인 품질을 유지할 수 있다. 하지만 기계적인 물성보다 더 중요한 것이 사람들의 선호도이다. 사람은 단순히 점도가 높거나 단단한 물성을 요구하는 것이 아니라 볼륨감은 있지만 입안에서 깔끔하게 잘 녹는 제품을 요구한다. 따라서 분자의 길이가 긴 다당류를 지나치게 많이 쓰면 식감이 떨어질 수 있어서 비록 효율은 떨어지더라도 길이가 짧은 폴리머를 사용해야 하는 경우가 발생한다.

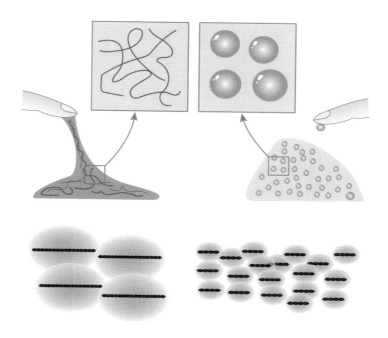

그림 3-8. 분자의 길이와 식감

주요 증점다당류의 용도

증점다당류를 공부할 때도 많이 쓰이는 원료부터 공부하는 것이 좋다. 실전에서 많이 쓰이는 것은 그만한 이유가 있기 때문이다. 학교에서 가나다순으로 배웠어도 실무에서는 많이 쓰이는 순서로 공부하는 것이 항상 좋다.

증점다당류를 사용하려면 이보다 훨씬 자세한 정보를 알아야 하지만 더 많은 내용은 다음에 나올 책 『물성의 기술』로 넘기고, 다음으로 우리에게 친숙한 전분에 대해 알아보고자 한다.

표 3-5. 증점다당류의 사용량 및 사용 특성(일본, 2003년 기준)

종류	사용량(t)	특징	용도
젤라틴	7,080	구용성 좋은 겔	젤리, 밀크디저트, 축육제품, 아이스크림
펙틴	2,400	내산성	산성유 음료, 잼, 푸딩
구아검	2,400	저가에 높은 점도	아이스크림, 디저트, 면, 수프, 제빵
한천	2,200	겔화력	화과자(양갱), 우무
카라기난	1,800	겔화력(카파,아이오타)	젤리, 밀크디저트, 축육제품, 아이스크림
잔탄검	1,200	pH, 온도, 염 안정성	드레싱, 양념장, 절임식품, 조림
LBG	1,000	복합사용	아이스크림, 젤리, 과즙현탁제
타마린드	1,000	투명도, 광택향상	소스, 양념장
아라빅검	1,000	유화 기능	유화향료용
대두다당체	900	내열, 내산, 내염, 피막	산성유 음료 60%, 면류 20%, 쌀밥 10%
질경이	400	식이섬유 용도	
알긴산	300	겔화력	컵면의 물성 개량(30%), 인조 생선알
커드란	300	내열, 내냉동성	식육가공용, 면류, 냉동 레토르트 내열성
젤란	250	향 릴리스 좋음, 내열, 내산	후르츠 필링, 과육젤리, 음료 현탁 안정
글루코만난	100	천연 식이섬유 소재	

전분은 가장 풍부한
에너지원이다

식물은 포도당을 만들고 그것을 설탕의 형태로 만들어 체관을 통해 각 부분에 보낸다. 그리고 그것을 저장할 때는 단당류보다 빽빽하게 결합시킨 전분의 형태로 보관한다. 우리는 그렇게 저장된 전물을 곡류, 뿌리채소 등의 농작물을 통해 얻는다. 전분은 쌀, 옥수수, 밀, 감자, 보리 등에서 70% 이상을 차지한다. 이처럼 많은 양을 차지하기 때문에 전분은 빵, 쿠키, 떡, 면 등 여러 가지 곡물 가공식품에서 고유의 질감과 물성을 부여하는 중요한 역할을 한다.

포도당을 이어가는 방법은 두 가지이다. 1번 위치의 탄소와 다른 분자의 맨 끝에 있는 4번 탄소 사이를 잇는 직선형 연결과 1번 위치와 분자의 중간 상단에 있는 6번 탄소와 결합시키는 가지형 연결이다. 1-4 결합은 직선으로 주욱 이어지고, 1-6 결합은 가지를 형성한다. 1-4의 결합으로 이루어진 것을 '아밀로스'라고 하고, 분자량이 매우 크면서 1-6 결합이 많은 것을 '아밀로펙틴'이라고 한다. 전분은 자연계에서 가장 큰 분자의 하나로, 그 크기가 3~30 μm에 달해 세균보다 1만 배 이상 큰 것도 있다.

이렇게 만들어진 전분은 식물 세포에 알갱이 형태로 저장된다. 이들 전분 알갱이들의 크기, 모양 등은 식물의 종류에 따라 모두 다르다. 동물은 식물과 달리 에너지를 전분의 형태로 보관하지 않는데 아주 소량은 글리코겐의 형태로 보관한다. 글리코겐은 10개 단위로 포도당이 사이드체인을 만들어 가장 쉽게 포도당으로 분해할 수 있는 형태이다. 동물은 급하게 에너지가 필요할 때 가장 먼저 글리코겐을 분해해서 쓴다. 동물에 아주 소량 존재하는 것이라 식재료로서 의미는 없다.

1. 아밀로스와 아밀로펙틴은 크기의 차이가 심하다

우리는 보통 아밀로스와 아밀로펙틴을 단순히 결합 방법에 차이가 있는 정도로만 생각하지만 실제로는 크기와 비중에 많은 차이가 있다. 전분은 대부분 아밀로펙틴 상태로 존재한다. 찹쌀과 찰옥수수는 거의 100% 아밀로펙틴이고, 다른 전분도 최소 70% 이상이 아밀로펙틴이다. 그리고 분자의 크기 차이도 엄청나다. 아밀로펙틴이 아밀로스보다 100배 이상 크다. 아밀로펙틴은 워낙 큰 분자여서 움직임이 느리고 노화의 속도도 느릴 수밖에 없다.

아밀로스는 포도당 6~8개 단위로 한번 회전하는 나선 구조를 만든다. 아밀로펙틴도 나선구조를 만들지만 포도당 24~30개가 이어질 때마다 다른 포도당 사슬이 가지처럼 연결되어 있다. 가지가 많으면 사이 공간이 많고, 공간이 많은 만큼 물이나 효소가 침투하여 분해가 쉬워진다. 아밀로스는 가지가 없어 구조가 촘촘하게 쌓이고 서로 결합하기 쉽다. 그렇게 쌓이면 단단하고 밀도가 높아 녹이기 힘들다. 아밀로펙틴보다 분해하기 쉬운 형태가 동물의 탄수화물 보관체인 글리코겐(glycogen)이다. 글리코겐은 아밀로펙틴보다 3배나 빈번하게 즉, 8~12개의 포도당이 연결될 때마다 곁가지가 연결되고, 전체 크기도 작고 가지가 밖으로 잘 노출되어 가장 쉽고 빨리 분해가 가능하다.

아밀로스는 가지가 없는 선형이기 때문에 아밀로스끼리 촘촘히 결합하고 쌓여서 단단한 결정을 형성한다. 그리고 아밀로펙틴에 비해 적은 공간을 차지하기 때문에 에너지 비축에 유리한 면이 있다. 대신에 찬물에 녹지 않고, 효소의 작용이 쉽지 않아 소화가 느리다. 아밀로스는 뜨거운 물에 녹고 식품이나 산업용에서 증점제, 유화안정제, 겔화제로 중요한 역할을 한다. 그리고 나선 구조 안쪽은 소수성을 띠고 있어서 지방이나 향기 성분의 포집 능력이 있다.

호화된 아밀로스는 노화되려는 성향이 큰데, 노화 시 수분을 방출하는 이수현상이 생기고, 겔의 점성이나 탄성은 떨어지면서 단단해지는 단점이 있다. 또한 소스의 점도를 높여주지만 식으면서 고체와 물의 분리가 일어나는 경향이 있다. 장기간 안정적인 품질을 유지하려면 별도의 증점다당류를 사용할 필요가 있다.

아밀로스는 아밀로펙틴에 비해 분자가 매우 작아 호화와 노화의 상태 변화가 심하고 속도도 매우 빠르다. 그 양은 적지만 숫자로는 아밀로펙틴보다 40~80배나 많은 상태이니 결코 그 역할을 무시할 수 없다.

아밀로펙틴은 매우 가지가 많고 거대한 분자이고, 전분의 70~100%를 차지하는 중요한 분자이다. 그리고 용해 및 분해가 쉬운 가지형 구조이지만 포도당이 2,000~200,000개가 결합한 초거대 분자라 움직임이 느리고 노화가 천천히 일어난다. 떡을 아밀로펙틴으로 된 찹쌀로 만들면 훨씬 오랫동안 말랑말랑한 이유이다. 아밀로펙틴이 많은 쌀은 부드럽고 끈적이고, 아밀로스가 많은 쌀은 단단하여 밥알이 잘 분리된다. 그런데 식거나 노화되면 심하게 단단해진다.

감자도 아밀로펙틴이 많은 것이 부드럽고 끈적이고 크리미한 물성을 가진다. 전분이 많고 아밀로스 함량이 많은 것은 분질 감자라고 부른다. 이런 감자를 국에 넣고 끓이면 잘 익은 이후에는 으스러지고 결국 흩어져버린다. 그래서 이런 감자를 닭볶음탕, 카레, 감자볶음, 감자조림에 쓰

표 3-6. 아밀로스와 아밀로펙틴의 특성 비교

구분	아밀로스	아밀로펙틴
구조	포도당으로 구성된 나선형 구조	직선상 구조에 포도당 20~25개 단위로 α-1,6결합으로 연결된 가지 구조
결합	α-1,4결합	α-1,4결합과 α-1,6결합
요오드 청색반응	청색	적자색
분자량	10,000 ~ 400,000	4,000,000 ~ 20,000,000
나선구조(helix)	포도당 6~8개 단위로 한 번 회전	나선+가지구조
내포 화합물	형성함	형성하지 않음
가열 변화	불투명	투명, 끈기 있음

면 국물에 녹아 형체가 없어져버린다. 이와 반대로 점질 감자는 전분이 적고, 주로 아밀로펙틴으로 되어 있다. 끈적거리고 쫀득거리며 뭉치는 성질이 있어, 물에 넣고 오래 끓여도 모양이 쉽게 사라지지 않는다.

2. 전분은 호화와 노화 상태에 따라 물성이 달라진다

전분의 호화(gelatinization)

전분에 물을 넣고 가열하면 전분의 입자는 물을 흡수하여 부풀어 오른다. 그래서 전분이 분산된 액의 점도가 증가하고, 점점 투명해진다. 이와 같은 전분 입자의 물리적 변화를 '호화(糊化, gelatinization)'라고 한다. 생전분의 단단한 마이셀(micelle) 구조가 깨지면 전분 입자는 팽윤(swelling) 상태가 된다. 아밀로스는 분자가 작아 뜨거운 물에 녹은 상태이고, 아밀로펙틴도 구조가 풀어지고 느슨해져 그 사이사이에 많은 물을 흡수한 상태가 된다.

보통 생전분을 β-전분이라고 하는데, 이것은 결정 상태이며, 호화된 전분을 α-전분, 전분의 호화 과정을 α-화라고도 한다. 호화된 전분은 겉보기에는 β-전분보다 끈적하거나 단단한 상태로 보이나, 전분이 촘촘히 쌓인 미세 결정구조에서 넓은 공간에 펼쳐서 수분을 많이 흡수한 상태라 효소작용을 받기 쉽고, 소화도 잘 된다. 이것은 단백질을 가열하면 원래보다 훨씬 단단해 보이나 실제 단백질을 풀어진 상태라 소화하기 쉬운 것과 마찬가지이다. 이런 호화과정은 크게 3단계로 진행된다.

• **제1단계**: 밀가루나 옥수수 전분을 찬물과 섞으면 전분 입자는 약 25~30%의 물을 흡수하고 바닥에 가라앉는다. 전분이라는 단어 자체

가 '침전하는 분말'이라는 뜻이기도 하다. 이때 전분 입자는 외관상 별다른 변화가 없으며, 전분이 흡수한 물은 건조시키면 쉽게 제거된다. 즉 가역적인 반응이다.

- **제2단계**: 전분 현탁액은 온도가 올라감에 따라 물의 흡수량이 증가되고, 전분 입자는 급속한 팽윤을 일으킨다. 물의 온도가 올라감에 따라 아밀로스와 아밀로펙틴 분자의 분자운동이 심해져서 이들 사이의 수소결합이 끊어지고, 분자 사이에 물 분자가 스며들어 간다.

  보통 60~70℃ 정도에서 전분 입자들이 조직적인 구조를 잃어버리면서 많은 양의 물을 흡수하고, 전분과 물이 마구 뒤섞인 무정형의 그물조직이 된다. 이 온도를 '호화개시온도'라고 하는데, 전분 입자가 펼쳐져 넓은 공간을 차지하면서 주변의 전분 입자와 엉켜서 그물 구조를 형성하면서 반고체 상태로 변하기 때문이다. 처음에는 전분이 결정구조를 가지고 있어서 빛을 산란시켜 탁한 상태를 보였는데, 이 미세한 결정구조가 풀리면 현탁액이 훨씬 투명한 상태로 변하기도 한다. 투명해진다는 것이 단단한 전분 결정구조가 잘 풀어졌다는 것을 알려주는 신호인 셈이다.

- **제3단계**: 최고의 팽윤을 지나면 전분 입자는 투명한 콜로이드 용액이 된다. 이 콜로이드 용액은 전분의 농도가 높거나 온도가 내려갈 때는 반고체의 겔(gel)이 된다. 호화가 완결된 콜로이드 용액은 점도가 매우 크고, 빛의 투과율도 높다.

호화에 영향을 미치는 인자

- **전분의 종류**: 감자 전분은 옥수수 전분보다 훨씬 쉽게 호화가 일어난다. 전분의 종류별로 크기와 구조에 차이가 있고, 호화의 조건에도 차이가 있다.

- **수분과 온도**: 수분과 온도의 영향을 많이 받는 것은 너무나 당연하다. 온도가 높으면 분자의 운동이 활발해져 호화가 빨리 일어나고, 수분이 적으면 호화가 지연된다.

- **pH**: 전분도 다른 유기물처럼 알칼리 조건에서 용해도가 증가한다. 즉 전분의 팽윤과 호화가 더 쉽게 일어나는 것이다. 어떤 전분 현탁액에 적당량의 수산화나트륨(강알칼리)을 가하면 굳이 가열하지 않아도 호화가 쉽게 일어날 정도이다.

- **팽윤제**: 0.53% 수산화나트륨($NaOH$), 0.75% 수산화칼륨(KOH), 12~15% 요오드칼륨(KI), 30~35% 질산암모늄(NH_4NO_3), 29% 질산은($AgNO_3$) 등은 실온에서도 전분의 현탁액을 호화시킨다.

표 3-7. 전분의 종류에 따른 겔화 온도

전분 종류	겔화 온도
옥수수	70~75℃
찰옥수수	65~70℃
수수	68~75℃
감자	60~65℃
타피오카	60~65℃

물성의 원리

호화된 전분은 좀 더 작은 크기로 분해할 수 있다

전분은 워낙 거대한 분자이고, 가지 구조가 많아서 걸쭉하게 호화된 후에 오랜 시간 동안 끓이고, 격렬하게 저어 주면 전분은 좀 더 작은 크기로 끊어진다. 길이가 짧아지면 양은 그대로여도 점도가 낮아진다. 거대한 그물망을 형성하다가 작은 그물망 여러 개로 변하는 것이다. 점도가 낮은 소스에서는 그 효과가 적지만 점도가 높은 소스에서는 그 효과가 크다. 이 경우 대개 질감이 크게 개선된다.

전분의 노화 요인

호화전분(a-전분)을 실온에 방치하면 점차 굳어져서 β-전분으로 되돌아가는데, 이것을 '노화(老化; retrogradation)' 또는 β-화라 한다. 냉장고에 밥, 식빵, 떡을 보관하면 며칠 안에 촉촉하고 윤기 나던 원래의 모습을 잃어버리고 딱딱하고 거칠어져서 먹기가 불편해진다. 노화된 전분은 효소의 작용을 받기 힘들어 소화가 잘 안 된다. 우리가 더운밥을 선호하는 이유이다. 전분 노화는 소화율뿐 아니라 식품 고유의 향미와 조직감을 떨어뜨리는 등 전반적인 식품 품질을 떨어뜨리는데 중요한 요인으로 작용한다. 전 세계적으로 30%의 곡류 가공식품이 소비되기 전 폐기되고 있으며, 이 중 빵류의 5%, 떡류의 10%가 노화로 인해 폐기되고 있다. 노화의 원인을 알고 피하는 기술이 필요하다.

• 전분의 종류: 전분은 종류에 따라 노화속도가 다르다. 옥수수 및 밀의 전분은 노화가 되기 쉽고, 감자, 고구마, 타피오카 전분은 노화가 되기 어려우며, 찰옥수수 전분은 노화가 되기 가장 어렵다. 이것은 전분 분

자의 구조와 아밀로펙틴의 함량 차이에 기인한다.

- **아밀로스 함량:** 아밀로스는 분자의 크기가 작고, 가지가 없는 나선형 구조의 간단한 구조이므로 쉽게 부푼 구조가 되고, 결정구조가 되기도 한다. 따라서 호화와 노화의 변화가 빠르고 심하다. 아밀로펙틴은 가지가 많은 거대 분자라 입체적 방해를 받아 거동이 힘듦으로 노화도 힘들다. 찹쌀밥이 멥쌀밥보다 노화가 더 늦게 일어나는 것은 찹쌀 전분이 아밀로펙틴으로만 구성되어 있기 때문이다.

- **온도:** 온도가 높을수록 분자의 운동이 활발하므로 노화가 지연된다. 일반적으로 60℃ 이상의 온도에서는 노화가 거의 일어나지 않는다. 노화가 가장 잘 일어나는 온도는 2~5℃로 냉장 온도이다. 온도가 0℃ 보다 낮아져 -20~-30℃에 이르면 노화 현상은 크게 감소한다. 온도

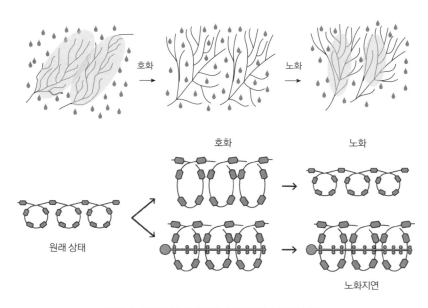

그림 3-9. 전분의 호화와 노화에 따른 상태의 변화

물성의 원리

가 내려가면 물 분자 간의 수소결합이 안정화되고, 전분 분자들의 운동이 억제되기 때문이다. 밥이나 빵은 냉장 온도로 보관하는 것보다 차라리 얼리거나 상온에 보관하는 것이 유리한 이유이다.

• **수분함량:** 전분의 노화가 가장 잘 일어나는 수분함량은 30~60% 정도인데, 수분이 너무 많을 때는 전분 분자가 서로 만나 합해지기 어렵고, 수분이 적은 건조 상태에서는 전분 분자가 교착상태로 고정이 되어 노화가 되기 어렵다. 그 중간 정도의 수분에서 노화가 잘 일어난다.

• **pH:** 알칼리성에서는 분자 간의 반발력이 커져서 용해도가 높아지고 노화가 지연된다. 일반적으로 pH가 7 이상인 알칼리성 용액에서는 노화가 잘 일어나지 않는 것으로 알려져 있다. 약산은 노화에 별 영향을 주지 않지만, 강산성 물질이 있으면 노화가 촉진되는 것으로 알려져 있다.

• **공존물질의 영향:** 각종 유기 및 무기 이온은 노화에 영향을 미친다.

노화의 억제 방법

전분 노화를 억제하기 위한 여러 가지 기술들은 꾸준히 연구되고 있다. 전분노화 억제기술은 호화된 전분들이 다시 원래대로 돌아가는 현상을 억제하는 것이 관건이다. 현재까지 전분 노화를 억제하기 위한 방법으로 적합한 변성전분으로 원료 일부(10~30%)를 대체하는 방법, 내열성 균주로부터 분리한 가수분해 효소 또는 가지화 효소를 처리하여 전분 구조를 변형시키는 방법, 하이드로콜로이드, 유화제, 폴리페놀, 당알코올, 올리고당, 단당류 등의 첨가물을 활용하는 방법들이 소개되었다.

- **수분함량의 조절**: 전분의 노화는 수분함량이 30~60%에서 가장 잘 일어나므로, 그 이상으로 또는 그 이하로 수분함량을 조절하면 노화를 억제할 수 있다. 이렇게 수분함량을 줄여 주는 방법이 광범위하게 이용되고 있다. 특히 알파화된 전분의 수분을 15% 이하로 탈수하면 노화는 효과적으로 억제되며, 10% 이하에서는 노화가 거의 일어나지 않는다. 라면, 비스킷, 건빵류 등이 알파 형태로 존재하나 오랫동안 두어도 노화가 잘 일어나지 않는 이유이다.
- **냉동**: 전분의 노화는 냉동 시 지연되어 -20~-30℃에 이르면 노화가 거의 일어나지 않는다. 그 상태에서 건조하면 더욱 노화가 억제된다.
- **설탕 등의 첨가(물과의 경쟁으로 호화 지연)**: 설탕같이 물을 잘 붙잡는 물질은 물의 움직임을 억제해 건조시킨 것과 같은 효과를 가진다. 양갱은 30~60%의 수분을 가지고 있어 노화가 잘 일어날 수 있는 조건에 있음에도 불구하고, 장기간 저장하여도 맛이나 소화성이 저하되지 않는 것은 다량의 설탕이 수분을 붙잡기 때문이다.
- **유화제의 사용**: 몇 가지 유화제는 전분이 다시 결정상태로 돌아가는 것을 억제하여 주므로 노화를 방지하는 데 효과가 있다. 이러한 유화제로는 모노글리세라이드, 디글리세라이드, 슈가에스테르 등이 이용되며, 빵이나 과자류의 노화를 억제하는 데 효과적이다.

3. 전분의 종류와 특성

우리가 먹는 음식의 절반은 탄수화물이고, 주로 전분의 형태라 그만큼 비중있게 다루어져야 하는데, 전분의 특성을 설명한 자료는 너무나 적다. 더구나 내가 직접 다루어 본 것도 아니라 어떻게 정리하면 좋을지 정말 답답하지만, 워낙 중요한 것이라 우선은 현재의 자료 수준에서 간략히 정리하려고 한다.

곡류 전분

곡류 전분에는 몇 가지 공통점이 있다. 전분 입자가 중간 정도 크기이며, 상대적으로 많은 지방과 단백질을 함유하고 있다. 전분 입자들의 구조적인 안정성이 비교적 높아 고온에서 겔화되고, 투명해지기 힘들다. 그리고 특유의 '곡물' 냄새가 난다. 현탁액이 뿌연 이유는 전분-지질 또는 전분-단백질 복합체들이 미세한 구조를 가지고 있고, 곡류 전분의 결정구조가 단단하여 호화 시에도 완전히 붕괴되지 않고 조각조각 현탁된 상태로 남아 있는 것이 많아 이들에 의해 빛이 산란되기 때문이다. 곡물 전분에는 아밀로스가 많아 소스에 곡물 전분을 타면 금세 걸쭉해지고 식으면 엉긴다.

표 3-8. 전분의 종류별 특징

전분 종류	아밀로스 (%)	아밀로펙틴 (%)	호화온도 (℃)	크기(평균) (μm)	점도	노화속도	투명도
쌀	20	80	75~80	3~8	중하	빠름	불투명
찹쌀	0	100	70~75	3~8	중간	매우느림	투명
옥수수	21~28	72~79	70~75	10~15	중간	빠름	불투명
찰옥수수	0	100	65~70	10~15	중상	매우느림	투명
밀	28	72	75~80	8~25	중하	빠름	불투명
감자	22	78	60~65	5~100(36)	높음	중간	중간
고구마	20	80	65~70	5~25(19)	높음	중간	중간
타피오카	17	83	60~65	15~20	높음	느림	중간

- **밀 전분:** 밀가루는 전분이 75% 정도이고, 10% 정도의 단백질을 함유하고 있다. 단백질은 주로 불용성인 글루텐 단백질이라 순수한 밀 전분이나 감자 전분 등에 비해 점성 효과가 떨어진다. 밀가루를 쓸 경우 동일한 농도를 얻기 위해서는 전분보다 1.5배 정도를 더 넣어야 한다. 밀가루는 독특한 밀 냄새가 나기 때문에 요리사들은 소스에 넣기 전 밀가루를 미리 익혀서 쓰기도 한다. 밀 전분은 아밀로스 함량이 많고 호화가 아주 느려서 전분의 점도가 매우 낮은 단점이 있으나, 노화되면 단단하면서 탄력이 있는 겔을 형성하기 때문에 맛살이나 어묵 등에 사용하면 좋다.

- **옥수수 전분:** 옥수수 전분은 색이 하얗고 입자가 곱다. 그리고 경제적이고 효과적인 점도제다. 호화하면 점성은 감자 전분에 비교해 약하지만, 안정성이 좋고 접착력이 강하다. 전분의 제조에는 주로 마치종(dent)이 쓰이며 식품뿐 아니라 제지 등 여러 용도로 쓰이며, 옥수수 전분을 분해하여 전분당을 만드는 데도 많이 쓰인다.

- **쌀 전분:** 쌀 전분은 건물 중량의 90%에 가까운 높은 비율을 차지하며, 입자는 2~8 μm 정도로 전분 중에서 제일 작은 편이라 처음 걸쭉해지는 단계에서 매우 고운 질감을 생성한다. 쌀에서 영양적으로 중요한 역할을 하는 단백질은 쌀 전분의 표면에 고착되어 있다. 쌀로부터 전분만을 분리하기 위해서는 이 단백질을 제거해야 한다. 산업적으로는 강알칼리 용액에 침지하여 쌀 단백질을 녹여내는 방법을 사용한다. 아밀로스는 찹쌀의 경우 0~5%, 멥쌀의 경우 16~30%를 차지한다. 아밀로펙틴으로 이루어진 전분립 내부 빈 곳에 충진되어 있다가 밥을 짓는 과정에서 용출되어 식으면서 쉽게 굳어지게 하는 작용을 한다. 아밀로스

함량은 벼가 여무는 기간에 온도가 낮게 유지될 경우 증가되는 경향이 있으나, 품종적인 특성과 더 밀접한 관계가 있다.

쌀의 품질에서 중요한 것은 전분이다. 인디카 쌀의 아밀로스 함량은 20~25%로 자포니카 쌀의 17~20% 보다 높다. 아밀로스 함량이 높을수록 밥의 부드러운 정도(softness), 차진 정도(stickiness)가 떨어진다. 인디카는 모양이 길쭉하고, 찰기가 없어서 밥알이 따로 노는데 이 특성은 높은 아밀로스 함량과 관계가 있다. 아밀로스 함량이 높은 쌀은 밥을 할 경우 체적증가가 많고 딱딱하며 찰기가 적은 밥이 된다. 수분 흡수율이 멥쌀 27%, 찹쌀은 38%로 아밀로펙틴이 많을수록 수분을 많이 흡수하여 부드러워진다. 그러나 찹쌀이나 저(低)아밀로스 쌀과 같이 아밀로스 함량이 아주 낮은 경우 단단함이 부족하여 탄력이 떨어진다. 한국인은 아밀로스가 17~20% 정도인 쌀을 부드러움, 찰기, 탄력이 조화된 맛있는 밥으로 선호한다. 그런데 세계 쌀의 90%는 아밀로스 함량이 높은 인디카 쌀(안남미)이다.

단백질의 양과 질은 영양적인 면에서 매우 중요하다. 그런데 쌀에서는 맛을 떨어뜨리는 요인으로 작용하기도 한다. 단백질은 쌀알의 겉층과 전분립 주변에 주로 분포하는데, 밥을 할 때 물이 쌀알 내부로 침투하는데 장애물로 작용하고, 전분립을 둘러싼 단백질의 경우 팽창하는 전분을 신축력이 없는 그물막을 둘러친 것과 같이 억제하기 때문이다. 그래서 호화가 원활하게 진행하는 것을 방해하여 밥을 딱딱하게 하는 요인으로 작용한다.

덩이줄기와 뿌리의 전분

곡물로 만든 전분에 비해 땅속에 저장된 이들 전분은 물이 더 많이 들어 있는 상태로 자란 덕분에 알갱이들이 더 크며, 더 낮은 온도에서 빨리 익는다. 아밀로스의 양은 적지만, 그 사슬들의 길이가 곡물의 아밀로스보다는 4배 정도 길다. 단백질이 들어 있기는 하지만 그 양이 훨씬 적으며, 그래서 겔화를 방해받는 정도도 적고 냄새도 덜하다.

이러한 전분으로 소스를 만들면 반투명하고 윤기가 흐르는 소스가 된다. 뿌리 전분은 그 특성상 마지막에 소스 점도를 미세 조정할 때 쓰기에 알맞다. 일정한 점도를 맞추는 데 필요한 양이 적고, 소스를 빠르게 걸쭉히 만들며, 특유의 향을 제거하기 위해 미리 익힐 필요도 없기 때문이다.

- **감자 전분**: 감자 전분은 특이한 편이다. 입자가 직경 $0.1\,mm(100\,\mu m)$에 이를 정도로 굉장히 크고, 아밀로스 분자 또한 길다. 긴 아밀로스 사슬들은 서로 얽히기 쉽고, 거대한 알갱이들과 얽혀서 점도를 높이는 효과가 좋다. 분자의 알갱이들이 얽히면 오돌토돌해 보여서 외관이 떨어지기도 하지만, 이런 알갱이들은 약해서 쉽게 더 미세한 입자들로 부서진다. 그래서 섬세한 물성을 만들 수 있다. 감자 전분에는 다량의 인산이 결합되어 있다. 감자 전분에는 인산이 변성 전분의 일종인 인산일전분처럼 결합되어 있다. 그래서 천연 변성 전분의 특성을 가진다. 인산염 덕분에 감자 전분은 특히 물을 많이 흡수하여 팽창이 많이 일어난다. 그래서 점도가 높고 투명한 겔이 된다. 인산염은 전분이나 단백질에 약한 반발력을 부여하여 전분 사슬들은 소스에 고르게 분산된

형태를 유지할 수 있으며, 분산액이 걸쭉하면서도 투명해지게 하는데 기여할 뿐만 아니라 차갑게 식었을 때도 겔로 엉기는 경향을 줄일 수 있다. 대체로 인산은 풀리게 하고 칼슘은 엉기게 한다. 지하 전분(덩이줄기와 뿌리의 전분)에 존재하는 인산은 인산일전분 형태로 존재하는데 곡류 전분에 존재하는 것은 인지질 형태로 아밀로스의 나선 안에 존재한다. 이들은 지하 전분에 존재하는 인과는 반대로 호화를 느리게 하는 작용을 한다.

• 타피오카: 카사바라는 이름으로 더 잘 알려진 열대식물의 뿌리에서 만들어진 전분이다. 타피오카는 물속에서 실 가닥처럼 뭉치는 현상이 생기기 때문에 보통 미리 겔화해서 펄 형태로 만든다. 펄 형태의 타피오카는 부드러워질 정도로만 살짝 익힌다. 타피오카는 땅 속에 오랫동안 있다가 추수한 지 며칠 만에 가공되기 때문에 밀, 옥수수 또는 감자 전분보다 향이 약하다. 이런 무향 무미한 특성이 타피오카 전분의 가치를 높인다.

타피오카로 만든 먹거리는 옥수수나 감자, 밀의 전분으로 만든 것에 비해 더 쫄깃쫄깃하다. 다른 전분에 비해 '노화'가 느리기 때문이다. 타피오카의 아밀로스는 엉기는 성질이 있고 아밀로펙틴은 끈끈한 성질을 낸다. 타피오카는 약 83%가 아밀로펙틴이다. 옥수수 전분(72%)과 밀 전분(74%), 쌀 전분(75%), 감자 전분(80%)에 비해 아밀로펙틴이 많다. 그래서 노화가 느린 편인데 밀도는 낮다. 아밀로펙틴의 밀도는 옥수수가 약 16, 밀이 11, 쌀이 14, 타피오카가 10이다(단위는 g/mol/nm). 아밀로펙틴의 구조가 빡빡하지 않아 전분 안으로 물이 쉽게 침투해 입자가 잘 부푼다. 즉 물을 잘 흡수해 호화가 잘 된다는 뜻이다.

타피오카는 비교적 부드럽고 탄력과 점성을 가져 쫄깃쫄깃한 식감을 나타낸다. 그리고 삼켰을 때의 기분과 매끄러운 느낌이 상당히 양호하다. 호화온도가 낮기 때문에 흡수가 빠르고, 끓이는 시간의 단축효과가 있으며, 호액의 점도가 높기 때문에 점성이 좋고 약간의 고무감을 느끼는 식감을 낸다. 찰옥수수 전분보다 팽윤력이 높기 때문에 흡수력이 높아 면의 두께는 양호하며, 호액의 투명성이 높고, 노화되는 성질이 적다. 카사바는 원래 청산배당체가 있어 독성이 있는데, 가공기술로 독성도 제거하고 물성도 개선하는 것이다.

4. 전분은 다양한 형태로 변형되어 활용된다

전분이 물성에 주는 효과는 점도(농후화), 겔화, 부착성(반죽, 빵가루 혼합), 결합성(연육), 분말코팅(사탕), 보습성(humectancy), 유화 안정성(드레싱), 광택의 부여 등 정말 다양하다. 그리고 전분의 특성을 개선하여 보다 다양한 용도로 사용하려는 시도도 많다. 사실 전분은 가장 경제적인 소재이며, 무미·무취의 가장 친숙한 소재이다. 하지만 아래와 같은 단점도 있다.

- 냉수, 온수에 불용 → 물에 넣는 것만으로 증점 효과를 기대하기 어려움.
- 가열에 의해 팽윤 분산하여 호화 → 호화의 진행에 따라 점도 상승이 일어나므로 일정한 점도유지가 불가능.
- 교반, 가압에 의해 점도의 변화 → 점도저하가 급격하며, 특히 레토르트식품에는 부적합.
- 보존에 의한 노화 → 장기에 걸친 보존성이 취약. 특히 저온, 냉동 내

성이 약함.

전분은 산이나 염에 영향을 받거나, 사용량에 비해 점성이 낮다는 등의 단점 말고도 가장 치명적인 것은 장기 보존 시 노화에 의해 품질이 변한다는 것이다. 그래서 즉시 요리에는 적합해도 오랫동안 동일한 품질을 유지해야 하는 가공식품에는 쓰기 힘들다.

4-1. 가공전분(변성 전분)
특화된 전분이 필요한 이유

누구나 좋아하는 인스턴트 라면은 일견 단순해 보이지만 면발 하나에도 수많은 기술이 들어 있다. 면은 식감뿐만 아니라 맛과 국물의 조화 등 다양한 측면의 기술 개발이 집약된 결과물이다. 국내에서 면에 대한 깊은 고민은 컵라면에서 시작되었다. 1963년 봉지 형태의 라면이 등장한 이래 20년 가까이 그 형태를 유지했다. 그러다 80년대 초, 뜨거운 물만 부어도 익는 새로운 형태의 컵라면이 등장했다. 이 컵라면의 등장을 위해서 해결되어야 할 가장 큰 과제가 바로 전분이었다. 당시 국내엔 없던 특수 전분 없이는 불가능한 기술이었다.

컵라면의 성공은 면발 연구를 가속화시켰다. 이전까지 한 가지 종류의 밀가루로 면발을 만들던 라면 업체들은 1980년대 중반에 들어서면서 비로소 각 제품 특성에 맞게 강력분·중력분 등을 조합한 '전용분'을 쓰기 시작했다. 그 후 면발이 굵은 제품이 등장하고, 면발에 조미 소재가 포함된 제품 등이 다양하게 개발되었다. 예를 들어 볶음면을 만들려면 면발을 5분 정도 끓인 뒤 다시 30초간 볶아야 하므로 물에서 건져도 퍼지지 않는 면을 개발하는 것이 관건이었다. 국물이 없으므로 면발의 감칠맛과 씹는 맛이 더 중요했다. 이런 과제를 해결하면서 밀가루 즉, 전분의 활용기술이 더욱 발전하고 섬세해진 것이다.

면에서 생각보다 중요한 것은 국물과의 조화이다. 이탈리아에서는 파스타에 소스가 잘 달라붙게 하기 위해 알 덴테(al dente)로 익힌다. 면을 삶은 후 소스를 넣고 1~2분 추가로 가열하면서 잘 버무려 면과 소스가 일체가 되게 하는 과정을 위해 파스타를 약간 덜 익히는 방법이다. 라면의 면발도 얼마나 미세한 구멍들이 잘 생겨서, 여기로 라면 국물이 잘 스며드는지가 매우 중요하다. 단순해 보이는 면 하나에도 정말 많은 기술이 숨어있다.

가공전분이란?

전분의 단점을 개선하고 다양한 용도에 적합하도록 특화시킨 것이 가공전분이다. 가공전분은 찬물에도 팽윤이 잘 되는 것, 점도의 조정이 쉬운 것, 노화가 느린 것, 냉동/해동 안정성이 높은 것, 투명도나 점탄성이 개선된 것, 유화능력이 향상된 것 등 다양한 종류가 있다. 가공된 전분의 가장 단순하고 오래된 형태가 호정화(알파화) 전분이다. 전분에 물을 넣지 않고 160℃ 이상으로 가열하면 전분의 직쇄구조는 약간 절단되고, 화학적 변화도 일어난다. 그래서 물에 녹기 쉬워지며 또 효소작용도 받기 쉬워진다. 이런 현상은 식품을 볶는다든지 빵을 굽는다든지 또는 팽화곡류를 만들 때에도 일어난다. 다음의 표는 용도에 따라 개발된 대표적인 가공전분의 종류를 보여준다.

이런 가공전분을 만드는 방법은 건조, 호정화와 같이 물리적 방법과

가교결합을 만들거나 분해를 하는 등의 화학적 방법이 있다. 가공전분을 만드는 회사는 베이커리에 사용되는 전분만 해도 조직감의 부드러움과 단단함, 쫄깃함과 바삭거림의 정도를 상당히 세분화하여 영역별로 다양한 제품을 개발한다.

표 3-9. 가공전분의 종류와 역할

전분의 기능	대응 가능한 가공전분
냉수용해	알파 전분
저점도	산화(가용성) 전분
냉수가용, 저감미	전분분해물
내노화성, 투명성호화온도의 저하	에스테르화 전분, 에테르화 전분
내전단력성, 내열성, 내산성 텍스처 개선	가교 전분
유지 흡착 개선	다공성 전분
유화 능력 향상	친유성 전분
유지 대체	유지 대체 덱스트린
생리작용, 정장작용, 혈당조절, 콜레스테롤 저하, 칼로리저감	난소화성 덱스트린

생명에서 탄수화물의 역할

우리가 먹는 것의 50% 이상은 포도당이다

탄수화물은 단당류(포도당, 과당, 갈락토스), 이당류(맥아당, 유당 등), 다당류(전분, 덱스트린, 글리코겐 등) 등으로 나뉘며, 단백질, 지방과 함께 인체에 가장 필요한 3대 영양소이다. 우리가 섭취하는 음식의 60% 정도는 탄수화물이고, 탄수화물은 포도당으로 분해되어 흡수된다. 이런 탄수화물의 가장 중요한 기능은 우리 몸에 필요한 에너지를 공급하는 일이다.

- **에너지 공급**: 신체 활동을 위해서는 끊임없이 에너지가 필요하다. 뇌(중추신경계)는 에너지 급원으로 거의 포도당만 사용하므로 중추신경계의 원활한 작용을 위해서는 탄수화물이 꼭 있어야 한다.
- 탄수화물의 부족은 단기적으로 볼 때 의기소침, 활력 저하, 정신기능의 지체, 수면 부족, 불쾌감, 신경과민을 불러일으킨다. 장기적으로 볼

때는 몸이 약해지고, 근골격도 약화되며, 관절과 결합조직의 영구손상을 입기도 한다.

- **단백질 절약 작용:** 단백질을 이용해서도 에너지를 낼 수 있으나 단백질은 에너지를 내는 일 외에도 고유의 중요하고도 필수적인 기능이 많다. 만약 에너지원의 절대량이 부족하면 단백질이 에너지원으로 소비되어 단백질 부족 현상이 발생할 수 있다.
- 셀룰로스, 헤미셀룰로스, 펙틴 같은 식이섬유(dietary fiber)도 탄수화물인데, 이들은 장내에서 물을 흡수하여 부드러운 덩어리를 만들고, 이것이 소화기관 근육의 수축을 자극하여 장내에서 음식물이 잘 이동하도록 돕는 역할을 한다.
- **신체 구성 성분:** 탄수화물의 일부는 단백질과 함께 신체 내에서 윤활물질이나 손톱, 뼈, 연골 및 피부 등을 구성하는 요소의 일부가 되고 있다. 리보스는 DNA와 RNA의 중요한 구성성분이 된다.

우리 몸에서 포도당을 저장하는 형태인 글리코겐은 전분의 보관 형태 중 가장 곁가지가 많다. 그래서 효소에 의해 빠른 속도로 분해가 가능하다. 만약 개별 포도당으로 보관하면 부하가 생기고, 촘촘한 형태로 결합하여 보관하면 분해 속도가 느려 폭발적인 에너지를 낼 때 불리하다. 초식동물은 육식동물에 잡아먹히지 않으려고 삼십육계 줄행랑을 치고, 육식동물은 젖 먹던 힘까지 보태서 그날의 먹잇감을 사냥한다. 살기 위해서는 순간적인 힘이 필요하다. 요즘은 운동선수도 마라톤을 할 때 글리코겐 형태의 보관량을 늘리려고 특별한 식이요법을 한다.

글리코겐(포도당)은 체내에서 완전 산화되는 가장 경제적이고 효율적인 성분이며, 사람의 대사 작용에 매우 중요한 에너지원이다. 성인의 체내에는 약 300~350g의 탄수화물이 저장되어 있는데, 그중 100g 정도는 간에, 200~250g은 심장, 연조직 및 골격근육에 글리코겐의 형태로 저장 되어 있으며, 약 15g은 혈액과 세포 외액에 포도당으로 존재한다.

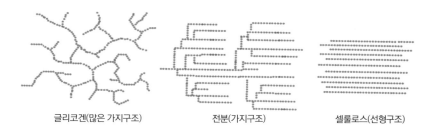

글리코겐(많은 가지구조)   전분(가지구조)   셀룰로스(선형구조)

그림 3-10. 전분의 분해 과정

이처럼 전분과 가공전분의 물성을 살펴보았지만, 사실 나는 전분 이야기만 나오면 답답함을 느낀다. 세상에서 가장 흔하고 많이 먹는 것이 전분인데, 전분에 대해서는 경험이 별로 없고, 좋은 자료도 거의 보지 못했기 때문이다. 그래서 대략적인 설명에 그칠 수밖에 없어 아쉽다. 증점다당류에 대해서는 훨씬 풍부하게 설명이 가능한데, 다음 책인『물성의 기술』에서 다루는 것이 훨씬 효과적일 것 같아서 일단 미루었다. 게다가 이 책의 목적이 물성에 관한 개별적인 지식을 어떻게 통합적으로 연결하여 활용할 수 있는지에 대한 프레임을 만드는 일이라 이 정도가 적당할 것 같기도 하다.

TOPIC

설탕의 물성을 활용한 과자의 변신
(Sugar confectionery)

먼저 탄수화물의 가장 단순한 형태인 설탕의 다양한 활용에 대해 알아보자.

1. 설탕 물성의 과학

설탕은 물에 잘 녹는 작은 분자이지만 가열하면 설탕끼리 결합하여 끈적이거나 단단한 물성을 만든다. 대표적인 것이 사탕이다. 사탕은 110~140℃까지 고온으로 가열하는 과정에 의해 수분이 1~4% 정도만 남고 설탕 분자가 서로 결합하여 단단해진다. 사탕은 결국 설탕의 다양한 변형인데, 그 단순한 설탕이 어떻게 그렇게 다양한 물성을 낼 수가 있을까?

사탕을 만드는 사람들은 설탕과 물이라는 똑같은 재료를 이용하면서도 그 비율이나 처리 과정을 달리하여, 설탕 분자들의 물리적 배열에 변화를 줌으로써 판이한 질감을 창조해낸다. 시럽을 얼마나 뜨겁게 만드느냐, 얼마나 빨리 식히느냐, 얼마나 많이 젓느냐에 따라 굵은 설탕 입자들로 굳기고 하고, 미세한 설탕 입자들로 굳기도 하고, 결정이 없는 단일한 덩어리로 굳기도 한다. 크게 보면, 당과 제조 기술은 설탕의 결정화 기술이라고 할 수 있다.

당 농축: 시럽 가열하기

물에 설탕을 녹이고 이를 끓이면 물 분자들은 점점 증발하고 당 분자의 비율이 높아진다. 시럽이 끓을수록 수분은 줄고 당 분자는 농축되어 진해진다. 그럴수록 끓는점이 높아져 더 높은 온도에서 수분이 증발하게 된다. 원하는 당 농도의 시럽을 만들기 위해 사탕 제조자가 해야 할 일은 당액을 원하는 온도까지 끓이는 것이다. 당액이 113℃가 되면 당 농도가 85% 정도이고, 여기에서 멈추면 퍼지가 된다. 132℃까지 가열하면 당은 90% 정도이고 태피를 만들 수 있다. 149℃ 이상 가열하면 수분이 거의 없는 하드캔디를 만들 수 있다. 수분이 없으니 단단하지만 부서지는 물성을 지닌다.

가열하여 끓기 시작하면 온도가 올라가는 속도가 빨라진다. 열은 대부분 시럽 속의 물 분자들을 증발시키는 데 소비된다. 물 1g의 온도를 1℃ 올리는데 1cal가 필요하다면 증발시키는 데는 540cal가 필요하다. 증발열에 비해 시럽의 온도를 올리는 데 필요한 에너지는 정말 적다. 당액에서 수분이 적어질수록 이런 증발열이 적어지므로 시럽의 온도와 그 끓는점이 더 빠르게 상승한다. 농도가 100%에 다가가면 온도가 너무 빨리 상승하여 원하는 온도에서 멈추지 못하고 제품을 갈색으로 만들거나 태울 수 있다. 이것을 피하기 위해서는 미리 열을 줄이고 시럽 온도 변화를 훨씬 주의 깊게 살펴보아야 한다.

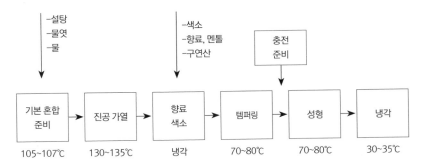

사탕의 일반적인 제조 공정

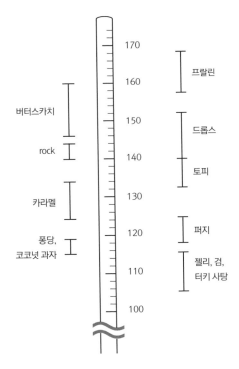

온도에 따라 달라지는 사탕의 유형

아래 표는 수분함량에 따른 점도의 변화이다. 설탕의 비율이 40% 이상이 되면 농도의 증가에 비해 훨씬 빠른 속도로 점도가 증가함을 알 수 있다.

설탕 농도에 따른 점도의 변화

물질	점도(cP)
디에틸에테르(20℃)	0.23
글리세롤(20℃)	1.76
물(0℃)	1.79
물(20℃)	1.00
물(100℃)	0.28
20% 설탕 용액(20℃)	1.97
40% 설탕 용액(20℃)	6.22
60% 설탕 용액(20℃)	56.7
80% 설탕 용액(20℃)	40,000

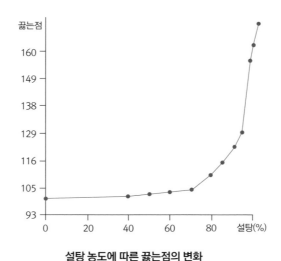

설탕 농도에 따른 끓는점의 변화

설탕 결정은 어떻게 형성되는가?

설탕 분자는 농도가 높으면 순수한 설탕 분자끼리 결합하여 결정을 형성하려는 성질이 있다. 설탕이 물에 녹아 있는 상태는 물 분자가 각각의 설탕 분자를 충분히 감싸고 있는 상태라 설탕끼리의 결합이 방해가 되지만, 농축되면 설탕이 밀집되어 물 분자들은 그 분자를 떼어 놓기 힘들어진다. 용해된 물질이 서로 결합하려는 경향과 이러한 결합을 차단하려는 물의 능력이 정확히 균형을 유지할 때, 우리는 그 용액이 '포화되었다'라고 표현한다. 온도가 높으면 이 포화 농도도 높은데, 식으면 그 용액은 과포화 상태가 된다.

높은 온도로 인해 일시적으로 정상적으로 함유할 수 있는 양보다 훨씬 많은 설탕이 용해된 용액이 식으면 과포화 상태가 되고, 설탕의 결정들이 형성되고 증가하게 된다. 이런 결정의 씨앗들이 얼마만큼 자라는지, 결정의 숫자와 크기가 식감에 영향을 준다. 이때 물엿같이 분자의 길이가 긴 당을 사용하면 결정화를 현저하게 줄일 수 있다.

2. 설탕을 기반으로 만들어지는 수많은 물성

설탕을 이용하면 아주 다양한 물성의 제품을 만들 수 있는데, 크게 나누면 결정질, 비결정질 그리고 페이스 상태의 사탕이 있다. 하지만 실제 제품은 한 가지 특성만 가지고 있지 않다. 캐러멜, 하드캔디, 누가, 설탕 공예 등은 비결정질 형태와 결정질 형태가 다 있다.

하드캔디

하드캔디는 가장 단순한 비결정질 사탕으로 최종 고형물이 1~2%의 수분만을 함유한 제품이다. 높은 온도까지 끓인 다음, 시럽을 평평한 바닥에 부어 식히면서, 아직 말랑말랑할 때 색소와 향료 등을 넣어 성형해서 만든다. 높은 당 농도 때문에 자칫하면 결정을 형성할 수 있으므로 상당한 비율의 물엿을 첨가한다. 보통 하드캔디는 결정이 석출되면 나쁜 품질로 본다. 결정화를 막아 줄 물엿을 너무 적게 넣거나, 결정의 씨앗이 될 만한 물질이 많거나, 수분이 너무 많아서 분자의 이동이 용이할 때 이러한 일이 벌어진다. 그런데 몇 가지 하드캔디는 의도적으로 미세한 결정을 형성하도록 만들기도 한다. 미세한 결정이 가볍고 아삭한 질감을 주기 때문이다.

약간 식었지만 아직 유연성이 있을 때 반복적으로 시럽을 치대면 불투명하지만 실크와 같은 광택이 난다. 치대기 작업을 통해 미세한 기포가 형성되고, 이 기포들이 미세한 설탕 결정 형성을 유도하기도 한다. 미세한 기포와 미세한 설탕 결정은 사탕의 단일한 구조나 단단함을 감소시킨다. 그래서 아삭아삭하고 가벼운 느낌을 갖게 하고, 깨물었을 때 쉽게 부서지게 만든다.

솜사탕

솜사탕은 하드캔디 중에서도 아주 독특한 제품이다. 당을 목화 같은 질감을 가진 대단히 곱고 가느다란 실 형태로 만든 것이라 입안에 들어가 수분을 만나는 순간 스르르 용해된다. 1904년 세인트루이스 세계박람회에서 첫 선을 보였다.

솜사탕을 만드는 원리는 의외로 간단하다. 솜사탕 기계를 보면 중앙에 설탕을 넣을 수 있는 곳이 있다. 그 밑으로 가스를 사용하여 계속 가열을 해주면 열기로 인해 설탕이 녹아 액체 상태로 된다. 그렇게 담겨진 용기는 전동기와 연결이 되어 아주 빠른 속도로 회전을 하고, 용기가 회전하기 시작하면 원심력이 발생하여 설탕액이 외벽에 몰리면서 미세한 구멍을 통하여 가는 실처럼 외부로 뿜어져 나온다. 용기의 밖으로 빠져나온 설탕은 급격히 냉각되면서 굳게 되고, 이 고운 설탕 실들을 나무젓가락으로 감으면 점점 모여서 솜 모양이 된다.

캐러멜, 토피, 태피

사탕류를 만들 때는 설탕에 물을 넣어 녹인 후 다시 가열하여 물을 증발시킨다. 다시 증발시켜버릴 물을 왜 굳이 첨가할까? 그것은 물 때문에 설탕을 태우지 않고 가열할 수 있기 때문이다. 그리고 물은 시럽을 가열하는 시간을 늘려 설탕만 가열했을 때보다 더 강한 풍미를 만들 수 있게 해준다. 또한 물은 설탕이 그 구성 성분인 포도당과 과당으로 분해되어 반응이 더 잘 일어나게 해준다.

캐러멜과 토피, 태피 등은 일반적으로 비결정질 사탕이며, 대개 유지방과 우유 고형분이 같이 들어 있다. 그래서 아주 단단하지는 않고 쫄깃쫄깃하며, 씹으면서 설탕 덩어리에 있던 유지방들이 빠져 나와 풍부한 맛을 준다. 그 쫄깃함은 하드캔디들보다 훨씬 낮은 온도까지만 가열하여 수분이 많고, 여기에 물엿과 유원료 등이 많이 첨가되었기 때문에 생겨난다.

캐러멜 특유의 맛은 당과 유제품의 캐러멜 반응, 마이야르 반응에 기인한 것이며, 지방 비중이 높을수록 생사탕과 같은 물성이 되고, 이에 달라붙는 성질이 줄어든다. 비결정질 사탕 중 캐러멜이 가열 온도가 가장 낮고, 수분이 많아 말랑말랑하다. 토피와 태피는 버터와 우유 고형분이 적게 들어가며, 캐러멜보다 10℃ 정도 높게 가열한다. 그래서 캐러멜보다 단단하다. 태피는 치대서 공기를 집어넣는 공정을 추가하기도 한다.

공기를 집어넣은 사탕들: 마시멜로와 누가

설탕베이스의 제품에 거품이 잘 나는 재료를 섞어서 만들면 또 다른 물성의 제품을 만들 수 있다. 달걀흰자, 젤라틴, 대두 단백질 같은 단백질을 넣으면 거품을 쉽게 낼 수 있고 아주 다른 식감의 제품을 만들 수 있다.

- **마시멜로:** 마시멜로는 단백질 용액을 대략 캐러멜 단계까지 농축시킨 설탕 시럽과 섞고, 이것을 저어서 기포를 형성시켜 만든다. 단백질 분자들은 기포 벽들에 응집되며, 이것이 시럽의 점성과 더불어 거품 구조를 안정화시킨다. 젤라틴은 혼합물의 2~3%를 차지하며, 약간 탄성 있는 질감을 만들어준다. 달걀흰자로 만든 마시멜로는 더 가볍고 더 말랑말랑하다.
- **누가:** 누가는 프로방스 지방에서 만든 전통 설탕 사탕으로, 견과가 들어가며, 달걀흰자 거품을 이용해 공기를 끌어들인다. 누가는 머랭과 사탕의 혼합형인데, 머랭을 준비한 다음 계속 저어 주면서 뜨거운 농축 설탕 시럽을 그 속에 흘려 넣어서 만든다. 설탕 시럽을 얼마나 익혔는지, 달걀흰자 대비 설탕 시럽의 비율이 얼마나 되는지에 따라 질감이 말랑말랑하면서 쫄깃쫄깃해지거나 단단하면서 바삭바삭해진다.

젤리

설탕과 물엿에 젤라틴이나 펙틴을 넣어 만든다. 젤라틴은 탄성이 높은 제품을 만들고 펙틴은 더 짧고 바삭바삭한 식감을 준다. 젤라틴을 고온으로 가열하면 약간의 분해가 일어나므로 가열이 끝나고 잘 녹은 용액을 첨가하는 방식을 사용한다. 젤리는 다른 제품에 비해 수분이 많은 편이라 비교적 촉촉하다.

설탕 공예

설탕을 이용한 제품 중에 가장 화려한 것은 아마 설탕 공예일 것이다. 설탕은 투명하게 만들 수 있고, 입으로 불고, 당기고, 자르고 하여 어떤 형태로든 만들 수 있다. 설탕 혼합물을 157~166℃까지 가열하면 수분이 거의 증발한다. 수분이 조금이라도 남아 있으면 설탕 분자가 이동하여 서로 뭉칠 가능성이 생긴다. 뭉쳐서 결정화되면 뿌옇게 흐려지는 현상이 생긴다. 정교한 설탕 세공품을 위해서는 온도를 55~50℃까지 식힌다. 그리고 열 램프 등을 이용하여 품온을 유지하면서 원하는 형태를 만드는 작업을 한다.

이처럼 단순한 설탕을 가지고도 다양한 형태의 조각품을 만들 수 있는 것은 설탕이 그만큼 사랑을 받는 소재이며, 우리 주변에는 아직 제대로 활용하지 못하는 물성의 재료가 더 있을 것이라는 증거이기도 하다. 맛은 불과 5가지뿐이고, 그 중에 단맛은 누구나 단번에 좋아하는 맛이다. 그리고 설탕은 항상 가장 맛있는 감미료였다.

3. 전분의 활용

우리는 효소를 만능의 가위로 생각하여 전분 분해효소라고 하면 무작정 닥치는 대로 분해할 것으로 기대하지만, 전분은 직선결합과 사이드결합이 있고 크기에 따라 잘 분해되지 않는 부위도 있다. 그런 원리를 이용해 난분해성 전분을 만들기도 한다. 이런 특성의 이해가 설탕, 과당, 포도당의 구분보다 의미 있다. 설탕을 먹든 과당을 먹든 포도당 형태로 전환되어 활용된다. 유전적으로 아주 특이한 질병을 갖지 않는 한 내 몸에서 포도당, 과당, 설탕은 거의 구분이 없이 쓰인다.

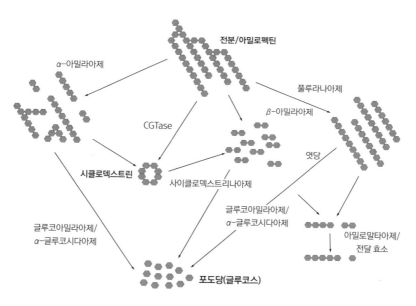

전분의 분해 과정

PART
4

단백질은
형태만큼 기능이
다양하다

단백질이란 무엇인가?

단백질은 아미노산이 길게 연결된 것으로 다양한 형태를 가진다

단백질(protein)은 그리스어의 'proteios(가장 중요한 것)'에서 유래했고, 한자인 '蛋白質'은 달걀의 흰 부분에서 유래한 것으로 20여 종의 아미노산이 화학결합을 통해 수십~수백 개 연결된 것이다. 탄수화물은 주로 포도당 한 가지로 된 것이라 형태가 단순한 데 비해 단백질은 구성하는 아미노산이 20종이 넘고, 아미노산마다 친수성과 소수성 등 크기와 성질이 달라서 정말 복잡한 형태를 가진다. 단백질은 형태에 따라 다양한 기능을 하며 형태가 조건에 따라 변한다. 식품에서 가장 복잡하고 공부할 거리가 많은 분자가 단백질이지만 그래도 생명 현상에서 일어나는 단백질의 복잡한 작용에 비하면 매우 단순하다.

단백질은 한번 합성되면 계속 사용하는 것이 아니라 계속 분해되고 재합성된다. 우리 몸의 배터리라고 불리는 ATP가 가장 많이 소비되는 곳이 바로 단백질 합성이다. 합성에 쓰이는 대장균의 ATP 사용 비율을 보면 DNA를 합성하는데 초당 60,000개, RNA 합성에 75,000개, 탄수화물 합성에 65,000개, 지방 합성에 87,000개를 사용한다. 그런데 단백질의 합성에는 무려 2,120,000개를 사용한다. ATP의 88%가 단백질 합성에 사용되는 것이다. 그만큼 단백질은 다양한 기능을 한다.

자연의 아미노산은 L형이고 20종 이상이다

단백질 합성에 쓰이는 아미노산은 20종류이다. 하나하나 형태가 다르고, 결합 중간에 질소가 포함되어 있어 탄수화물이나 지방과 비교할 수 없이 다양하고 복잡한 모양을 만들 수 있다. 단백질을 구성하는 아미노산을 여러 방법으로 분류할 수 있지만, 물에 대한 용해도로 구분하는 것

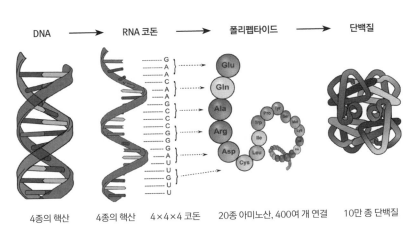

그림 4-1. 단백질의 합성 과정

이 물성을 이해하는 데 유용하다. 개별 아미노산으로 존재할 때와 단백질로 결합한 상태일 때의 용해도가 다르므로 단백질로 결합한 상태의 용해도를 알아야 한다.

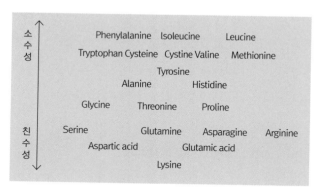

그림 4-2. 친수성에 따른 아미노산의 분류

형태가 기능이다. 단백질은 올바로 접혀야 올바르게 작동한다

단백질이 제 기능을 하려면 먼저 제 형태를 갖추어야 한다. 단백질이 기다란 직선의 아미노산 사슬로부터 정확한 입체적 모양을 갖추는 것을 '단백질 접힘'이라고 한다. 일종의 분자 종이접기인데, 그렇게 접힌 형태가 단백질의 기능을 결정하는 핵심 요소다. 단백질 모양의 중요성을 보여주는 첫 번째 예가 효소이다. 효소는 화학 반응이 쉽고 빠르게 일어나도록 도와주는 단백질이다. 효소가 잘 작동하기 위해서는 퍼즐 조각들이 서로 들어맞듯이 반응 성분들이 공간적으로 정확하게 맞물려야 한다. 이를 위해서는 정확한 형태를 유지하는 것이 필요하다.

1950년대에 미국의 화학자 크리스천 안핀슨은 단백질 접힘에 관한 선구적인 실험을 통해 단백질에는 신비한 형태의 기억력이 있다는 사실

을 증명했다. 단백질이 약간의 열을 받거나 환경이 변하면 원래의 모양
에서 풀어져 기다란 사슬로 변하는데, 다시 원래의 환경으로 돌아가면
매우 신속하게 원래의 형태대로 다시 접힌다는 사실을 발견한 것이다.
환경에 따라 순식간에 모양이 풀리기도 회복하기도 하는 것이야말로 단
백질의 가장 원초적인 특성이다.

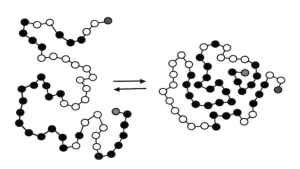

그림 4-3. 단백질이 풀린 상태와 접힌 상태

콜라겐의 경우도 스스로 조립된다

세포 중에 가장 많이 존재하는 단백질인 콜라겐은 3줄의 아미노산 사
슬이 정교히 꼬여서 만들어진 것이다. 콜라겐처럼 크고 단단한 구조를
정교하게 만들려면 주변에 거대한 조립장치가 있어야 할 것 같은데, 콜
라겐은 스스로 조립된다. 콜라겐을 이루는 각각의 사슬들은 4℃ 정도의
온도에서는 많은 수분을 붙잡아 개별로 활동한다. 그러다 온도가 올라
가면 점차 콜라겐이 수분을 붙잡는 힘보다 수분이 자유롭게 이동하려는
힘이 커진다. 콜라겐에서 소수성 부위부터 수분이 떨어져 나간 민낯(?)
이 드러나고, 여기에 주변 다른 사슬의 소수성 부위가 결합하여 3중 나
선 구조를 형성하기 시작한다. 그래서 젤라틴은 고온에서 점도가 사라지

는 것처럼 극단적으로 낮아지는 특성이 있다.

콜라겐의 나선이 완성되기 위해서는 아미노산의 조성이 적합해야 한다. 극성 아미노산과 비극성(소수성) 아미노산의 배열이 정교히 맞아야 가능하지 아무런 사슬이나 콜라겐 형태로 나선 구조를 형성하지는 못한다.

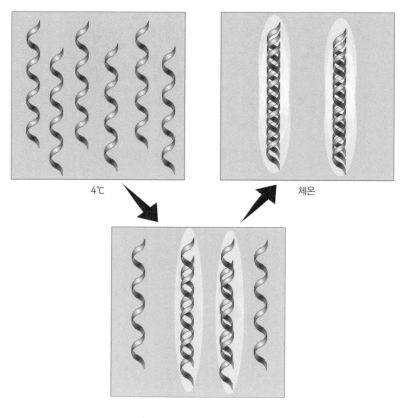

4℃   체온

그림 4-4. 콜라겐의 자동 조립 현상

물성의 원리

단백질의
인체에서의 역할

    단백질은 우리 몸이 물 다음으로 많이 필요로 하는 성분이다. 16% 정도를 차지한다. 물론 지방이 16%를 넘는 사람도 많지만 그것은 우리 몸에서 필요한 양이 아니다. 우리 몸이 꼭 필요로 하는 지방은 2% 정도이고, 나머지는 칼로리 과잉으로 비축된 것이다. 우리 몸에 단백질이 가장 많이 필요하고 존재하는 이유는 단백질이 가장 많은 기능을 하기 때문이다.

    사실 대부분의 생명 현상은 단백질에 의해 이루어진다. 따라서 단백질의 기능을 파악하는 것보다 생명 현상에서 단백질의 기능이 아닌 것을 파악하는 게 훨씬 빠르다. 생명의 설계도는 DNA에 있고, DNA에는 수많은 유전자가 있고, 유전자가 하는 일은 아미노산을 설계도대로 연결하여 단백질을 만드는 것이다. 우리 몸에는 세포마다 2만(혹은 10만) 종이상의 단백질이 있다고 알려져 있다.

식품소재 중에서 단백질이 가장 비싼 편이라 따로 분리하여 사용하기보다는 원래 존재하는 상태 그대로 이용하는 편이다. 따라서 단백질의 물성을 공부하기 전에 단백질이 어떤 기능을 하고, 어디에 어떠한 형태로 존재하고, 그 특징은 어떤지 알아둘 필요가 있다.

- **구조적 기능**: 동물 세포의 내부 뼈대를 만드는 기능이다. 전체 단백질의 20~30% 이상을 차지하는 콜라겐이 대표적이다. 체내에 있는 최소 2만여 종의 단백질 중 하나에 불과한 콜라겐의 양이 30%라는 것은 실로 엄청난 비율이다. 콜라겐의 양이 몸에 필요한 탄수화물과 지방 전체를 합한 양보다 많다. 구조적 기능을 하는 다른 단백질로는 피브로인(실크 단백질), 엘라스틴(혈관, 피부조직), 프로테오글리칸(ECM 일종) 등이 있다. 세포막의 구조도 단백질이 뼈대를 만들고 지방막이 채우는 형식이다.
- **운동 기능**: 동물은 움직이는 생명체다. 눈으로 보이는 운동뿐만 아니라 심장, 폐, 면역세포의 이동, 세포 안의 운동, 세포분열, 세포 내 이입 등 모든 운동이 단백질로 이루어진다.
- **운반 기능**: 세포의 이온 펌프, 산소 운반체인 헤모글로빈, 칼슘 운반체인 칼모듈린 등의 단백질이 체내 물질의 이송을 돕는다.
- **방어 기능**: 면역 반응, 혈액 응고, DNA 복구 등의 기능도 단백질의 역할이지만 단백질로 만들어진 단단한 피부, 장기 기관, 세포 골격과 세포 결합이 방어 기능의 출발점이다.
- **효소**: 체내 모든 합성과 분해 작용 같은 대사 작용이 효소 덕분에 100만 배나 효과적으로 이루어진다.

- **조절 기능**: 인슐린, 성장호르몬 같은 호르몬, 아미노산계 신경전달물질 등도 단백질의 역할이다. 혈액의 산/알칼리 농도 조절도 한다.
- **보관 기능**: 콩 같은 식물에서는 단백질을 에너지 저장체 형태로 쓰기도 한다.

1. 단백질은 크게 직선형과 구형의 형태가 있다

단백질을 크게 나누면 기다란 섬유형(직선형)과 개별로 둘둘 말려있는 구형으로 구분할 수 있다. 직선형 구조의 단백질을 알면 나머지는 구형일테니 직선형 구조를 먼저 알아보는 것이 편하다. 직선형이 압도적으로 많은 것이 콜라겐이다.

섬유 형태의 단백질이라고 하면 가장 쉽게 떠올릴 수 있는 것이 근육이다. 근육은 액틴과 미오신의 2가지 구조를 가지고 있고, 미오신이 액틴 사이를 미끄러져 들어가는지 이완되는지에 따라 근육이 수축 또는 이완되어 운동이 가능해진다.

표 4-1. 섬유형 단백질과 구형 단백질의 특성 비교

형태	섬유형 단백질	구형 단백질
역할	구조를 형성	기능을 수행
아미노산 배열	반복적인 아미노산 순서	불규칙한 아미노산 순서
내구성	온도, pH 등에 의해 변화가 적음	온도, pH 등에 민감
용해도	대부분 불용성	물에 녹음
단백질 예	콜라겐, 액틴, 미오신, 케라틴, 엘라스틴, 피브린	효소, 헤모글로빈, 인슐린, 면역단백질

2. 근육

근육은 고기의 주성분으로 많은 양을 차지하여 요리와 육가공의 물성에서도 매우 중요하다. 고기를 구울 때도, 수비드 요리를 할 때도, 소시지나 햄을 만들 때도 고기의 구조와 특징을 이해하는 것이 중요하다. 근육은 가만히 있지 않고 수축과 이완을 반복한다. 수축되는 상태는 단단하고 질기다. 단백질의 구조가 변성이 되어도 질기고 단단해진다. 온도, pH, ATP 농도 등을 어떻게 조절하여 적당한 보수력과 탄성을 가지게 할 것인지가 큰 기술이다. 고기를 잘 다루기 위해서는 근육의 변성온도, 근육의 구조와 조건에 따른 상태의 변화에 대해 자세히 알아둘 필요가 있다.

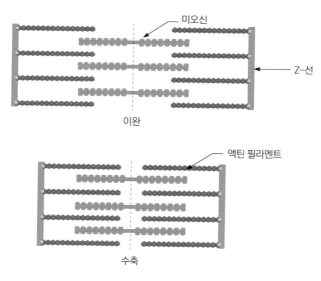

그림 4-5. 근육의 구조 및 운동의 원리

액틴(Actin)

근육은 액틴과 미오신으로 되어 있다. 이 중에서 액틴은 직경이 8nm정도이고 세포골격 섬유 중 가장 가늘다. 그래서 미세섬유라고도 부르는데, 이 액틴은 생각보다 대단히 중요하다. 근육이 없는 미생물도 잘 움직인다. 바로 세포 내 액틴의 다이내믹한 변화 덕분이다. 액틴은 세포의 이동뿐만 아니라 세포 모양(shape) 유지, 세포 극성(polarity), 조직 재생, 혈관 형성, 병원균과 숙주세포 간의 결합과 침투 등에도 역할을 한다.

- 골격근 섬유에서 두꺼운 섬유인 미오신과 상호작용하여 근수축을 일으킨다.
- 세포막 바로 아래에 띠를 형성하여 세포의 기계적 강도를 제공하고 막을 통과하는 단백질과 세포질 단백질을 연결해주며, 세포분열 시 반대편 쪽에 있는 중심체를 고정시켜주고 동물 세포의 세포질 분열에서 원형질 함입을 일으킨다.
- 어떤 세포에서는 원형질 유동을 일으킨다. 백혈구나 아메바와 같은 세포에서 이동을 일으킨다. 이것은 단량체 액틴(G-actin)과 중합형 액틴(F-actin)의 다이내믹한 변화에 의해 일어난다.

미오신(myosin)

두 개의 머리와 두 개의 꼬리 부분을 가지고 있고 꼬리 부분은 이중나선을 이루며 꼬여 있다. 미오신의 머리 부분이 액틴과 결합한 후 ATP의 에너지를 사용하여 머리 부분이 이동하는 것으로 근육의 수축이 이루어진다.

콜라겐(collagen)과 젤라틴

식물 세포의 뼈대가 셀룰로스라면, 동물 세포의 뼈대는 콜라겐이다. 콜라겐은 우리 몸 단백질의 20~30%를 차지하는 가장 많고 중요한 단백질이다. 교원질(膠原質)이라고도 하며, 기관과 조직을 하나로 묶어 연결하는 세포 간 접착제 기능을 한다. 콜라겐이 부족하거나 튼튼하지 못하면 피부, 뼈, 연골, 혈관 벽, 치아, 근육 등의 구조와 기능이 떨어진다. 소장에서 흡수된 영양소는 콜라겐을 매개체로 각 세포조직에 전달되고, 인체에 생기는 노폐물도 콜라겐을 통해 혈관으로 운반되어 몸 밖으로 배출된다. 또한 같은 무게의 강철보다도 강인한 흰색 섬유성 단백질이라 근육의 액틴과 미오신 조직보다 100배는 단단한 조직을 만들 수 있다.

비타민 C가 중요한 것은 이 콜라겐 때문이다. 콜라겐 합성에는 주로 세 종류의 아미노산이 사용된다. 글리신, 라이신, 프롤린이다. 이들은 단백질을 섭취해도 생기고 탄수화물을 먹어도 생긴다. 그런데 두 종류의 아미노산은 추가적인 변신이 필요하다. 라이신과 프롤린의 일부에 −OH기가 추가되어 하이드록시라이신과 하이드록시프롤린이 되어야 한다. −OH기가 증가되면 세 가닥으로 꼬이는 콜라겐 사슬 간에 수소결합이 증가하여 단단한 구조체를 형성하는데, 이때 라이신과 프롤린에 −OH기를 추가하는 용도로 비타민 C가 조효소로 쓰인다. 비타민 C가 부족하면 괴혈병에 걸리는 이유도 콜라겐 합성이 부족하여 모든 세포가 약해지기 때문이다. 약해진 세포 중에서 가장 취약한 부분에서 출혈 등의 증세가 나타난다.

콜라겐은 여러 중요한 기능을 한다. 피부 미용(탄력)의 핵심이고, 단단한 세포 결합으로 감기 등의 바이러스 감염을 줄이는 중요한 역할을 한다. 이러한 기능의 주체는 콜라겐이지 비타민 C가 아니다. 비타민 C는 콜라겐 합성에 필요한 원료 중 하나일 뿐이다. 콜라겐을 녹이면 젤라틴이 되고 다양한 용도로 쓰인다.

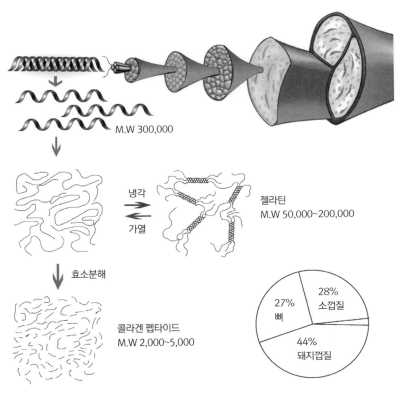

M.W 300,000

냉각 ⇄ 가열

젤라틴
M.W 50,000~200,000

효소분해

콜라겐 펩타이드
M.W 2,000~5,000

28% 소껍질
27% 뼈
44% 돼지껍질

그림 4-6. 콜라겐에서 젤라틴의 제조 과정

3. 구형 단백질: 효소, 신호전달 등

단백질은 가만히 있지 않는다. 형태를 가지고 쉬지 않고 움직인다. 그중에 가장 활발한 분자가 효소다. 한국에는 발효 식품이 많다. 발효를 통해 된장, 고추장, 젓갈을 만들고 술을 만들기도 한다. 이런 발효의 주인공은 효소이고, 효소는 단백질이다. 어떠한 발효식품을 만들고자 할 때 필요한 것은 효소이지 미생물이 아니다. 그런데 우리는 아직 단백질을 자유롭게 합성하는 기술이 없고 비용도 너무나 많이 든다. 그런데 미생물을 키워서 미생물이 생산하는 효소를 이용하기는 쉽다. 그래서 우리는 효소 대신 미생물을 이용하여 발효 식품을 만든다.

효소는 1833년 프랑스의 앙셀름 파앵과 장 프랑수아 페르소에 의해 처음 발견되었다. 맥아의 추출액에서 녹말의 분해를 촉진하는 인자를 발견한 것이다. 그 물질이 무엇인지는 1926년 제임스 섬너에 의해 단백질로 밝혀진다. 이전까지는 생명의 신비한 작용이라고 여겨졌던 유기물의 분해와 합성이 한낱(?) 물질에 불과한 단백질로 가능하다는 사실이 밝혀진 것이다.

사실 효모나 세균 자체에는 어떤 분자를 쪼개거나 합성하는 손이나 발이 없다. 모두 효모나 세균에 존재하는 효소가 하는 일이다. 모든 생명 현상의 배후에는 효소가 있지만, 효소 자체가 특별한 단백질인 것도 아니다. 다른 단백질과 마찬가지로 아미노산이 수백~수천 개 결합한 것에 불과한데, 특별한 점은 분자의 형태가 특정한 물질과 결합하기 좋은 형태를 이룬다는 것이다. 그래서 특정 물질을 변화시킨다. 반응의 활성화 에너지를 낮추어 효소가 작용하지 않을 때보다 반응속도를 100만 배 이상 빠르게 해준다.

가장 작은 시간의 단위는 펨토초로 1,000조 분의 1(10^{-15})초다. 1펨토초 동안 세상에서 가장 빠르다는 빛도 고작 0.3μm를 움직일 뿐이다. 이처럼 펨토초는 상상하기조차 힘든 짧은 순간인데 분자와 원자 세계에서는 이것이 기본 시간 단위이다. 화학반응이 일어날 때 입자들의 움직임, 생체 내에서 효소가 분자를 떼었다 붙였다 하는 사건이 펨토초 단위에서 일어난다. 예를 들어 광합성이 일어날 때 엽록소 분자가 에너지를 전달하는 시간은 약 350펨토초다. 그 짧은 시간에 식물은 빛을 받아 에너지로 바꾼 뒤 저장한다. 효소가 유기물에 산소를 붙이는 시간은 약 150펨토초이다. 빛이 고작 $45\mu m$ 즉, 0.045mm 움직일 시간에 반응이 일어난다. 물론 모든 효소가 이렇게 빨리 작동하지는 않지만, 효소가 없을 때에 비하면 비교할 수 없이 빠르게 반응이 일어난다.

효소는 현재까지 약 2,500여 종이 밝혀졌으며, 그 특징은 다음과 같다.

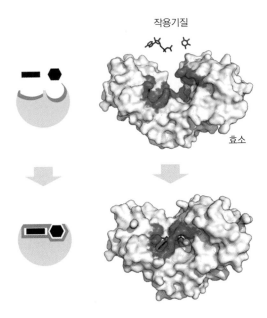

그림 4-7. 효소의 작용 원리

- 고분자로 분자량이 1만~수백만이다. 포도당 같은 기질보다 포도당을 합성하는 효소가 비교할 수 없이 큰 분자이다.
- 효율이 대단히 좋다. 기질과 결합하여 반응의 활성화 에너지를 낮추어 반응속도가 100만 배 이상 높아진다.
- 효소는 매우 특이적이다. 한 가지 반응에 특정한 한 개의 효소만이 작용 가능한 경우가 많다. 같은 분자식이어도 입체적 이성체나 광학적 이성체가 있으면 그것을 구분하여 어느 한 쪽에만 작용한다.
- 단백질이라 공업용 촉매와 달리 환경에 민감하다. 온도, pH, 염 농도 등에 따라 활성이 크게 바뀐다. 기능을 잃을 수 있다. 효소는 단백질의 일종이므로 단백질의 변성조건을 알면 효소의 변성조건을 알 수 있다.

단백질은 역동적인 엔진이다

효소뿐 아니라 모든 단백질은 역동적이다. 세포막에서 이온을 퍼내는 펌프도 단백질이고, 세포 곳곳에 필요한 물질을 전달하고, 고장 나거나 낡는 단백질을 분해하는 것도 단백질이다. 세포 분열을 위한 복제를 준비하는 것도 단백질이고, DNA 서열의 오류나 손상을 수선하는 것도 단백질이다. 이들은 모두 단백질 분자 자체가 가지는 역동성을 배경으로 작동한다. 그래서 생화학자인 그레고리오 웨버는 단백질을 '싫다고 발버둥 치는 화학적 야수'라고 했다.

1960년대 후반 미국의 한스 프라우엔펠더는 호기심으로 미오글로빈을 관찰하고 싶었지만 당시에는 단백질의 운동을 직접 관찰하기란 불가능했다. 그런데 미오글로빈은 안쪽에 철 원자가 파묻혀 있다. 그리고 산소는 철에 결합하여 운반되고 필요할 때 방출되어야 한다. 프라우엔펠더는 이점에 착안하여 단백질의 움직임을 관찰했다. 산소 분자가 중심에 묻혀 있는 철 원자에 도달하기 위해는 단백질이 움직여야 하고, 철의 움직임이 단백질의 움직임을 측정하는 간접적인 방법임을 간파한 것이다.

미오글로빈 구조는 철 원자가 뒤틀리고 꼬인 사슬의 안쪽에 완전히 파묻혀 있다. 단백질 사슬이 계속 움직여서 일시적으로 산소 크기만 한 통로가 열려야 산소가 들어갈 수 있다. 연구진은 섬광광분해라는 기술을 이용하여 단백질의 움직임을 관찰했고, 미오글로빈 단백질의 운동 중 일부가 주위 물 분자와의 충돌에 의해서 직접적으로 일어난다는 사실도 밝혀냈다. 물 분자들이 충돌하고 단백질 사슬이 꿈틀거리면서 단백질은 가능한 형태들로 끊임없이 변했다. 2005년에는 미국 브랜다이스 대학의 도로테 컨 연구팀이 핵자기 공명 기술을 이용하여 사이클로필린 A라는 효소의 움직임을 관찰하였다. 효소는 반응과 무관하게 끊임없이 다양한 형태로 바뀌면 꿈틀거렸다.

프라우엔펠더가 단백질은 잠시도 쉬지 않고 격렬하게 꿈틀거린다는 사실을 밝힌 지도 30년이 지났다. 하지만 지금도 생화학 교과서들은 단백질이 격렬하게 움직이는 모습보다 안정적으로 가만히 있는 모습을 가르친다. 그래서 우리는 그동안 단백질이 정말 심하게 움직이는 동적 분자 엔진이라는 사실을 모르는 경우가 많았다. 사실 단백질뿐 아니라 DNA를 포함한 모든 분자가 크기와 형태에 따라 항상 심하게 요동한다. 그것이 분자가 어떻게 세포(생명)가 되는지를 이해하는 데 가장 기본적인 지식이 되고, 물성은 왜 그렇게 다이내믹하고 왜 시간이 지나면서 변하는지를 설명하는 핵심적인 지식임에도 그렇다.

단백질을 코딩하는 DNA도 동적이다

단백질을 합성하는 모든 정보는 DNA에 담겨있다. 그리고 DNA는 4종의 핵산이 결합된 폴리머이다. 이런 DNA도 가만히 있으려 하지 않는다. 그렇지만 우리는 DNA 모형을 통해 매우 얌전하고 정적인 분자인 것처럼 배운다. 사실 염기서열이 안정하지 않고, 마구 흔들리며, 자꾸 일부가 손상되고 재배열된다면, 유전 정보는 믿을 수 없게 될 것이고, 복잡한 구조의 생명의 탄생은 불가능할 것이다. DNA 분자는 분명히 내적으로는 심하게 요동할 수밖에 없는 크기를 가졌지만 정교한 디자인을 통해 그 움직임을 극복하고 안정된 상태를 유지할 수 있는 능력과 필요하면 분리되어 효율적으로 복사가 가능한 구조를 가졌다. DNA는 필요에 따라 언제든지 들여다봐야 하는 생명의 설계도이다. 그 구조의 안전성과 유동성을 이해하는 것도 물성 공부의 일종이기도 하다.

감각도 분자의 운동에서 시작된다

냄새는 어떻게 맡는 것일까? 코에는 후각세포가 있고, 후각세포의 세포막에는 냄새분자를 식별하는 수용체가 있다. 이 수용체는 계속 꿈틀거린다. 그러다 모양이 일치하는 분자와 결합하면 ON 상태로 바뀐다. 하지만 수용체와 분자 모두 계속 심하게 요동을 하니 그 결합은 영원하지 않다. 순식간에 헤어지는 것이다. 냄새물질의 양이 많으면 결합할 확률이 높아 많은 신호가 만들어지고 양이 적으면 결합 확률이 낮아 냄새가 약해진다. 만약에 수용체와 분자가 계속 심하게 요동하지 않는다면, 냄새분자와 수용체의 결합이 계속 지속될 가능성이 높다. 그러면 괴로운 상황이 많이 생겨날 것이다. 한 번 악취를 맡은 뒤에도 그 냄새가 계속 지속될 수 있으니 말이다. 나는 단백질의 작용 등 여러 식품 현상을 공부할수록 분자의 크기, 형태, 운동을 이해하는 것이야말로 식품을 통합적으로 이해하는 지름길이라는 생각이 든다.

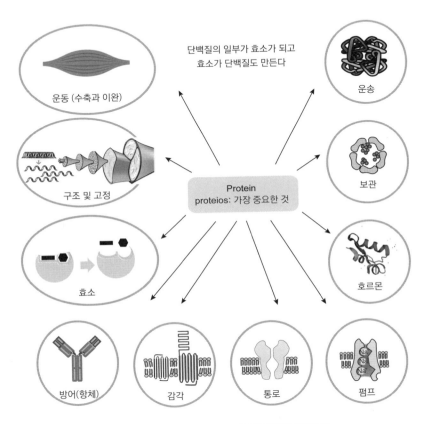

그림 4-8. 생명 현상의 대부분은 단백질이 주관한다

단백질의 식품에서의 작용

일반적으로 우리는 질기고 마른고기보다 연하고 육즙이 많은 고기를 좋아한다. 따라서 고기를 조리하는 이상적인 방법은 수분 유실과 섬유조직이 쪼그라드는 현상을 최소화하고, 질긴 결합조직인 콜라겐을 최대한 유동성 있는 젤라틴으로 전환하는 것이다. 그러나 불행하게도 이 두 목표는 서로 모순된다. 섬유가 굳는 현상과 수분 유실을 최소화한다는 것은 곧, 고기를 55~60℃가 넘지 않는 온도에서 잠깐 동안만 익혀야 한다는 것을 뜻한다. 그러나 콜라겐을 젤라틴으로 전환하기 위해서는 70℃ 이상의 온도에서 장시간 익혀야 한다. 따라서 모든 고기에 적용할 수 있는 이상적인 조리법은 없다. 조리 방법은 그 고기의 질긴 정도에 따라 조정할 수밖에 없다. 연한 고기는 육즙이 흥건해지는 시점까지 재빨리 익히는 것이 최선이다. 석쇠 구이, 프라이, 로스팅은 흔히 쓰는 빠른 조리법이다. 질긴 고기는 삶거나 고거나 끓는점에 가까운 온도에서 장시간 익히는 것이 최선이다.

– 『음식과 요리』 해롤드 맥기, p244.

고기를 이해한다는 것은 단백질을 이해한다는 것이다. 고기를 구성하는 단백질이 어떤 구조를 가졌고, 어떻게 하면 그 구조를 원하는 형태로 바꿀 수 있는가 하는 기술이다. 단백질은 친수성인 부위도 있고, 소수성인 부위도 있다. 식품은 주로 물이 있는 상태이니 친수성은 밖으로 노출되어 물과 더 많이 결합하려 할 것이고, 소수성은 자기들끼리 뭉쳐서 안으로 숨으려 할 것이다. 그런저런 힘들이 상호작용하여 말려진 형태(folding)가 보통의 상태(native)이고, 이것이 펼쳐진 상태(unfolding)가 흔히 변성(denaturation)된 상태라고 한다.

원래의 상태(folding)

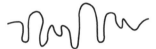

부분적인 풀림

완전한 풀림(unfolding)

그림 4-9. 단백질의 접힌 상태와 풀린 상태

단백질이 둘둘 말린 상태에서 길게 펼쳐진 상태가 되면 가장 흔하게 일어나는 현상이 바로 점도의 증가이다. 밀가루 반죽을 치대거나 고기를 쵸핑하거나 흰자를 휘핑하면 말려있던 단백질이 길게 풀어지면서 점도가 증가한다. 그리고 직선으로 펼쳐진 사슬끼리 서로 얽혀 고정되면 겔화도 일어난다. 이처럼 단백질이 풀어지는 현상은 여러 가지 요인에 의해 일어난다. 대표적인 것이 가열이다.

1. 가열(Heat): 단백질의 열 응고

가열을 하면 분자의 운동이 활발해져 유동성이 증가하고 점도가 낮아지는 것이 자연의 순리인데, 단백질의 경우에는 거꾸로 굳어서 단단해지는 것이 많다. 언뜻 보면 자연의 질서에 역행하는 것처럼 보이나 자세히 보면 이것도 자연의 법칙 그대로이다. 단백질이 가열되면 분자운동은 증가한다. 그러면 수소결합, 정전기적 인력 등으로 겨우 둘둘 말려진 상태를 유지하던 단백질이 이런 뭉치려는 힘을 넘어서는 에너지를 갖게 된다. 그래서 단백질은 길게 풀어진다. 풀어진 단백질은 길이의 3승 배의 공간(점도)을 점유한다. 그리고 주변에 풀어진 단백질이 많으면 단백질끼리 결합하여 네트워크를 형성한다. 그러면 고체가 된다. 달걀, 고기 등을 익히면 굳는 이유가 바로 이것이다.

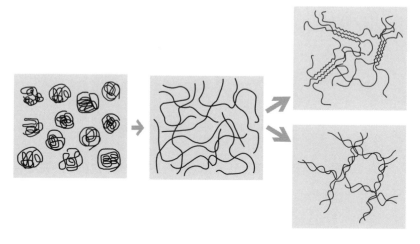

그림 4-10. 단백질의 풀림과 겔화의 원리

물성의 원리

고기뿐 아니라 우유, 콩단백, 달걀도 가열하면 굳는다. 식품도 그렇지만 세포나 세균도 단백질이 비가역적으로 굳어서 죽게 된다. 세균 중에는 포자를 형성하고 내열성이 강한 것도 있으나 병원성 균은 비교적 저온에서 쉽게 죽는다. 단백질의 변성이 쉽게 일어나는 것이다. 병원성 세균을 고려한 고기의 최소 가열온도는 53℃이다.

우유 단백질 중에서 카제인은 내열성이 강하고 유청 단백질은 내열성이 약하다. 카제인은 온도에 의해 쉽게 풀리지 않는 구조를 가졌다는 뜻이다. 이처럼 단백질은 조성에 따라 그 변성되는 온도가 달라진다.

- 소고기: 레어 56℃, 미디움 58℃, 웰던 62℃.
- 닭, 칠면조: 적당히 익은 정도 60℃, 핏기없는 정도 62℃, 세균에 대한 안전성 필요시 63℃.
- 토끼: 뼈 없는 부위 60℃, 뼈 있는 부위 62℃.
- 돼지고기: 위생이 의심되는 고기 70℃~72℃, 위생처리가 잘 된 경우에 삼겹살 66℃, 등쪽 갈비 64℃, 목살 68℃, 안심 58℃, 나머지 부위 66℃, 테린용 70~71℃.
- 생선: 참치 45℃, 연어 45℃, 생선살을 완벽히 익히는 정도 54℃(뼈 부분은 약간 설익는다), 뼈까지 다 익는 정도 57℃(점점 수분이 빠지며 살이 단단해진다).

이것은 어디까지나 참고용 온도이고 조건에 따라 다양하게 달라진다. 예를 들어 설탕이나 포도당을 넣으면 응고온도가 높아진다.

2. 기계적 힘(Extreme physical agitation)

기계적인 힘을 가하여 단백질이 풀어지게 하는 경우도 많다. 대표적인 것이 달걀의 흰자를 휘핑하여 거품을 만드는 것이다. 달걀 흰자 1개를 거품기로 저으면 몇 분 안에 한 컵 분량은 족히 되는 눈처럼 새하얀 거품을 얻게 된다. 이 거품은 볼을 뒤집어도 떨어지지 않고 꼭 달라붙어 있을 만큼 응집력이 뛰어난 구조를 가지고 있으며, 또 다른 재료와 섞어서 조리할 때도 그 형태를 유지한다. 그 덕분에 머랭, 무스, 수플레 등을 만들 수 있다. 이것보다 훨씬 흔한 경우는 밀가루를 치대서 글루텐을 형성하는 것이다. 반죽을 치대면 밀가루의 단백질이 뭉쳐진 상태가 점점 풀려서 직선으로 배열되고 점도와 탄성이 증가한다. 그러한 성질 덕분에 우리는 면류와 빵를 즐길 수 있다.

그림 4-11. 기계적 힘에 의한 글루텐의 형성

3. 산/알칼리: pH effect

중국에는 피단이라는 독특한 음식이 있다. 피단은 오리 알이나 달걀을 흙, 재, 소금, 석회, 쌀겨를 섞은 것에 두 달 이상 담궈서 만든다. 시간이 지나면 노른자 부위는 까맣게 변하고 흰자 부위는 투명한 갈색이 된다. 이런 피단의 역사는 생각보다 오래되었다. 무려 600년 전, 시골 농가에서 키우던 오리가 석회 더미 아래에 알을 낳았는데, 이 알이 몇 개월 지난 후 발견되었고 껍데기를 벗겨 보니 흰자위와 노른자위가 모두 굳어 있었으며 먹어 보니 그 맛이 매우 독특했다고 한다. 그렇게 개발된 음식이다.

단백질이 익었다는 것은 결국 단백질이 변성(풀림)되었다는 뜻이고, 단백질은 등전점에서 가장 용해도가 떨어지고 그보다 높거나 낮은 pH에서는 용해도가 증가한다. 알칼리성에서는 특히 용해도가 쉽게 증가하는데, 용해도가 높아지면 단백질이 완전히 풀려서 서로 엉키게 되어 가열로 굳어진 것 같은 상태로 변한다. 식초 등 강한 산에 넣어도 단백질은 탱탱하게 굳는다.

4. 염 농도(High salt content)

염에 의한 단백질의 변화는 복잡한 편이다. 칼륨이나 나트륨 같은 1가 이온은 단백질 사슬 간의 정전기적 인력을 제거하고 용해도를 증가시킨다(염용해: salting in). 하지만 아주 고농도의 염은 단백질의 음이온이나 양이온 주변을 둘러싸고 있는 물 분자를 빼앗아 단백질의 용해도를 낮추어 응집하게 한다(염석: salting out). 염에 의해 단백질을 풀어지게 하여 서로 엉켜 고체화시킬 수도 있다. 칼슘(Ca^{2+}), 마그네슘(Mg^{2+}) 같은 2가 이온이 풀리기 전부터 있으면, 단백질 사슬을 양쪽으로 붙잡아 풀리는 것을 방해한다. 용해된 상태에 첨가되면 겔화시키는 힘이 있다.

5. 높은 알코올 농도

달걀을 고농도의 알코올에 넣으면 가열하지 않아도 응고된다. 알코올은 침투성이 높고 용해도도 높이는 경향이 있는데, 고농도의 알코올은 단백질 구조를 풀리게 하여 결국에는 응고되게 한다.

6. 초고압(High pressure)

초고압으로 식품을 살균하는 연구는 이미 19세기 후반에 시작되어 1914년에는 달걀의 단백질을 고압으로 응고시키기도 했다. 매우 높은 압력을 가하면 미생물 사멸 외에도 단백질의 변성, 효소의 불활성화, 효소기질의 특이성 변화, 탄수화물과 지방의 특성 변화가 일어난다. 고분자의 형태적 변화가 가능하지만, 맛, 향, 비타민 같이 작은 크기의 분자는 영향을 받지 않는다. 그래서 최근에 식품의 프레쉬한 풍미를 유지하면서 미생물을 살균하는 제품(음료)이 점차 많이 등장하고 있다.

단백질은 300MPa 이상의 고압에서 비가역적 형태 변화가 일어나며, 이런 고압에서 만들어진 겔은 열에 의해 만들어진 겔보다 투명도가 높고 광택과 윤이 나는 경향이 있다. 대신 부피는 다소 감소한다.

7. 효소작용(Enzyme action)

단백질은 효소의 작용으로 크게 달라진다. 단백질 분해 효소(proteases)에 의해 분해되고, 응유효소(rennet)에 의해서는 굳어지고, 트랜스글루타미네이스(Trans-glutaminase)에 의해서는 결착이 된다. 트랜스글루타미네이스를 고기 결착제로 쓸 수 있는 것은 단백질을 구성하는 아미노산 중에 가장 흔한 것이 글루탐산과 라이신인데, 트랜스글루타미네이스는 이들 사이에 강력한 결합을 형성한다. 그러면 단백질 사이를 잇는 결착제로 쓸 수 있다. 시중에서 살이 거의 없는 갈비뼈에 이런 효소를 이용해 목심이나 등심을 붙여 만든 갈빗살을 팔기도 하는데, 외견상으로는 일반 갈비와 거의 차이가 없다. 효소는 불법이 아니고 위험한 것도 아니다. 더구나 갈비에 살코기를 추가로 덧붙였어도 갈빗살이라고 할 수 있다는 대법원 판결이 있어서 단속할 근거도 없다. 신뢰와 투명성의 문제인 것이다.

　이 효소는 보통의 두부에는 쓰이지 않지만, 섬유소가 많은 제품에 이 효소를 사용하면 단백질의 양에 비해 훨씬 탱탱한 조직을 만들 수 있다.

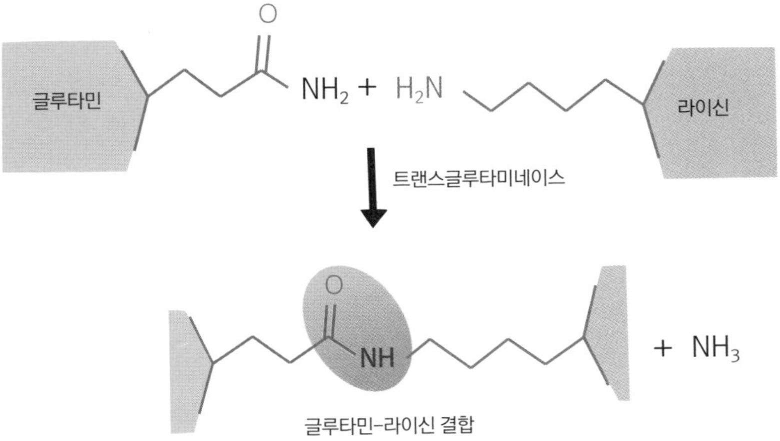

그림 4-12. 트랜스글루타미네이스의 작용기작

8. 환원제: S-S결합 파괴

　단백질 사슬 간에는 S-S결합이 형태를 견고하게 한다. 인슐린이라는 단백질이 반대로 신호물질로 쓰일 수 있는 것은 S-S결합에 의해 3차원 구조를 비교적 안정적으로 유지할 수 있기 때문이다. 이런 S-S결합은 단백질을 단단하게 하는 역할을 하고, 유기용매, 세제 등은 S-S결합을 풀어 단백질을 풀어지게 한다. 머리카락의 퍼머넌트가 대표적이다. 알칼리로 머리카락을 팽윤시켜 환원제가 침투하기 용이하게 해준 뒤 환원제로

S-S결합을 끊고, 모양을 잡은 후 산화제로 다시 S-S결합을 시킨다. 그래서 머릿결의 형태가 오래 유지된다.

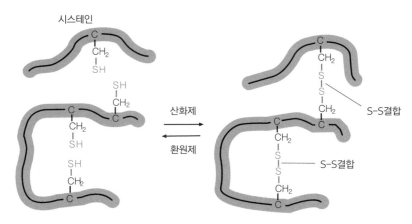

그림 4-13. 아미노산 사슬 간의 S-S결합

9. 기타

단백질을 동결시키거나 수분을 제거해도 단백질의 형태가 변하고, 유기 용매에 의해서도 단백질의 형태는 변한다.

가역적 변화 vs 비가역적 변화

단백질의 형태 변화에는 가역적인 변화가 있고, 한번 일어나면 다시 돌이킬 수 없는 비가역적인 변화가 있다. 가역적 변화는 친수성끼리 일어나는 수소결합, 소수성 또는 극성 분자끼리 정전기적으로 결합하거나 떨어지는 정도의 힘에 의한 변화이다. 조건에 따라 다시 결합하기도 하고 떨어지기도 하니 가역적이라고 한다.

환원제에 의해 S-S결합을 풀거나, 밀가루에 산화제 등을 처리하는 것과 같은 공정은 일단 일어나면 되돌릴 수 없어서 비가역적 반응이라고 한다. 열 응고나 응고제에 의한 응고도 쉽게 돌이킬 수 없는 비가역적인 변화이다.

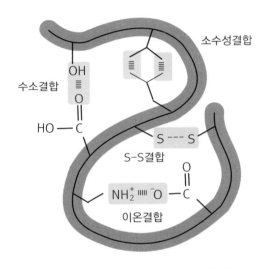

소수성결합
수소결합
S-S결합
이온결합

그림 4-14. 단백질의 구조를 만드는 상호작용

단백질 응고제: Ca, Mg

칼슘과 마그네슘 같은 2가 이온은 서로 다른 단백질 사이에 가교 결합을 형성하여 단단하게 만드는 대표적인 미네랄이고, 그런 반응을 이용하는 대표적인 예가 두부이다. 콩을 갈아서 단백질이 용해되게 하면 두유액이 된다. 가열하면 단백질이 풀어져 점도가 높아진다. 달걀 같은 경우 워낙 단백질량이 많아서 가열만으로 풀어진 단백질의 상호결합이 일어나지만 두유에서는 부족하다. 그래서 칼슘이나 마그네슘(간수)을 첨가한다. 이들은 결합 위치가 2개여서 양쪽에 단백질을 한 줄씩 붙잡아 단단한 두부 조직을 만든다. 물론 치즈처럼 산을 이용하여 응고를 시킬 수 있다. 시큼하면 기호도가 떨어지므로 덜 시면서 단백질결합에 적당한 산을 두부 응고제로 사용한다.

응고제에서 칼슘과 마그네슘의 선택 기준은 반응의 속도와 맛이다. 칼슘은 마그네슘보다 콩 단백질과의 반응 속도가 느리므로 세팅 준비가 되기 전에도 반응이 시작하기 쉬운 마그네슘보다 사용이 용이하다. 하지만 두부 맛은 떨어진다. 마그네슘은 정말 쓴맛이 강하다. 천일염 중에 숙성이 안 된 것은 마그네슘이 빠져나가지 않아 쓴맛이 매우 강하다. 그래서 소금 창고에 오래 보관하면서 마그네슘을 뺀 소금이 선호된다. 그런데 쓰기만 한 마그네슘도 단백질과 결합한 상태에서는 직접 미뢰를 자극하지 않으므로 쓴맛이 없고 오히려 묘한 감칠맛을 느끼게 한다. 그래서 대규모 두부 제조 공장에서는 적합한 공법을 개발하여 응고제로 마그네슘을 사용한다. 기술로 사용상의 어려움을 극복하는 것이다.

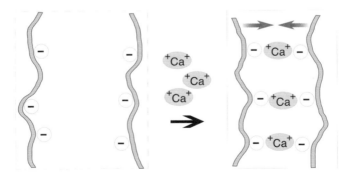

그림 4-15. 칼슘의 겔화 기작

두부만 응고 반응이 일어날까?

채소도 칼슘이나 마그네슘을 넣으면 더욱 단단해진다. 김치를 찌개로 끓이면 부드러워지는데, 미리 칼슘 용액에 침지하였다 끓이면 아삭거림이 유지된다. 찌개에서 김치의 아삭거림이 별로 중요하지는 않지만, 예전에 고국에서 멀리 떨어져 아삭거리는 김치를 한없이 먹고 싶어 하는 사람에게 아삭거림이 유지되는 김치통조림을 만들어 보낼 때 쓰던 방법이기도 하다. 반대로 이런 칼슘의 결합을 막아 조직을 부드럽게도 한다. 피자 치즈가 가열해도 녹지 않고 쭉쭉 늘어나는 것도 칼슘을 통제하여 단백질이 잘 늘어나도록 하는 현상 덕분이고, 고기에 인산염을 넣으면 탱탱해지는 것도 단백질끼리의 상호작용이 촉진된 덕분이지 결코 칼슘이나 인산염 자체에 무슨 특별한 기능이 있기 때문이 아니다.

칼슘이 뼈를 만들기 위해 필요하다고? 그것은 기능의 1/100도 아니다

칼슘이 주된 역할이 뼈를 만드는 것이라는 생각도 알고 보면 큰 착각이다. 체내 칼슘의 99%가 뼈에 가만히 보관되어 있고, 1%만 체액에 녹아 있지만, 실제로 우리 몸에 중요한 기능은 이 1%가 한다. 우선 여러 신호를 완결하는 물질이며, 골격근, 심근, 평활근 등의 수축, 신경세포 축색의 물질 수송, 원형질 유동, 외포작용, 내포 작용, 세포의 변형 운동, 미세섬유의 운동, 세포분열 등에 관여한다. 칼슘이 없으면 생명 현상 자체가 일어나지 않는 것이나 마찬가지다.

중요하기 때문에 뼈의 형태로 비축해 둔 것이지 칼슘이 단단해서 뼈를 만드는 것이 아니다. 칼슘보다 훨씬 단단한 물질은 탄소다. 탄소로만 된 다이아몬드, 강철보다 20배 강력한 탄소나노튜브를 보면 이해할 수 있을 것이다. 킹크랩 같은 갑각류의 단단한 껍질은 칼슘은 전혀 없이 포도당과 유사한 당류로 만들어진 것이고, 나무의 단단함을 유지하는 셀룰로스도 포도당으로 만들어진 것이다.

인산: 칼슘은 수축, 인산은 이완

몇 년 전, 인산염을 이용하여 탱탱하게 만든 단무지가 논란이 되고, 인산염을 희석시킨 물에 오징어를 담가 중량을 부풀린 오징어가 큰 소동을 일으킨 적이 있다. 인산염을 희석시킨 물에 수산물을 담글 경우 육질이 스펀지처럼 변해 수분을 많이 흡수하여 무게가 15~20% 늘어나는 현상을 이용해서 오징어 1kg당 1.4mg(0.0014g)의 인을 투여해 판매한 것이었다. 하지만 이 양은 인의 하루 권장량인 700mg(0.7g)에 비하면 정말 적은 양이다.

진짜 중요한 것은 그 사소한 양의 인산염이 어떻게 오징어를 10% 이상 불어나게 하는지에 대한 과학적인 이해이다. 사실 인 자체가 오징어의 중량을 늘어나게 하는 것은 아니다. 칼슘은 주로 단백질의 수축을 일으키지만, 인은 주로 단백질이 풀리게 한다. 단백질이 풀리면 더 넓은 공간을 차지해 수분을 흡수하는 힘이 늘어나고, 수분이 늘면 탱탱해진다. 고기의 사후강직 및 ATP나 인산염에 의한 보수력 향상, 피자 치즈의 쭉쭉 늘어나는 원리 등을 알아보면 이 현상을 좀 더 명확히 이해할 수 있다.

인(인산, 인산염)은 첨가물로도 정말 다양한 기능을 한다. 여러 가지 형태의 인산염이 존재하고 종류마다 기능이 약간씩 다르다. 그래서 식품을 전공하는 사람도 인산염의 기능을 잘 모르는 경우가 많다. 흔히 알려진

인산염의 용도는 콜라의 산미료(인산), pH 조정제(인산염), 케이킹 억제제, 팽창제, 안정제, 유화제, 산화억제제제 등이다. 단독으로 작용하기도 하고, 다른 원료의 기능을 보조하는 역할도 잘 한다. 가장 흔한 기능이 pH를 조정(높임)하거나, pH를 안정화(버퍼)하는 역할이고, 금속이온을 봉쇄하는 역할, 수분결합력을 높이는 역할, 분말의 케이킹을 억제하는 역할, 이온 가교를 형성하고 단백질이나 극성을 띤 다당류와 작용을 하는 역할 등을 한다. 육가공에서 인산염의 활용을 예로 들면 아래와 같다.

• 근육 단백질 특성의 개선효과: pH 조정효과를 통해 물의 보수력을 개선하고, 사후강직의 조절을 통해 단백질 용해성을 향상시켜 고기의 품질을 높인다.
• pH의 완충효과를 줘서 품질을 안정화시키고 다른 염의 효과를 더 높인다.
• 철이나 구리 이온은 산화반응을 촉매하므로 이를 킬레이트하여 항산화 효과를 부여한다.

우리 몸의 배터리인 ATP 또한 일종의 인산염으로 농도에 따라 단백질의 특성이 많이 달라진다. ATP(아데노신삼인산)의 삼인산 부분은 친수성(hydrophilic)이고, 나머지 부분인 아데노신은 소수성(hydrophobic)의 특징을 가지고 있다. 이중 인산 부분은 단백질들의 용해도를 높이는 데 많은 역할을 한다. ATP는 세포 내의 농도가 세포 밖보다 10만 배 이상 높다. 그리고 세포손상에 의해 세포 밖으로 ATP가 나오는 순간, 면역체계는 이것을 위험신호(외부침입자에 의한 세포 손상)로 받아들여 면역세포들이 출동하게 된다. 세포 안에서 고농도로 유지되는 ATP는 수많은 수용성 단백질들이 응집되는 것을 억제하고 이미 응집된 단백질들은 용해하는 역할을 한다. ATP가 고기의 강직 현상에서 주요 변수로 작용하는 것이다.

단백질을 더 단단하게 하는 기술

단백질 중 가장 강한 것은 거미줄이다. 보통 거미줄의 두께가 너무 얇아서 그 강도를 실감하기 힘든데, 같은 무게의 강철과 비교하면 20배나 질기고, 듀폰사가 만든 방탄복 소재인 케블라 섬유보다 4배나 강하다고 한다. 아직 인간의 기술은 거미줄 같은 탄력 있고 강한 섬유는 만들지 못한다.

우유 단백질인 카제인은 예전에는 공업용으로도 상당히 사용되었다. 고대 이집트에서 카제인은 벽화를 그리는 물감의 정착액(fixative)으로 사용되었고, 접착제에도 첨가되었다. 그러다 19세기 말 플라스틱으로 만드는 기술까지 등장하였다. 바이에른 출신의 화학자 아돌프 슈피텔러는 포름알데히드(formaldehyde)를 이용하여 단백질을 딱딱한 고체로 만드는 방법을 개발했다. 포름알데히드가 우유 단백질인 카제인 사슬을 플라스틱처럼 단단하게 결합시킨 것이다. 이렇게 만들어진 카제인은 때로 '가장 아름다운 플라스틱'으로 묘사되며, 단추, 버클, 뜨개질바늘, 장신구, 펜, 단지 등 온갖 제품들을 만드는 데 활용되었다.

우유에서 카제인을 분리하여 포름알데히드 용액 속에서 최대 1년까지 담가두어 만드는 이 기술은 1920년대와 1930년대에 전성기를 누렸다고 한다. 특히 단추를 만드는 데 널리 사용되었는데, 당시 다리미의 고

열을 견뎌내는데 그보다 더 좋은 재료는 없었기 때문이다. 그렇지만 이후 저렴한 폴리에스터 수지 등이 등장하면서 카제인으로 만든 단추는 시장에서 사라졌다.

이처럼 아주 부드러운 단백질도 조건에 따라 단단한 물질로 변하는 사례가 많다. 그리고 포름알데히드나 아세트알데히드가 유기물을 단단하게 하는 것 또한 특별한 현상이 아니다. 모든 유기물은 알데히드, 특히 저분자의 알데히드와 반응성이 있어 단단해진다. 표본실의 청개구리를 포름알데히드 수용액에 보관하는 이유가 그런 이유 때문이다. 이처럼 원리로 이해하면 연결되는 지식이 많아진다.

단백질의 소재별 특성

모든 생명체에는 단백질이 있고, 모든 단백질은 식품소재가 될 수 있지만 경제적인 이유로 우리가 흔히 이용하는 것은 달걀, 우유, 콩, 생선 정도로 제한적이다. 아래 표는 우리가 흔히 사용할 수 있는 단백질 소재의 개략적인 특성이다. 겔화력과 휘핑력은 공정조건에 따라 달라진다.

표 4-2. 식품에 사용되는 대표적인 단백질과 그 특성

단백질	유화력	휘핑력	겔화력	필름 형성	안정성
난백	+	+++++	+++++	+++	열에 불안정
난황	+++++	+	+++	+	열에 불안정
우유 단백질	+++++	+++	+	+++	열에 안정, 산에 불안정
유청단백	+++	++	++	+++	열에 불안정, 산에 안정
대두단백	++++	++	+++	++++	열과 산에 불안정
어육단백	+++	+	++++	++	열에 불안정

단백질의 유화력

단백질의 첫 번째 특성으로 유화력을 말하는 것이 다소 의아하겠지만, 식품에서 단백질보다 강력한 유화제는 없다. 단백질은 여러 아미노산으로 되어 있고, 아미노산은 어느 쪽은 친수성이 많고 어느 쪽은 소수성이 많은 식으로 편중되게 분포가 균일하면 재미가 없겠지만, 분포되어 소수성끼리는 결합하여 안으로 뭉치기도 하고 친수성은 밖으로 노출되어 단백질의 고유 형태를 만들기도 한다. 이런 단백질이 기름과 만나면 소수성 부위는 기름에 파묻히고 친수성은 물에 노출되어 유화력을 발휘한다. 더구나 단백질은 거대 분자라서 그 힘이 단분자인 유화제 비해 훨씬 크다. 그래서 식품에서 유화는 단백질이 책임지는 경우가 많다.

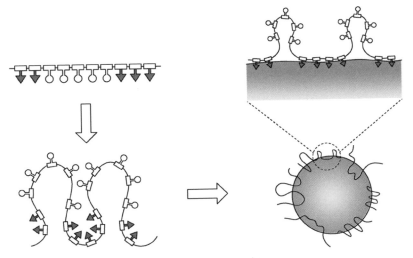

그림 4-16. 단백질의 유화력이 우수한 이유

단백질의 휘핑력

단백질의 유화력과 휘핑력은 거의 같은 말이다. 단백질에 기름이 없으면 소수성인 공기를 감싼다. 공기가 거대 분자인 단백질에 싸이게 되므로 매우 안정적으로 포집된다. 자세한 내용은 달걀의 단백질을 말할 때 알아보고자 한다.

단백질의 겔화력

달걀을 익히면 겔이 되는 것처럼 충분한 양의 단백질이 제대로 풀려서 네트워크를 구성하면 겔이 된다. 두부, 어묵, 소시지, 패티 등의 탱탱한 조직은 단백질의 겔화에 의한 것이다.

단백질의 필름 형성력

콩 제품 중에는 '유바'라는 것이 있다. 이것은 콩 단백질이 형성한 필름이다. 농도가 짙은 두유액을 끓지 않을 정도의 온도인 80℃로 유지하고 5~7분이 지나면 표면에 자연스럽게 막이 형성되는데, 이것을 젓가락이나 대꼬챙이 등을 이용해 건져 올린 것이다. 콩 단백질뿐 아니라 대부분의 단백질은 정도의 차이는 있으나 필름 형성 능력을 가지고 있다.

1. 우유 단백질

단백질 중에 식품소재로 가장 활발히 사용되는 것 중 하나가 우유 단백질이다. 우유는 고형분의 1/3 정도가 단백질이고, 우유 단백질은 크게 산에 응고되는 카제인과 열에 응고되는 유청 단백으로 나눌 수 있다. 포유류는 간난이 때 엄마 젖으로만 사는 동물이다. 그런데 당나귀 젖의 지방 함량은 0.6%인데, 고래나 바다표범의 젖은 40% 이상으로 70배나 많다. 모유의 유당은 7%인데 비해 바다 표범은 0.1%로 70배나 적다. 이처럼 엄마 젖의 조성이 차이가 심하다는 것은 어떤 의미일까?

표 4-3. 포유류 젖의 성분 비교

종류	지방%	단백질%	유당%
당나귀	0.6	1.9	6.1
소	3.5	3.5	4.9
염소	3.8	2.9	4.7
원숭이	4.0	1.6	7.0
사람	4.2	1.1	7.0
코끼리	5.0	4.0	5.3
양	6.0	5.4	5.1
물소	9.0	4.1	4.8
쥐	13.1	9.0	3.0
토끼	15.3	14.0	2.1
고래	42.3	10.9	1.3
바다표범	49.4	10.2	0.1

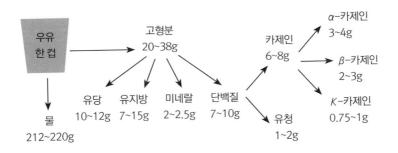

카제인(casein): 열에는 강하고, 산에는 약하다.

- 유화력이 좋고, 단백질 중에 열에 가장 안정한 편.
- 등전점에서 침전(~pH 4.6).
- 칼슘에 민감한데, k-카라기난으로 산에 안정성 향상 가능.

유청 단백질(whey protein): 열에는 약하고, 산에는 강하다.

- 열에 불안정한데, 등전점(pH 4.6)에서도 안정.
- 카제인에 비해 크기가 작아 치즈 제조 시 응고되지 않은 단백질이라 산에 의한 변성이 적음.

치즈 응고: gelled emulsion

흔히 유화제는 '기름과 물처럼 식품에서 혼합될 수 없는 두 종류의 액체가 분리되지 않고 잘 섞이도록 해주는 식품첨가물'이라고 한다. 그런데 실제로 그런 역할을 하는 것은 대부분 단백질이다. 유화의 의미도 기름과 친해지게 한다는 유화(油和)가 아니라 우유처럼 만든다는 유화(乳化)이다. 영문인 에멀젼(emulsion)의 어원도 라틴어 'to milk'이다.

우유의 유화 상태는 놀랍도록 안정적이다. 어떠한 유화제도 첨가하지 않은 채 단지 우유의 지방구를 미세하게만 해주면 1년이 넘어도 유화 상태가 그대로 유지된다. 음료에 사용하기 위해 온갖 첨단의 소재와 장비를 이용해서 정성껏 만든 유화액도 몇 달 이내에 유화가 깨지는 것에 비하면 정말 이례적이다. 우유의 유화가 왜 그렇게 안정적인지를 이해하는 것이 유화에 대한 이해의 시작인 셈이다.

우유를 강한 원심력으로 탈지유와 분리한 유지방을 유크림 또는 생크림이라고 하는데, 이것은 아직 유화가 깨진 상태가 아니다. 생크림을 휘핑하여 유화를 적당히 깨면 생크림 케이크 등에서 사용하는 휘핑크림이 되고, 냉동기(freezer)를 이용하여 부분적으로 유화를 깨면 아이스크림이 된다.

휘핑이 지나치면 유지방이 따로 분리되고 뭉치게 되는데, 그렇게 만들어진 것이 버터이다. 하지만 버터도 유화가 완전히 깨지지는 않고 수분이 20% 정도 남아 있다. 여기에 한 단계를 더 거쳐 유화를 완벽히 깨면 순수한 지방인 버터오일이 된다. 이런 기계적인 힘(교반)으로 유화를 깨면 비교적 단조로운 제품이 되는데, 단백질과 지방이 같이 엉키게 유화를 깬 치즈는 매우 복잡하고 재미있는 물성을 가진 제품이 된다.

우유의 유화를 불안정하게 하는 가장 간단한 방법은 단백질의 전기적 중화다. 우유의 지방은 단백질에 의해 감싸져 있고, 커다란 단백질의 입체적 보호 효과와 단백질의 극성에 의한 전기적 반발력으로 지방구끼리 서로 엉키지 않고 안정된 상태를 유지한다. 여기에 적당량의 산을 첨가

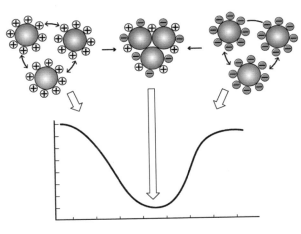

그림 4-17. 등전점에서 단백질 응고 현상

하여 pH가 우유 단백질의 등전점인 4.6에 도달하게 되면 전기적 반발력이 사라져 단백질끼리 서로 응집하게 된다.

식품에서 유화를 안정시키는 가장 강력한 힘은 유화제가 가진 친수성 효과가 아니라 전기적 반발력이다. 지방구끼리 서로 닿지 않게 하는 입체적 방해력(steric hinderance)도 결코 전기적 반발력보다 효과가 크지 않고, 친수성과 소수성에 의한 표면장력의 감소 효과도 전기적 반발력에는 미치지 못한다. 단백질이 등전점에서는 반발력이 없어져 지방구가 서로 뭉치는 것은 산응고 치즈를 만들 때는 유용한 조건이지만, 그런 뭉침이 없어야 하는 산성 유음료를 만들려고 할 때는 반드시 극복하는 조건이다.

치즈는 산응고보다 효소에 의한 응고제품이 많은데 그 원리는 상당히 독특하다. 보통 렌넷(rennet)을 치즈를 만들 때 쓰는 우유 응고효소라고 배우니 그런 효소가 있으면 당연히 응고가 일어날 것이라고 생각하지만, 렌넷은 특별히 뭔가를 결합시키는 능력이 있는 효소가 아니다. 렌넷은 키모신(chymosin)같은 몇 개의 단백질 분해 효소를 모아둔 것에 불과하다. 우유의 88%는 물이고, 카파-카제인은 고작 0.4%(전체 우유 단백질의 8~15%) 정도이다. 여기에 아주 작은 양의 렌넷을 첨가하면 카파-카제인 전체 길이의 2/3 지점인 105번 아미노산과 106번 아미노산 사이의 결합이 분해되고, 원래대로 엉키게 된다. 모든 것은 그대로 있고 단지 단백질의 일부가 잘렸을 뿐인데 대체 왜 응집이 일어날까?

키모신 등 렌넷은 원래 송아지의 소화를 돕는 효소이다. 예전에는 송아지에서 채취했지만, 지금은 대부분 GM 미생물로 만든다. 그것이 송아지에서 생산한 렌넷과 유사한 응유 능력을 가지면서도 가격이 저렴하고

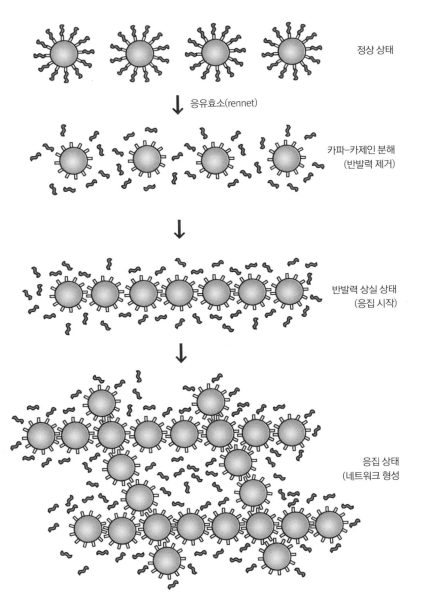

정상 상태

응유효소(rennet)

카파-카제인 분해
(반발력 제거)

반발력 상실 상태
(응집 시작)

응집 상태
(네트워크 형성

그림 4-18. 치즈의 응고과정 모식도

가공조건에 더 우수한 특성을 가졌기 때문이다. 이 효소를 우유에 첨가하면 유지방구(micelle) 밖으로 돌출된 카제인 사슬의 중간을 절단한다.

카파-카제인의 친유성 부분은 지방구를 감싸고 (-)극성과 친수성을 가진 부분이 밖으로 돌출되어 다른 지방구와 서로 얽히지 않게 하는 역할을 하는데, 이 부분이 제거됨에 따라 지방구는 급격하게 안정성을 잃고 주변의 다른 지방구와 마구 엉키게 된다. 많은 지방구들이 서로 엉켜 커드가 형성되면 물과 분리되어 물을 쉽게 제거할 수 있다.

산성 유음료 제조법

산에 의한 지방구의 불안정화가 제품에 결정적인 약점이 되기도 한다. 음료 중에는 탈지분유가 소량 들어간 우유탄산음료가 있다. 비록 소량의 단백질이지만 탈지분유를 녹인 배합물에 산을 첨가하면, pH가 낮아지면서 등전점을 통과하는 시간이 있다. 그리고 이 순간에 소량의 응집물이 생기기도 한다. 그 양이 비록 적다 해도 하루에도 수십만 개를 생산하는 음료 공장에서 몇 개라도 응집된 단백질이 뭉쳐서 발견된다면 치명적인 클레임이 될 수 있다. 이런 경우가 전혀 발생하지 않게 하는 아주 간단하고 절묘한 원리가 있다. 통상의 제품과 달리 미리 산을 넣어 pH를 등전점보다 훨씬 낮추는 것이다. 탈지분유가 산보다 나중에 첨가되므로 등전점을 통과하는 우유 단백질이 없어 응집물이 생길 가능성이 없어지는 것이다. 산성 유음료와 발효음료에서 응집을 억제하는 원리는 『물성의 기술』에서 좀 더 자세히 설명하였다.

2. 달걀 단백질

달걀만큼 완벽하고 완전하며, 단순하면서도 복잡한 그런 식품이 또 있을까? 달걀은 여러 식재료 중에서도 가장 용도가 다양하며 유용한 식재료일 것이다. 달걀 특유의 색과 향이 있고, 여러 가지 물성을 부여하는 능력이 있어서 맛의 즐거움을 배가시킨다. 달걀의 응고성은 달걀찜, 푸딩 등에서 탱탱한 물성을 주고, 다른 물질과 결합하는 특성은 부침개나 튀김을 만들 때 결합제로 쓰이기도 하고, 그 능력을 이용하여 콘소메나 맑은 장국에서 청정제로도 사용된다. 더구나 난백은 기포성이 좋아서 거품을 이용한 쉬폰 케이크, 머랭의 기본원료가 된다. 마요네즈는 달걀의 유화력을 잘 이용한 대표적 경우이다. 마요네즈는 달걀과 식용유, 식초, 소금이 조화되어 많은 사람이 좋아한다. 달걀의 유화력을 이용하면 마요네즈 말고도 다양한 소스를 만들 수 있다. 달걀만큼 저렴한 가격에 훌륭한 풍미를 부여하고 유화력과 물성을 부여하는 원료는 없다.

- 달걀은 여러 영양이 고르게 들어 있다. 우유와 더불어 완전식품이라 불리기도 한다.
- 다른 단백질보다 저온(65℃)에서 겔화되어 모양을 세팅하는데 탁월하다.
- 단백질이 많아 점도를 높이는 소재로도 유용하다.
- 난백은 거품을 안정화시켜 휘핑능력이 탁월하다.
- 난황은 단백질과 레시틴이 풍부하여 유화제로 잘 작용한다.

달걀 단백질의 유화력과 휘핑력

단백질의 유화력은 친수성과 소수성 아미노산의 불균일한 배치로 친수성이 많은 쪽은 물 쪽으로, 소수성이 많은 쪽은 기름 쪽으로 배치되어 생긴다. 그러니 단백질만 있으면 유화력과 휘핑력이 아주 좋다. 기름이 있으면 단백질이 기름을 감싸지만, 기름이 없으면 물보다 훨씬 소수성에 가까운 공기를 코팅하여 안정적인 거품을 만든다. 액체에 기포들을 발생시키는 방법은 여러 가지가 있다. 소형 블렌더나 거품기로 액체 표면을 휘저어서 공기를 주입하는 방법, 에스프레소 머신에 달린 전동 우유 거품기로 수증기와 공기의 혼합물인 증기를 쏘는 방법, 탄산수 제조에 쓰이는 압축된 이산화탄소 또는 이산화질소를 액체에 섞는 방법 등이다. 이런 거품이 액체 속에 용해되거나 부유하는 분자들과 결합력이 좋으면 거품은 안정화된다.

보통 액체에는 안정적인 층을 형성할 성분이 없어서 거품이 금세 사라진다. 하지만 레시틴이나 단백질 같은 유화제가 있으면 그것들이 유화액에서 기름방울들을 안정시키듯이 공기 또한 안정화시킨다. 친수성인 부분은 물에 있지만 소수성인 부분이 기름 대신 공기를 붙잡아 안정적인 구조를 형성한다. 차이가 있다면 기름은 마이크로 크기로 작지만 거품은 이보다 100배 이상 큰 0.1~1mm 정도라는 것이다. 크기가 커지면서 표면적의 비율이 1만 배 이상 작아지니 아주 적은 양의 단백질로도 쉽게 감쌀 수 있다. 맥주에 녹아 있는 단백질의 양은 아주 적지만, 그 양으로도 맥주의 많은 거품을 안정화시키는 것과 같은 원리이다.

달걀흰자를 거품기로 저으면 몇 분 안에 한 컵 분량의 눈처럼 새하얀 거품을 얻게 되는데, 이 거품은 볼을 뒤집어도 떨어지지 않고 꼭 달라붙어 있을 만큼 응집력이 뛰어난 구조를 가지고 있다. 이런 능력 덕분에 달걀은 여러 요리, 빵 등에서 없어서는 안 될 구성 요소가 되었다.

그런데 왜 거품을 내려면 일정 시간 동안 강력히 교반을 해야 할까? 달걀의 단백질은 원래 개별로 둘둘 말린 상태이다. 그래서 서로 얽히지 않고 따로따로 자유롭게 움직인다. 가열을 하면 운동에너지가 증가하여 말린 상태에서 직선으로 풀리면서 마구 요동한다. 가열뿐 아니라 교반을 해줘도 풀린다. 풀려서 수분을 흡수할 공간이 생겼으니 점도가 증가하고 서로 엉키어 굳을 수 있지만, 기름이 있으면 기름을 감싸거나, 공기가 있으면 공기를 감쌀 수 있다. 공기를 감싸면 액체 내에 표면적들이 더 증가하고, 표면들의 마찰력 증가에 의한 점도의 증가는 더욱 빨라진다. 점도가 증가할수록 단백질에 제대로 힘이 가해지고, 점점 빠른 속도로 단백질이 풀어진다. 휘핑 현상이 시작되는 데는 시간이 걸리지만, 일단 휘핑이 되면 순식간에 완성되는 이유이다. 강력한 교반은 거품을 만드는 역할을 하지만 거품이 완성된 후에는 거품을 깨는 역할도 한다. 그래서 최적점을 알고 그 순간에 교반을 멈추는 것도 경험과 기술을 필요로 한다.

거품은 여러 가지 요인에 의해 불안정해진다. 단백질 간에 너무 세게 뭉쳐도 단백질 그물조직이 붕괴하기 쉽다. 대표적인 것이 황(S)을 함유한 아미노산 간에 '황-황(S-S)결합'이 과도할 때이다. 단단해서 부러지기 쉽기 때문이다. 너무 단단하게 S-S결합이 많아지는 것을 막기 위해 산을 첨가하는 것도 전략이다. 수소이온이 증가하여 S-H기에서 수소이온이 이탈하는 것을 막아 S-S결합이 증가하는 속도를 늦춘다.

멋진 거품이 형성되는 것을 훼방하는 가장 큰 적은 지방이다. 단백질의 소수성 아미노산은 공기보다 기름을 좋아한다. 기름이 없어서 소수성인 공기를 감싸고 있는 것인데, 만약에 지방이 등장하면 당연히 공기 대신 지방을 감싸게 된다. 그러면 거품이 일지 않는다. 지방이 가장 효과적인 소포제 역할을 하는 것이다. 그런 의미에서 달걀노른자도 피해야 한다. 흰자에는 지방이 없지만 노른자에는 지방이 많다. 그리고 다른 종류의 유화제도 피하는 것이 좋다. 동일한 표면적을 두고 유화제와 단백질이 경쟁한다. 거품의 안정성은 유화제보다 단백질이 좋은데, 유화제가 차지하는 표면적이 넓을수록 단백질은 제 역할을 못하게 되어 거품의 안정성이 떨어진다. 물론 거품이 완성된 후에는 달걀노른자와 지방을 섞어주어도 문제가 없다.

3. 콩 단백질

콩은 아주 특별한 식물이다. 식물은 대부분 탄수화물 위주인데 콩은 단백질이 정말 많다(50~55%). 그래서 콩 단백질인 탈지 대두가 단백질 치고 매우 싸다. 하지만 콩을 구성하는 성분 중에는 비싸다. 2013년 기준 대두는 600$/톤, 콩기름 230~250$/톤, 탈지 대두 720~750$/톤 수준이다. 이런 콩 단백질은 다음과 같은 특성이 있다.

• 등전점(~pH 4.6)에서 용해도가 떨어진다.
• 칼슘에 민감하다. k-카라기난을 처리하면 칼슘에 안정해진다.
• 열에 의해 쉽게 변성된다.
• 제조 공정에 따라 특성이 달라진다.

콩 단백질은 여러 형태의 제품이 있고 여러 용도로 쓰이는 압출(extrusion) 공정을 통해 고기 대체물로 만들어지기도 한다.

- 농축대두단백: 단백질 60~70%.
- 분리대두단백: 단백질 90~95%, 육가공 제품에서 많이 쓰인다.

Textured soy protein(TSP)

TSP는 탈지대두 단백 반죽을 스크류 타입 압출성형기(extruder)를 통

표 4-4. 콩 단백의 다양한 기능과 활용

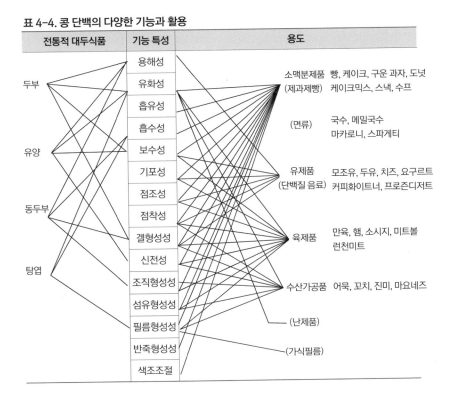

과시키면서 만들어진다. 압력과 열에 의해 물성이 만들어지는 것이다. 그 형태가 다양하며 건조된 상태라 식품에 사용할 때는 다시 2배 정도의 물을 첨가하여 불려서 사용한다. 단백질의 비율이 70% 정도로 높을 때는 이보다 물의 비율을 높여서 1:3 정도로 수화시킨다. TSP가 고기 대체용으로 쓰일 수 있는 것은 압출(extrusion) 과정에서 콩 단백질이 섬유상으로 뽑히고 이것이 얽혀서 스폰지 매트릭스처럼 성형되어 고기의 식감을 가지기 때문이다.

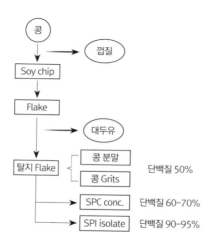

그림 4-19. 콩단백질의 분리 과정

효모 분해물(HAP), 콩 분해물(HVP)

콩은 가장 경제적인 단백질 재료라 풍미원료의 기초 소재로도 많이 쓰인다. 산이나 효소를 사용하여 단백질을 분해하여 아미노산으로 만든 것을 '식물성 가수분해단백(Hydrolyzed Vegetable Protein: HVP)'이라고 한다. HVP가 주로 많이 이용되고 있는 식품 가공용으로는 반응향료, 수프, 소스, 그래이비, 시즈닝, 간장, 스낵류 등으로 이용된다. 단백질원으로 음식료용, 유아식, 병원식, 스포츠 음료 등 식품에도 다양하게 이용되고 있다.

4. 밀 단백질

밀가루는 참으로 신기하고 놀라운 물질이다. 다른 가루들은 아무리 물과 섞어도 단순한 반죽밖에 되지 않는데, 밀가루는 무게의 절반 분량 물과 섞으면 흥미로운 현상이 생긴다. 처음에는 일반 반죽과 같지만 시간과 정성을 들여서 반죽을 치대다 보면 점점 매력적인 물성으로 변한다. 응집성과 탄성이 있는 반죽이 되는 것이다. 이런 특성을 바탕으로 가볍고 섬세한 질감의 빵, 얇게 벗겨지는 페이스트리, 탱탱하고 매끈한 파스타 등 수많은 물성을 만들 수 있다.

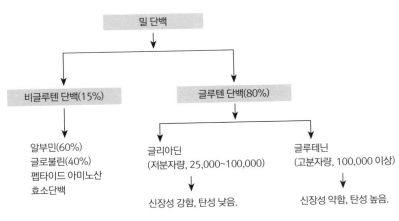

그림 4-20. 밀 단백의 특성 분류

글루텐의 활용

밀가루의 매력은 글루텐이라는 단백질에서 나온다. 글루텐(gluten)은 7세기 중국의 승려들이 처음 발견했다고 전해진다. 승려들이 우연히 밀가루 반죽을 찬물 속에서 주무르자 녹말이 풀어지고 고무 같은 덩어리만 남게 된 것이다. 글루텐의 가장 큰 특징은 이처럼 물에 쉽게 풀리지 않은 소수성 단백질이라는 것이다. 글루텐은 글리아딘(gliadin)과 글루테닌(glutenin)이라는 단백질로 이루어져 있다. 다른 곡식에도 글루텐은 있지만, 밀의 글루텐만 한 것은 없다.

밀가루의 힘을 결정하는 요소가 바로 글루텐의 함량이다. 강력분은 13%, 중력분은 10%, 박력분은 8% 정도다. 그리고 글루텐 함량에 따라 밀가루의 용도가 달라진다. 강력분은 주로 빵을 만들 때 쓰는데, 발효과정에서 생긴 이산화탄소나 수증기가 촘촘한 글루텐 그물망에 갇혀 빠져나가지 못해 빵이 잘 부풀기 때문이다. 박력분은 과자를 만들 때 쓴다. 상대적으로 전분이 많아 바삭바삭하면서도 부드러운 식감이 난다. 단백질이 많으면 뻑뻑하고 질긴 느낌이 난다.

밀가루의 글루텐이 탄력을 부여하는 기본 원리는 지금까지 설명한 단백질 풀림 현상과 동일하다. 원래는 아미노산이 염주알처럼 일렬로 연결된 뒤 입체적으로 접어진 구조다. 글루텐 중 글루테닌 단백질은 용수철처럼 길게 늘어난 형태로 양쪽 끝 부분에 황화수소(-SH)가 있는 아미노산인 시스테인이 있어 다른 글루테닌의 시스테인과 이황화결합(-S-S-)을 이뤄 서로 연결된다. 글루테닌 단백질 사이의 이황화결합이 계속 이어지면서 거대한 단백질 그물망이 형성된다.

한편 글리아딘 단백질은 공처럼 생겼는데, 분자 사이에 이황화결합을

　　　　　　　　　　　　　　　　　　　　　　　　물성의 원리

만들지는 않는다. 대신 글리아딘 단백질끼리 수소결합이나 이온결합으로 서로 상호작용하고 있다. 글루테닌 그물망 사이사이에 글리아딘 단백질이 들어가 엉겨 있는 상태가 바로 글루텐이다.

5. 고기 단백질의 특성

고기의 육질은 가축의 품종, 성, 연령, 운동량, 영양상태, 식육의 처리 조건, 보관 및 숙성 조건 등에 따라 다르다. 운동을 많이 하는 사태나 다리는 단단하고, 등심, 안심, 갈비처럼 운동이 적은 조직은 결합조직이 적고, 지방이 잘 발달되어 부드럽고 풍미가 좋은 고기가 된다. 요리나 가공을 잘하기 위해서는 고기의 특성을 잘 알고 가공 중 변화도 잘 알아야 한다. 고기를 구울 때도 얼마나 많은 육즙을 남게 할 것인지가 중요한 포인트이고, 육가공을 할 때도 고기 자체가 가지고 있는 물과 첨가된 물을 육단백질에 의하여 얼마나 잘 유지하느냐가 관건이다.

눈에 확연히 보이는 지방을 제거한 살코기는 75% 정도의 수분과 20%의 단백질, 3%의 지방 그리고 소량의 탄수화물과 무기질로 구성되어 있다. 이때 고기 속의 물은 육단백질과 결합한 상태에 따라 결합수, 고정수 및 유리수 3가지로 구분된다. 물 분자는 극성을 가지고 있어서 육단백질의 아미노산에서 전하를 띠고 있는 부분과 수소결합을 할 수 있다. 수분함량 4~5% 정도는 결합수라 하는데 -50℃로 동결하여도 빙결정을 형성하지 않을 정도로 단백질과 잘 결합되어 있다. 이 결합수에 붙잡힌 물이 고정수인데 결합수 층과 정전기적 인력으로 붙잡혀 그 결합력이 약하여 물리적 힘에 의해 분리된다. 고정수들은 미오신필라멘트 사이에 많이 존재하고, pH에 따라 결합력이 좌우된다. 유리수는 이런 결합으로부터 자유로워 조건에 따라 고기의 표면으로 쉽게 스며 나올 수 있다. 고기의 보수력이란 고기를 세절, 압착, 열처리 등의 물리적 처리를 할 때 고기가 함유하고 있는 수분을 그대로 계속 보유할 수 있는 능력을 말하는데, 사후강직이나 처리 조건에 따라 완전히 달라진다.

사후강직

도살 직후는 근육이 이완된 상태이다. 칼슘은 근소포체 내에 저장되어 있고, 근형질에는 비교적 높은 농도의 ATP가 마그네슘(Mg^{2+})이온과 복합체를 형성하고 있다. 이때는 액틴과 미오신이 쉽게 결합하지 않는다. 결합하려면 이보다 칼슘이온 농도가 최소한 10~100배 정도 증가해야 한다.

동물이 죽으면 호기적 호흡이 멈추고, 글리코겐이 혐기적으로 분해가 시작된다. 혐기적 분해는 젖산이 생산되면서 호흡에 비해 훨씬 적은 ATP가 생성되는 반응이다. 젖산에 의해 고기의 pH는 낮아지고, pH가 6.5 이하가 되면 산성포스타파아제가 활성화되면서 ATP가 분해된다. 이로 인해 미오신과 액틴이 결합하여 액토미오신이 되어 고기의 경직이 일어난다. 도살 후 1~3시간 동안 수축과 이완이 자유로워 유연하고 부드러운 상태를 유지했던 근육이 수축이 일어나고 이완은 되지 않아 단단하고 질기게 된다. 젖산이 계속 생성되어 최종 pH(5.4 정도)에 도달하게 되면 완전히 수축하여 근원섬유 사이의 공간이 좁아져서 수분을 저장하는 능력도 낮아지게 된다. 이런 이유로 강직된 고기를 요리할 경우 상당히 질겨질 뿐만 아니라 풍미도 떨어져 맛이 없게 된다.

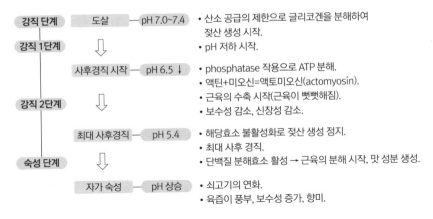

그림 4-21. 육류의 사후강직과 숙성변화
(출처: 『새로운 감각으로 새로 쓴 조리 원리』 안전정 외)

숙성 중 고기 단백질의 변화

사후강직이 진행 중인 고기는 딱딱하고 질기며, 보수성이 낮기 때문에 식용이나 가공용으로 적당하지 못한 고기가 된다. 질겨진 고기를 도체상태나 부분육으로 분할하여 얼지 않는 범위의 낮은 온도에서 저장(보관)해두면 사후강직이 차츰 풀려서 고기는 다시 부드러워지며, 보수력도 향상됨은 물론 풍미(맛)도 좋아진다. 이렇게 냉장저장 중 일어나는 고기의 변화를 고기의 숙성이라 한다.

사후강직 후 고기를 얼지 않은 낮은 온도에 저장하여 숙성시키는 저온숙성에 관해서는 이미 1950년대부터 연구가 진행되었고, 숙성기간의 단축을 위한 고온숙성기술이 1970년대 후반이 되면서 시도되었는데 사후 16℃ 이상의 높은 온도에 고기를 저장하면 근육의 자체 효소들에 의한 자가소화를 증진시켜 저온숙성에 비하여 신속한 숙성이 가능했다.

고기의 숙성 중 변화는 첫째로 근육 내 단백분해 효소들에 의한 자가소화 현상으로 사후강직의 해체 현상이라 할 수 있다. 숙성 중 근육 내 단백질을 분해하는 효소는 크게 두 가지로서 '카뎁신(Cathepsin)'과 '칼슘 활성효소(CAF)'가 있다.

고기의 숙성 중 맛(풍미)의 변화는 주로 근육 중 핵산의 변화에 의한 것으로 알려지고 있는데, 근육의 에너지원인 ATP가 분해되는 과정에서 생성되는 IMP가 주인공으로 IMP 함량이 많을 때 고기는 풍미가 좋아진다. 그러나 IMP도 시간이 지나면 무미의 이노신으로 변하거나 쓴맛을 내

표 4-5. 가열 중 고기 단백질의 변화

고기 온도	분해효소	섬유 단백질	결합조직	단백질	미오글로빈	고기 상태
40℃	활발	펼쳐지기 시작	–	결합수 탈출 시작	정상	말랑말랑 매끈함 반투명, 심홍색
50℃	매우 활발	미오신 변성	–	탈출	정상	슬슬 단단해짐 불투명해짐
55℃	변성, 불화성화	미오신 응고	콜라겐 약화 시작	변성 시작	정상	탄성, 자르면 즙 유출 불투명, 연홍색
60℃	–	다른 단백 응고	콜라겐 오그라듦	콜라겐 배출 시작	변성 시작	탄성 상실, 질겨지기 시작, 즙 배출, 붉은 색에서 분홍색으로
65℃	–				변성 왕성	탄성상실, 분홍색에서 회갈색
70℃	–		콜라겐 해체 시작		대부분 변성	계속 오그라듦, 딱딱해짐, 자유로운 즙 거의 없음, 회갈색
90℃	–		콜라겐 급속 해체			섬유소가 결대로 찢어짐

는 하이포키산틴으로 변한다. 그리고 단백질이 분해되어 유리아미노산 함량이 증가하여 고기 감칠맛이 향상된다.

고기를 숙성하면 보수성도 변화한다. 보수성은 최대 강직기 즉 고기의 pH가 가장 산성에 이르면 가장 낮아지고, 최대 강직기가 지난 후 시간이 경과함에 따라 서서히 증가하게 된다. 그러나 숙성이 지나치면 미생물의 번식으로 단백질 분해가 과다하게 일어나고 지방이 산패되어 식육으로서의 가치가 없어진다.

고기를 연하게 만드는 육류연화제의 정체는 단백질 분해 효소

고기를 이상적으로 조리하기는 사실 쉽지 않다. 너무 질겨도 안 되고, 지나치게 수분이 적어도, 색깔이 나빠도, 고기 냄새가 심해도 안 된다. 이 중에서 고기의 질긴 정도는 육류연화제의 등장으로 비교적 쉽게 해결이 가능해졌다. 가장 흔한 육류연화제는 파인애플에서 얻는 브로멜라인(bromelain)과 파파야에서 추출하는 파파인(papain)이다.

일반적으로 고기를 질기게 하는 것은 콜라겐이다. 그리고 근육 단백질의 상태도 고기의 질김을 좌우하는 큰 원인이 된다. 육류연화제는 이런 질긴 육류성분을 분해해 고기를 부드럽게 한다. 물론 연화제를 지나치게 많이 사용하거나 장시간 연화시키면 육류가 씹는 재미를 느끼지 못할 정도로 흐늘흐늘해질 수도 있으니 조심해야 한다.

그런데 이런 단백질 분해 효소가 우리 몸에는 영향을 끼치지 않을까? 우리 피부의 80%는 고기와 마찬가지로 콜라겐으로 되어 있으니 말이다. 실제로 파인애플이나 파파야 농장에서 맨손으로 일하는 농부들은 지문이 점점 사라진다고 한다. 그러나 다행히 시간이 지나면 다시 살아난다. 그럼 우리의 혀는 어떨까? 혀도 단백질로 되어 있는데, 파파야, 파인애플, 키위 등을 지나치게 계속 먹으면 혀의 표면이 닳아 없어지거나 분해되지 않을까? 실제로 그렇다고 한다. 파파인이나 브로멜라인 가루를 혀에 오랫동안 얹어놓고 있으면 맛감각을 모두 잃어버리게 될 수도 있다.

물론 우리들이 즐기는 정도의 과일 섭취는 비록 혀 표면에 극히 일부 단백질을 분해할 수 있겠지만 금방 재생되니 걱정할 필요 없다. 우리 몸은 생각보다 빨리 재생이 된다. 특히 손상이 자주 되는 부분일수록 재생 속도가 빠르다. 만약에 우리 몸에 단백질이 꾸준히 소비되거나 분해되지 않고 계속 합성만 된다면 우리 몸은 모두 공룡처럼 커질 것이다. 그러나 합성되는 만큼 분해되기 때문에 항상 그 상태를 유지하는 것이다. 우리 몸의 단백질은 대부분 3~4주면 완전히 분해되고 새로 합성된다.

PART
5

물성의
주인공은 물이다

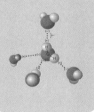

물이 없는 탄수화물은 가루일 뿐이고,
물이 없는 단백질도 가루일 뿐이다.
물이 100% 동결된 식품도 가루이다.

물은 단순하면서
심오하다

1. 물이 있어야 생명이 있다

물은 생명에 있어서 가장 중요한 분자이고, 생명은 움직이는 물주머니라고도 할 수 있다(Life is animated water). 지구 밖의 생명을 탐색할 때도 가장 먼저 확인하는 것이 물의 존재 여부다. 세상에는 너무나 다양한 생물이 살지만 물 없이 사는 생물은 없다. 당연히 인간도 예외가 아니어서 체중의 60% 이상이 물이다. 체중이 70kg이면 항상 40kg 이상의 물을 가지고 다니는 셈이다. 그런데 사람들은 이 40kg에 별로 주목하지 않는다. 금이 40kg이면 대단하게 생각했을 텐데 물은 쉽게 구하는 것이라 가볍게 생각하는 것이다. 사실 40kg은 정말 부담스러운 무게이다. 다이어트로 5kg만 줄여도 몸이 날아갈 듯 가벼운데, 사람들은 항상 40kg의 물을 가지고 다녀야 하는 이유에는 별로 관심이 없다.

인간은 이 40kg에서 2% 즉, 1kg 정도만 부족해도 심한 갈증을 느낀다. 이것은 아무리 심한 갈증도 물 한 병 정도를 마시면 해소가 되는 현상으로 알 수 있다. 그리고 인간은 물이 5%가 부족하면 혼수상태가 되고, 10%가 부족하면 사망하게 된다. 이처럼 물은 생명에서 가장 중요한 영양소이지만 왜 그렇게 많은 물이 있어야 살아갈 수 있는지, 우리 물의 정확한 역할이 무엇인지에 관심을 가지는 경우는 별로 없다.

식품원료도 대부분 한때 생명이었다. 그래서 수분이 많다. 보통의 재료는 수분이 80% 이상이고 채소는 95% 정도이다. 씨앗 등 영양분의 저장체 형태일 경우 수분이 매우 적은 경우가 있지만, 그것은 극히 예외적이고 먹을 때는 침(물)과 섞여야 먹을 수 있다. 건조한 상태로는 소화 흡

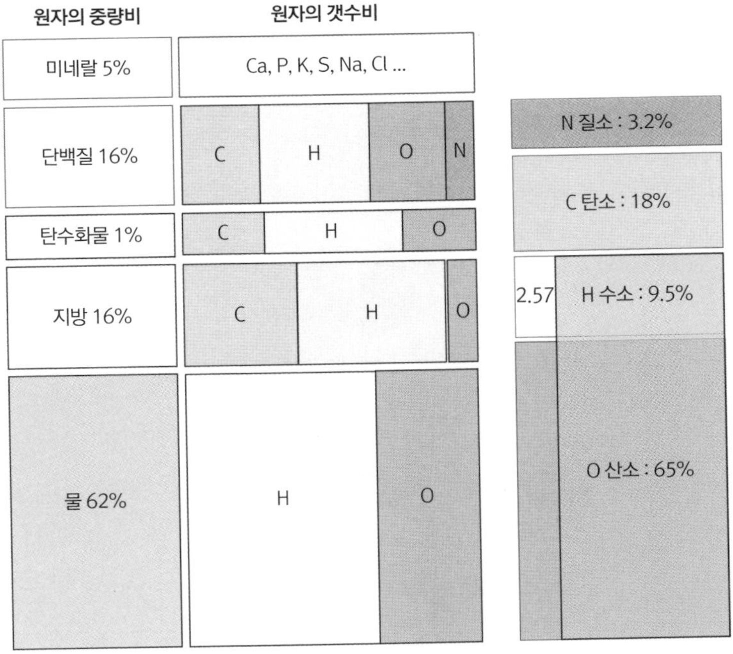

원자의 중량비

| 미네랄 5% |
| 단백질 16% |
| 탄수화물 1% |
| 지방 16% |
| 물 62% |

원자의 갯수비

Ca, P, K, S, Na, Cl ...

C H O N

C H O

C H O

2.57 H O

N 질소 : 3.2%

C 탄소 : 18%

H 수소 : 9.5%

O 산소 : 65%

그림 5-1. 인체의 구성 성분

수는커녕 삼킬 수조차 없다. 이런 용매 역할이 바로 물이 많이 필요한 이유 중 하나이다.

2. 물의 신비도 분자 형태에 있다

물은 극성 용매이다. 물이 극성을 가지는 것은 독특한 분자의 형태 때문이다. 물은 산소 하나에 2개의 수소 분자가 결합한 것이다. 2개의 수소 분자가 180도 좌우 대칭으로 배열되었으면 극성이 없거나 약할 텐데, 104.5도로 거의 ㄱ자 형태로 결합한다. 전자적 편중이 생기는 것이다. 수소이온이 가까이 있는 쪽은 (+)전하를 띠고, 산소 쪽은 (-)전하를 띤다. 이런 전자적 편중(비대칭)이 세상에서 가장 작은 분자 중 하나인 물에 극성을 띠게 하고 다른 분자와는 전혀 다른 특성을 가지게 한다. 바로 전기적인 끌림에 의해 '수소결합(hydrogen bond)'을 형성하는 것이다.

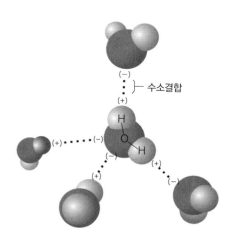

그림 5-2. 물의 분자형태와 수소결합

이 수소결합은 물 분자끼리 결합하는 응집력(cohesion)과 물 분자가 다른 분자와 결합하는 접착력(adhesion)을 부여한다. 물을 끈적끈적하게 하는 것이다. 물이 끈적인다고 하면 의아해하는 사람이 많겠지만, 분자의 크기에 대비하면 매우 끈적이는 편에 속한다. 그래서 녹는점, 끓는점이 매우 높고 융해열과 기화열도 매우 크다. H_2Te, H_2Se, H_2S, H_2O를 비교해보면 그 사실을 알 수 있다. 만약에 물이 다른 분자처럼 극성이 없어 서로 응집하는 성질이 없다면 -90℃에서 액체가 되고, -68℃에서 기체가 될 것이다. 그런데 물은 이보다 90℃가 높은 0℃에서 액체가 되고, 168℃가 높은 100℃에서 기체가 된다. 정말 놀라운 응집력이다. 만약 물에 이런 응집력이 없어서 영하의 온도에서도 기화가 되었다면 지구상의 생명 현상은 절대 없었을 것이다.

그리고 식물이 높이 자랄 수 있는 것도 이 응집력이 필수이다. 물은 응집력 때문에 '표면 장력'도 강한 편이고, 이 때문에 물을 가는 유리관

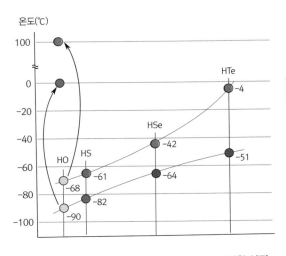

그림 5-3. 물의 특별한 성질

에 넣으면 물이 모세관을 따라 올라가는 모세관 현상이 나타낸다. 그리고 이 특성으로 식물이 영양분을 흡수하고, 높이 자랄 수 있다. 100m가 넘는 나무의 잎까지 수분이 공급되는 것은 나뭇잎에서 수분이 증발하면 뿌리의 수분이 모세관 현상으로 딸려오기 때문이다. 그러나 그 한계가 있어서 120m를 초과하지 못한다. 즉 나무의 최대 높이는 이 물의 모세관 현상에 달린 것이다.

물이 가지고 있는 극성은 물 사이의 결합도 중요하지만 다른 분자와의 결합도 중요하다. 식품에서 결합수(bound water)는 식품 중 단백질이나 탄수화물에 수소결합으로 단단히 묶여 있는 물을 말한다. 이렇게 결합한 물은 일반적인 물(자유수)과 그 특성이 완전히 다르다. 결합한 분자와 떨어지지 않기 때문에 쉽게 증발하지도 않고, 미생물이 생육에 이용할 수 없고, 다른 화학 반응에 참여할 수도 없는 물이다. −40℃ 이하의 저온에서도 얼지 않는다.

공유결합도 아니고, 이온결합도 아니고 단지 극성의 분자끼리 친하게 지내는 수소결합인데 그 힘이 뭐 그리 대단할까 싶지만, 유리에 얇은 비닐 필름을 붙여본 사람이면 그 힘을 짐작할 수 있다. 비닐 필름에 단지 물만 살짝 묻혀도 유리에 붙인 필름은 도무지 떨어지지 않는다. 머리카락이 물에 젖으면 서로 달라붙는 모습, 바람에 쉽게 날리던 낙엽이 물에 젖으면 바닥에서 떨어지지 않는 것을 보면 물의 결합력을 짐작할 수 있다. 꿀이나 물엿이 그렇게 끈적이는 것도 물 때문이다. 물이 아주 많거나 아예 없으면 그런 끈적임이 없는데 약간만 있으면 아주 강력한 힘을 발휘한다. 식품 중에서 그 강력한 힘을 가장 잘 느낄 수 있는 것이 '케이킹 현상'이다. 분말상태의 식품이 아주 약간의 수분을 흡수하면 케이킹이 발생하여 돌처럼 단단해진다. 아무런 화학적 반응 없이 단지 소량의 수분만 흡수되었는데 분말이 돌덩어리처럼 단단한 물체가 된다.

3. 생명의 신비는 결국 수소결합이다

- 수소결합은 끊임없이 끊어졌다 결합했다를 반복한다(10^{-11}초).
- 액체 상태에서는 평균 3.5개의 분자와 수소결합을 한다.
- 물이 다른 분자와 달라붙는 힘이다(adhesion).
- 물 분자끼리 달라붙는 힘이다(cohesion).
- 친수성끼리만 어울리고 소수성 분자를 배척하는 힘이다(hydrophobic exclusion).
- 상대적으로 매우 높은 비열을 갖는 이유이다.
- 물이 넓은 온도 범위에서 액체를 유지하는 힘이다.
- 얼면서 오히려 부피가 증가하는 이유이다.
- 매우 강력한 극성 용매의 역할을 하는 힘이다.
- 강력한 모세관 현상을 보일 수 있다.

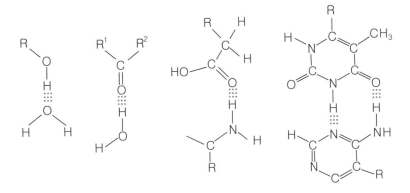

그림 5-4. 다양한 수소결합의 형태

골디락 존: 수소결합은 강하지도 약하지도 않다

골디락스는 영국 동화책 『골디락스와 곰 세 마리』에 나오는 소녀의 이름이다. 어느 날 숲속에서 곰이 끓여놓고 나간 '뜨겁고, 차갑고, 적당한' 온도의 수프 중에서 적당한 온도의 수프로 배를 채우고 기뻐한다는 것에 유래했다. 우주에서 생명이 살 수 있는 별은 너무 뜨겁거나 차갑지 않고, 생명은 너무 단단하거나 흐물거리지 않고, 결합은 너무 강하지도 약하지도 않아야 한다.

수소결합은 공유결합의 5~10% 정도의 힘을 가진다. 수소결합 능력이 증가하면 융점, 비점, 응집력, 상전이 온도, 비열, 점도 등이 증가하고 확산계수, 이온화, 열전도, 친수성물질의 용해도 등이 감소한다. 수소결합의 힘이 지금 상태에서 조금만 변해도 도저히 감당할 수 없는 큰 일이 벌어진다. 수소 결합력이 30%만 감소하면 상온에서 물은 끓게 되고, 20%만 증가해도 상온에서 물이 얼게 될 정도다. 지금 같은 생명 현상은 불가능한 것이다.

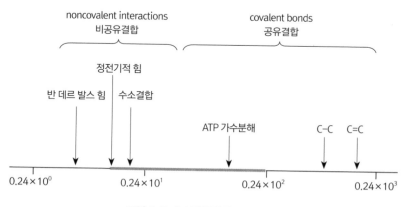

그림 5-5. 수소결합력의 상대적 비교

표 5-1. 수소결합의 힘이 바뀔 때 일어날 수 있는 일들

수소결합력의 변화	일어나게 될 현상
29% 감소 시	**물이 끓게 됨**
18% 감소 시	대부분 단백질이 열변성 됨
5% 감소 시	CO_2 70%, O_2 27% 용해도 감소
2% 증가 시	대사율에 상당한 변화
3% 증가 시	점도 23% 증가
5% 증가 시	CO_2 440%, O_2 270% 용해도 증가
18% 증가 시	**수분 동결**
51% 증가 시	대부분의 단백질이 동결 변성됨

4. 물은 치밀하다

물 분자는 서로 결합력이 강하기 때문에 밀도가 높은 편이다. 4℃ 부근이 가장 부피가 작아지므로 밀도가 가장 높고, 얼면 오히려 밀도가 감소한다. 물은 밀도가 높아서인지 압축율이 낮다. 물에 압력을 가해도 그 부피가 크게 줄어들지 않는다는 뜻이다. 가열을 해도 그 부피가 별로 증가하지 않는다. 기체일 때나 부피가 1,700배 정도 팽창하지, 액체 상태에서는 온도가 높아진다고 부피가 크게 증가하지 않는다. 밀도가 높아서 열 용량도 아주 큰 편이다. 열에 의해 쉽게 식거나 더워지지 않는다는 뜻이다. 해안 지방의 일교차가 내륙 지방보다 적고 바닷가에서 낮엔 해풍이 불고 밤엔 육풍이 부는 것도 바다의 온도 변화가 육지의 온도 변화보다 적기 때문에 나타나는 현상이다.

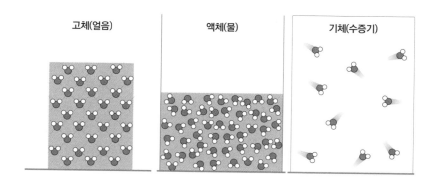

그림 5-6. 고체, 액체, 기체의 상태 변화

물의 아주 독특한 특징은 얼면 오히려 부피가 증가한다는 것이다. 물이 얼음이 될 때 물 분자들의 움직임이 감소하고, 수소결합에 의해 규칙적으로 배열되어 분자 사이에 빈 공간이 많은 육각 고리 모양이 된다. 따라서 같은 질량의 물이 얼음으로 되면 부피가 증가하고 밀도가 작아진다. 밀도는 단위 부피당 질량이므로, 이러한 물의 밀도로 인해 강이나 호수에 얼음이 얼 때 표면부터 얼고, 얼음의 밀도가 작으므로 얼음은 물 위에 떠 있게 된다. 보통은 온도가 낮아지면 부피가 줄고 밀도가 높아지는 것에 비해 아주 특이한 현상이다. 만약에 이런 현상이 없으면 겨울에 호수 표면이 얼면 무거워져 가라앉고 바닥부터 점점 얼음이 차올라 생명들이 버티기 힘들 텐데, 위쪽만 얼고 그 얼음이 단열층을 형성하여 아래의 물은 얼지 않게 하여 생명이 살아가게 하니 물은 이래저래 생명의 근원인 셈이다. 이런 예외적인 현상은 0~4℃ 근처에서만 일어나고 0℃ 이하에서는 온도가 낮아질수록 부피가 감소하여 밀도가 증가하는 전형적인 특성을 보인다.

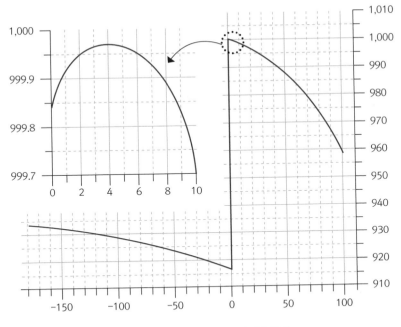

그림 5-7. 온도에 따른 물의 밀도 변화

5. 물은 격렬히 진동한다

물의 이런 촘촘하고 강력한 결합력과 강력한 진동 운동이 결합한 것
이 물의 용매적인 특성이다. 물은 한순간도 멈춰 있는 경우가 없다. 물이
기체 상태에서 자유롭게 움직인다는 것은 흔히 알고 있지만, 물이 잔잔
한 액체 상태에서도 격렬히 움직이고 심지어 꽁꽁 얼린 상태에서도 그 정
도만 조금 낮아질 뿐 여전히 활발히 움직인다는 것은 짐작하기 힘들다.

모든 원자는 광속의 10%에 해당하는 속도로 맹렬히 회전하는 전자
를 가지고 있다. 그래서 모든 분자는 격렬하게 움직일 힘을 가지고 있다.
움직임의 정도는 온도가 높을수록 커지고 분자가 적을수록 커진다. 공

기 중의 분자는 초속 500m 이상으로 가장 빠른 태풍보다 10배 이상 빠른 초음속으로 움직인다. 액체인 물도 기체보다는 약하지만 항상 진동하며 주변의 물과 붙었다 떨어졌다를 반복한다. 그래서 액체 상태에서는 10^{-11}초 간격으로, 동결된 상태에서도 10^{-5}초 간격으로 '붙었다 떨어졌다'를 반복한다. 정말 역동적이다. 그래서 물에 소금이 녹고 설탕이 녹고 커피 원두에서 맛과 향이 추출되는 것이다.

이런 물의 분자운동을 잘 보여주는 것이 '브라운 운동'이다. 물에 꽃가루를 떨어뜨리면 꽃가루가 살아있는 것처럼 마구 움직인다. 그런데 물 분자의 크기는 불과 $0.2nm$이고 꽃가루의 크기는 무려 $50\mu m(50,000nm)$이니 직경의 차이가 1만 배 이상이고, 부피(크기) 차이는 1조 배가 넘는다. 물 분자들의 운동이 얼마나 격렬하면 자기보다 1조 배 큰 꽃가루를 끊임없이 흔들 수 있을까? 물의 역동성은 정말 대단한 것이다. 그리고 이런 물의 역동성이야말로 생명의 근본적인 힘인지도 모른다.

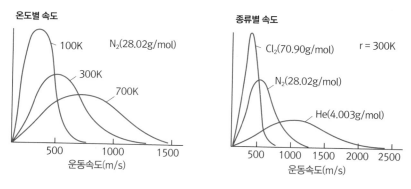

그림 5-8. 분자의 종류별, 온도별 기체의 운동속도 변화

그런데 이런 강력한 진동도 모든 분자를 순식간에 녹이지는 못한다. 분자가 워낙 작아서 적은 양도 많은 분자로 되어 있기 때문이다. 소금 58g은 6×10^{23}개의 소금 분자로 이루어져 있다. 소금 0.00000058g을 녹이려면 1경 개의 소금 분자를 하나하나 떼어내야 한다는 뜻이다. 그래서 적은 양의 소금이나 설탕이 녹는데도 어느 정도 시간이 필요하다.

이런 물의 진동 현상은 물과 서로 친한 분자를 녹이게 하지만, 기름과 같이 물과 친하지 못한 분자는 배척하는 경향을 더 크게 한다. 기름과 같은 분자는 비극성이라 물과 결합하는 힘이 없고, 같은 기름끼리 결합하는 힘은 강하다. 개별 물 분자의 흔드는 힘이 기름 분자를 서로 떼어낼 정도로 강하지 못하기 때문에 시간이 지난다고 물에 기름이 녹지 않고, 오히려 점점 기름끼리 뭉치게 한다. 이런 경향은 지방산의 길이가 길수록 강하여 아주 길이가 짧은 지방산은 물에 약간 녹지만, 일정 크기 이상의 지방산은 물에 전혀 녹지 않게 된다. 극성은 극성끼리 비극성은 비극성끼리 점점 더 뭉치는 배경에도 분자의 진동 운동이 있다.

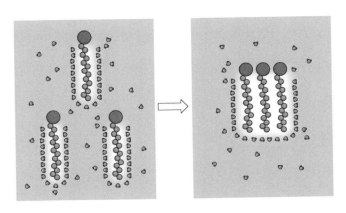

그림 5-9. 소수성 분자끼리 뭉치는 원리(hydrophobic exclusion)

보수력:
수분을 잃으면 생명을 잃는다

식품에서 보수력: 육제품 제조 시 고기의 보수력은 왜 중요한가?

햄·소시지 생산 시 가장 중요한 것 중 하나가 보수력을 유지하는 것이다. 고기의 보수력이란 고기를 세절, 압착, 열처리 등의 물리적 처리를 할 때 고기가 함유하고 있는 수분을 그대로 계속 보유할 수 있는 능력을 말하는데, 고기 단백질은 고기가 함유하고 있던 자체 수분 이외에도 고기양의 약 25~50% 정도 되는 첨가수를 흡수·결합해야만 한다. 따라서 육가공 시 보수력이 떨어지는 고기를 원료로 사용하게 되면 육단백질은 첨가된 물을 붙잡기는커녕 고기 자체가 가지고 있는 수분마저 배출하게 되어 수율을 크게 떨어뜨린다. 그리고 완제품의 식감이나 다즙성과 같은 관능적인 성질에도 크게 나쁜 영향이 끼친다. 마른 모래 위를 걸으면 발이 푹푹 빠지지만 젖은 모래는 단단해서 모래성을 쌓을 수도 있다. 수분을 붙잡는 것은 물성에 중요하다.

물은 클러스터

물은 단순히 1~2개의 분자를 붙잡지 않는다. 1개 층만 단단히 붙잡아도 층을 이루면 붙잡힌다. 그러니 물은 280~1,000개가 덩어리져 움직이고, 그래서 물은 포집이 가능하다고 이해하는 것이 많은 현상의 이해에 도움이 된다.

물이 한 분자 한 분자 따로 움직일 때도 있다. 세포막의 물 통로를 지날 때이다. 만약에 물이 덩어리진 채로 통과한다면. 정말 커다란 구멍이 있어야 할 것이고, 그랬다가는 그 통로를 통해 세포 내 영양분들이 마구 빠져나가 즉각 파탄이 날 것이다.

다당류에 의해 겔화가 일어날 때는 1%도 안 되는 다당류가 100배가 넘는 물을 완전히 붙잡는다. 다당류가 물 샐 틈 없는 구조가 아니라 물이 엉성하고 커다랗게 덩어리져 뭉쳐있는 그물망을 벗어나고 싶어 하지 않아 그 망에 갇혀서 나오지 않는 것이라고 이해하는 것이 훨씬 실전적이다.

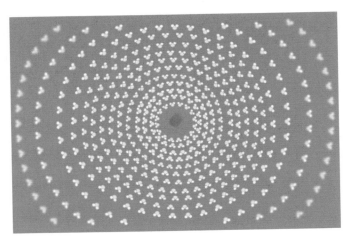

그림 5-10. 표면적 효과에 의해 물에 여러 층이 붙잡히는 현상

페트병에서도 빠져 나오는 이산화탄소

사람들은 플라스틱 하면 나쁜 이미지를 가지고 있다. 싸구려 제품이나 환경을 해치는 악당인 양 말이다. 그러나 플라스틱은 20세기를 바꾼 가장 유용하고 혁신적인 재료다. 가격이 저렴하다고 우리가 오남용을 해서 문제인 것이다. 플라스틱은 생명의 분자인 탄수화물, 단백질, DNA와 놀랍도록 공통점이 많다. 모두 중합체이자 탄소 화합물이다. 우리는 보통 플라스틱을 전혀 움직임 없는 단단한 물체로 생각한다. 하지만 중합체는 꿈틀거리는 유연한 줄과 같다. 그래서 매우 잘 엉킨다. 컴퓨터나 전축 뒤에 늘어져 있는 전선들을 정리해보았다면 길고 유연한 전선들이 얼마나 잘 엉키는지 알 것이다. 그리고 틈은 생각보다 많이 있다.

페트(PET, Poly Ethylene Terephthalate)도 플라스틱의 한 종류다. 칫솔, 볼펜 같은 생활용품은 가볍고 싸고 만들기 쉽기 때문에 주로 폴리에틸렌(PE)이나 폴리프로필렌(PP)으로 만든다. 그러나 음료수 병은 거의 대부분 페트 재질이다. 페트는 투명도가 유리에 버금갈 정도로 뛰어나고 PE나 PP보다 가스 차단성이 50배나 더 높기 때문이다. 그런데 플라스틱에서 가스 차단성을 따지는 이유는 뭘까? 페트병 두께가 2mm만 되어도 그것을 구성하는 폴리머는 엄청나게 여러 겹이게 마련이다. 보통 폴리머 두께는 $1nm$ 이하인데 1,000겹을 쌓아야 $1\mu m$이고, 이것을 다시 2,000겹 쌓아야 2mm이다. 여기에 무슨 틈이 있을 수 있을까 싶지만, 유리병이나 캔에 들어간 탄산음료의 탄산가스는 시간이 지나도 그대로인 반면, 페트병에 들어 있는 탄산가스는 조금씩 감소한다. 그래서 3개월이 지난 것은 맛에 현저한 차이가 난다.

그런데 탄산음료의 물은 전혀 빠져나오지 못한다. 탄산가스의 분자량은 물 분자보다 2배 이상 큰데도 그렇다. 여기에는 그 단단해 보이는 플라스틱도 유동성이 있고 공간이 있다는 것을 알 수 있다. 그리고 물보다 훨씬 큰 분자인 이산화탄소는 빠져나가는데 물은 빠져나가지 못하는 현상에도 주목할 필요가 있다.

이수현상(syneresis)

수분을 계속 붙잡고 있는 것은 생각보다 쉽지 않다. 전분은 노화되고 증점다당류로 만든 단단한 젤은 시간이 지나면 점차 수분을 뱉어낸다. 분자는 끊임없이 요동하고 온도에 의해 넓게 퍼졌던 다당류가 점차 원래의 모습으로 수축하려 하기 때문이다. 그 과정에서 물은 밀려 나온다. 이것을 해결하기 위해 여러 가지 기술이 동원된다.

요리를 할 때도 이수현상은 생긴다. 고기를 가열하면 단백질이 붙잡고 있던 물이 분리되어 배출된다. 촉촉하던 고기가 점점 건조해져 맛이 나빠진다. 겉면은 고온으로 익혀 마이야르 반응으로 고소한 향을 만들어야 하고, 속은 너무 익어 물이 많이 빠져 퍽퍽해지는 것을 막아야 한다. 파삭임과 촉촉함이라는 상반된 요구를 절묘하게 조화시켜야 하기 때문에 많은 집중력이 필요하다.

식물에 수분이 금방 증발한다면

수분을 유지하는 것은 단순히 식품의 기호성 문제만이 아니다. 수분유지는 생명의 가장 기본적인 조건이다. 액포는 식물 세포나 원생생물의 세포에서 주로 관찰된다. 오래된 식물 세포일수록 크게 발달하여 식물 세포 부피의 90% 이상까지 차지하기도 한다. 식물도 물의 보관에 필사적인 셈이다.

사실 선캄브리아기 이전의 생물은 모두 물속에서만 살았다. 오존층이 만들어져 강한 자외선을 막아주게 되자, 먼저 식물이 육상 진출을 시도하게 되었다. 조류(algae)는 30억 년 동안 지구를 가장 근본적으로 바꾼 참으로 위대한 생물이다. 해조류 중에는 홍조류, 녹조류, 갈조류가 있는데 녹조류보다 갈조류가 뿌리, 줄기, 잎 등 조직의 분화가 잘 되어 있고, 통기 조직 등 내부 구조가 훨씬 발달한 것도 있다. 그런데 육지의 상륙에 성공한 것은 의외로 녹조류이다. 녹조식물은 체표에 큐티클층이 발달하여 체내의 수분 증발을 막아 건조에 견딜 수 있었던 반면, 갈조식물은 큐티클층이 없어서 건조에 약했기 때문이다. 물을 지키는 힘이 생존의 힘인 셈이다.

나이가 든다는 것은

수분을 지키는 것이 생존이라는 사실은 우리 몸도 마찬가지다. 우리 몸의 수분 함량은 50~70% 정도이고, 신체 부위에 따라 다르다. 혈액은 83%, 근육은 75%, 지방조직은 25%, 뼈는 22%, 심지어 그렇게 단단한 치아도 2% 정도의 수분을 가지고 있다. 그런데 나이가 들면 신체의 수분 함량이 감소한다. 신생아일 때는 90%, 유아일 때는 80%였다가 아이 때는 70%, 어른일 때 60~65%가 된다. 그리고 노년에는 55%까지 떨어지는데 50% 이하가 되면 흙으로 돌아간다고 한다. 나이가 든다는 것은 점점 건조해진다는 뜻인지도 모른다.

우리의 피부는 여러 기능이 있지만 그중에서 수분을 지키는 능력도 중요하다. 성인의 피부 면적은 약 1.6m²이고 무게는 3kg이다. 표피, 진피, 피하지방으로 나뉘며 표피는 케라티노사이트라는 세포가 주역이고, 진피는 콜라겐 등 섬유상 단백질로 튼튼함을 부여하고, 피하지방은 외부 압력을 흡수하고 쿠션과 단열 역할을 한다. 표피에 존재하는 케리티노사이트 세포는 최종적으로 각질층이 되는데, 이 각질층의 방수 능력은 같은 두께의 플라스틱 막에 버금간다. 흔히 화상으로 피부의 1/3을 잃으면 죽는다고 하는데, 각질층이 사라져 체내의 물이 쉽게 대량으로 빠져나가기 때문이다.

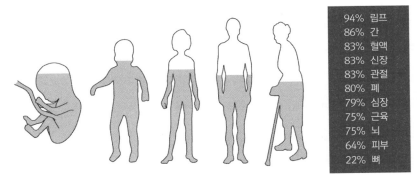

94%	림프
86%	간
83%	혈액
83%	신장
83%	관절
80%	폐
79%	심장
75%	근육
75%	뇌
64%	피부
22%	뼈

그림 5-11. 나이와 조직에 따른 수분의 변화

혈액의 응고

우리 몸의 세포속 수분은 쉽게 빠져나오지 못한다. 그런데 혈관의 피는 쉽게 빠져나올 수 있다. 상처를 입었을 때 피가 계속 흘러나오면 큰 일이므로 혈액응고를 담당하는 혈소판이 있다. 하지만 혈소판은 혈액응고에 필요한 것이지 혼자서 혈액을 응고시키는 것은 아니다. 먼저 혈관이 수축하고, 이어서 혈소판이 손상된 부위를 메워주고, 계속해서 출혈이 멎게 하는 응고단계가 일어난다. 혈액의 응고는 피브리노겐이 피브린

(fibrin: 섬유소)으로 변하는 과정이다. 피브리노겐은 물에 녹지만 피브린으로 바뀌게 되면 물에 녹지 않으므로 피가 흘러나오는 부위를 막아 피가 굳는 것이다.

피브리노겐이 피브린으로 변하는 일은 10개 이상의 인자가 관여하는 복잡한 기작이다. 하지만 근본원리는 폴리머 현상이다. 원래 피브리노겐은 서로 결합하기 힘든 상태인데, 효소에 의해 결합을 방해하는 부위가 제거되면 피브린 단량체가 된다. 그리고 그들끼리 결합하여 긴 사슬이 된다. 사슬은 혈소판 등을 묶어서 응고가 일어나게 하여 더 이상 혈액이 빠져나가지 않게 한다. 설명은 간단하지만 이것을 실제 현상에 비유하면 댐이 터졌을 때 저수지에 녹아 있는 물질들이 효과적으로 뭉쳐서 댐을 스스로 수리하는 것과 같은 경이로운 물성 현상이다.

혈액응고가 제대로 진행되지 못해 한 번 흐르기 시작한 피가 계속 흘러나오는 질병을 혈우병이라 한다. 반대로 혈액응고가 너무 잘 일어나는 것도 심각한 병이다. 소위 혈전이라는 것인데 혈액 속에 덩어리가 생긴 후 잘 용해되지 않을 때 큰 문제가 된다. 혈소판이 혈관 벽에 달라붙으면서 피 속에 녹지 않는 혈전이 형성되어 혈관 어딘가를 막게 되면 색전증(embolism)이 생긴다. 동맥경화도 이와 약간 유사한 경향이 있다. 혈관에 지방이 쌓이는 것을 동맥경화라고 한다. 그런데 왜 단순히 지방이 많아서 쌓인 것이라면 혈액이 천천히 흐르는 정맥에 쌓이지 않고, 혈액이 빠르게 흐르는 동맥에 쌓이는 것일까? 그것은 동맥경화가 혈액의 응고처럼 혈관의 손상을 보수하기 위해 일어난 적극적인 생명 활동일 가능성이 높기 때문이다.

말라리아와 겸상적혈구

모기는 매년 가장 많은 사람을 죽게 만드는 동물이다. 그중 말라리아가 특히 위험한데, 간혹 말라리아모기에 물려도 멀쩡한 사람들이 있다. 이들은 주로 '겸상(鎌狀: 낫 모양)적혈구 빈혈증(sickle-cell anemia)' 유전자를 가진 경우이며, 말라리아에 걸리더라도 경미하게 앓고 완치된다.

그런데 겸상적혈구는 원래 불량 적혈구이다. 정상 적혈구가 원반형인데 비해 낫 모양으로 꺾인 탓에 혈액순환이 원활하지 않고, 산소 전달도 원활하지 못하다. 그래서 항상 만성 빈혈이나 간 기능 저하, 황달, 성장 저하, 장기 기능 저하 등의 질병에 시달리고 오래 살아도 50세를 넘기기 힘들다. 왜 이들이 말라리아에 유난히 강할까? 말라리아 원충은 간으로 가서 증식된 후 적혈구로 들어가서 분열 증식한다. 그러면 적혈구에서 '어드헤신(adhesin)'이란 단백질이 만들어지고, 이 단백질을 적혈구 표면으로 내보내게 된다. 문제는 적혈구 표면에 모인 어드헤신은 적혈구 표면을 끈적끈적하게 만들어 적혈구끼리 서로 달라붙고 엉기게 만든다는 것이다. 그러면 혈관에 염증이 생기고 발열, 오한, 떨림 증상이 나타난다. 이렇게 적혈구를 파괴하고 나온 말라리아 원충이 다른 적혈구에 연쇄적으로 감염이 되면 적혈구의 응집과 파괴가 가속화된다. 이는 사망에 이를 정도로 치명적이다.

하지만 낫 모양의 적혈구에서는 말라리아가 액틴을 활용하지 못해 어드헤신을 적혈구 표면으로 보내지 못한다. 그래서 적혈구끼리 얽히는 일도 파괴되는 일도 없다. 말라리아는 적혈구의 형태적 변화가 물성의 변화를 제한하고, 물성의 안정성이 생사를 가르는 경우인 셈이다.

용해도만 제대로 알아도
식품 현상의 절반은 이해된다

소금이 물에 녹는 현상만 제대로 설명할 수 있으면 된다

물에 소금이나 설탕을 넣으면 스르르 녹는다. 기름을 넣으면 녹지 않고 뜬다. 그 정도는 누구나 알고 있다. 그런데 소금을 20℃의 물 100g에 넣으면 35.8g 정도까지만 녹는다는 사실은 많이 알지 못한다. 보통 온도에 따라 용해도가 달라지는데 소금은 영하 15℃에서 32.7g이나 녹지만, 100℃에서도 고작(?) 38.4g 정도만 녹는다. 보통은 온도가 그 정도 달라지면 용해도는 몇 배씩 달라지는데, 녹는 양은 큰 차이가 없다. 우리는 이것이 왜 그런지 잘 모른다. 물에 뭔가가 녹는 용해 현상조차 잘 모르는 것이다.

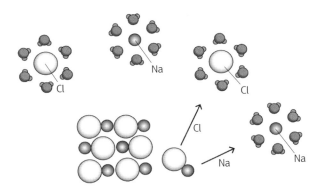

그림 5-12. 소금(Nacl)의 용해 모식도

온도가 높아지면 대부분은 분자운동이 활발해진다. 고체와 액체의 경우에는 일반적으로 온도가 높아지면 용해도가 증가하나 기체의 경우에는 온도가 높아지면 용해도가 감소한다. 운동이 활발해지는 것은 분자끼리 떨어지는 힘을 증가시키지만 용매와 결합하는 힘은 감소시킨다. 용매에 붙잡히려는 힘이 더 크게 감소하면 용해도의 감소로 나타난다. 고체와 액체의 용해도는 압력의 영향을 거의 받지 않으나 기체의 경우에는 압력이 높을수록 용해도가 증가한다.

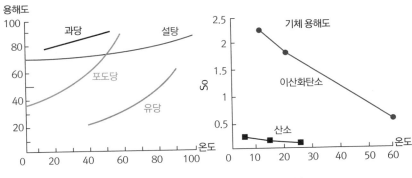

그림 5-13. 온도에 따른 용해도의 변화

물은 격렬히 진동하고 있기 때문에 극성인 분자들이 녹이는 힘이 되고, 또한 소수성인 분자들을 소수성끼리 뭉치게 하는 에너지도 된다(hydrophobic exclusion). 단백질은 물속에서 물과 친한 아미노산이 연속한 부분은 바깥쪽으로, 물과 친하기 어려운 부분이 연속한 부분은 안쪽으로 접히는 경향이 있다. 인지질은 물 분자에 의해 자연적으로 이중막의 공이 된다. 물과 친한 부분은 밖으로, 물과 친하기 어려운 부분은 안쪽으로 해서 이중막이 되어 자연적으로 공 모양의 형태를 갖춘다. 이런 현상을 견인하는 힘도 사실은 격렬한 물의 진동에서 기인한 힘의 역할이다.

기체의 용해도

물이 생명 현상에 정말 소중하다는 것을 이용한 여러 가지 사이비 건강법이 있다. 자화육각수, 알칼리수, 전해환원수 등이다. 그리고 식품회사는 온갖 지역의 물을 광천수 혹은 생수로 판매하고, 탄산수뿐 아니라 해양심층수, 빙하수, 산소수, 수소수 등도 상품화해서 판매하고 있다. 그런데 수소수는 효능이 정말로 있을까? 용해도만 알면 금방 알 수 있는 문제다.

사실 수소는 가장 물에 안 녹는 기체다. 20℃ 물 $1l$에다 비교적 물에 잘 녹는 이산화탄소를 녹여도 겨우 1.6g 정도 녹는다. 산소는 0.04g, 질소는 0.02g, 수소는 고작 0.0016g 정도만 녹는다. 하루 종일 다른 물을 안 마시고 수소수만 $10l$를 마셔도 고작 0.016g이다. 그 수소들이 정말 운 좋게 모두 활성산소와 작용했다고 해도 수소가 0.1g도 안 되는 양이라 하루에 생기는 활성산소를 의미 있게 제거하기에는 너무나 적은 양이다.

식품회사의 가장 큰 적 중 하나가 바로 산소이다. 산소는 곰팡이 등 유해균이 번식하는 영양이 되고, 산화로 인한 지방의 산패 등으로 품질을 악화시키는 결정적인 요인이다. 그래서 식품회사는 항산화 목적으로 제품에서 산소는 모두 제거하고 질소를 넣는 포장을 많이 실시한다. 질소가 수소보다 훨씬 안전하고 실용적인 수단인 것이다. 그런데 유일하게 질소수만 시중에 등장하지 않았다. 그나마 다행한 일이다.

그런데 인간이 가장 많이 소비하는 기체를 첨가한 물은 산소수도 수소수도 아닌 탄산수 즉, 이산화탄소를 강제로 녹여 넣은 물이다. 우리 몸의 혈액은 산소를 소비하면서 계속 이산화탄소를 배출하여 혈액 자체가 탄산수인데도 별도로 탄산수를 마신다. 사실 탄산수에 특별한 약효가 있을 리 없다. 약효보다는 감각적인 측면이 훨씬 크고, 우리 몸에 진화적으로 숨겨진 욕망이 더 큰 역할을 한다.

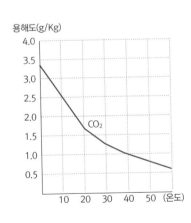

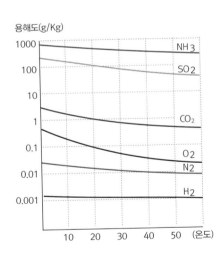

그림 5-14. 기체의 용해도

태초에 지구에는 산소가 없었고 이산화탄소만이 있었다. 이산화탄소가 물에 녹으면 탄산이 된다. 탄산과 소금이 녹아 있는 바다가 생명의 가장 기본적인 조건을 제공하는 환경이고, 실제로 여기에서 모든 생명이 탄생했다. 그래서 가장 익숙하며 어디에나 있다. 탄산음료에서 당분을 빼면 탄산수이고, 샴페인도 맥주도 알코올을 빼면 탄산수이다. 기체 중 물에 가장 잘 녹고 발효할 때 미생물이 호흡하면서 내놓는 것이 이산화탄소이기 때문이다. 심지어 김칫국물마저 탄산수이기 때문에 시원하다. 그래서 그런지 물에 녹은 탄산은 입안에서 터지는 재미를 주고 스트레스를 해소하는 기능이 있다.

산소의 용해도 그리고 철분의 용해도

산소의 용해도가 2배만 높아도, 폐는 지금의 절반 크기면 충분하고, 심장도 절반의 속도로 뛰면 충분할 것이다. 그리고 우리 몸에 산소를 10g 정도만 녹여서 보관하는 기능이 있다면 순식간에 심장마비로 죽는 일도 없을 것이다. 산소의 용해도가 그 모든 것을 결정하는데 우리는 기체의 용해도에 대하여 너무나 무심하면서 건강에만 과민하다.

우리는 기체뿐 아니라 미네랄의 용해도에도 정말 둔감하고, 고작 비타민의 용해도에 대해서나 말한다. 천연비타민의 장점으로 합성 비타민보다 흡수율이 좋다는 것을 이야기하는데, 그것은 단지 지용성(기름에 녹는)일 경우에나 해당한다. 어떤 지용성 성분이든 추출하여 농축하면 오일끼리 뭉치기 때문에 원래 식물에 골고루 분산되어 있는 상태보다는 흡수율이 떨어지기 마련이다. 그런데 미네랄은 유기물인 비타민보다 용해도와 흡수율의 관리에 있어 비교할 수 없이 까다롭다.

지구에서 가장 흔한 원자는 지구 내부를 가득 채운 철이고, 미네랄은 철분(Fe)과 정확히 같은 성분인데 우리는 어떻게 철분을 혈액에 효과적으로 공급할 수 있는지 모른다. 그래서 아주 미비한 양의 철분 부족으로도 빈혈로 고생한다. 철분이 필요한 이유는 산소의 용해도가 낮아서 헤모글로빈에 결합한 철분을 통해 좀 더 효율적으로 포집하기 위해서이다.

우리 몸에 필요한 철분의 양은 고작 3~4g 정도의 적은 양이다. 이 양을 유지하기 위해 남자는 하루에 1mg, 생리 중인 여성은 1.5mg 정도를 흡수해야 한다. 매일 그 정도의 양이 손실되기 때문이다. 그런데 혈색증은 철분이 체내에 과도하게 쌓이는 질병이다. 하루에 4mg 이상으로 증가하기도 하는데 만약 체내 장기에 30g 이상이 축적되면 생명이 위험할 정도로 부작용이 심각해진다. 게다가 우리는 철분을 효과적으로 공급하거나 제거하는 기술이 없다. 그나마 일주일에 한두 번 500ml 정도의 피를 정맥을 통해 뽑아 버리는 사혈 요법이 과거에는 유일한 해결책이었다.

그런데 샤론 모알렘은 『아파야 산다』를 통해 철분이 축적되어 발생하는 치명적인 혈색증마저도 질병으로부터 생명을 보호하기 위한 수단이라고 말한다. 내 몸의 세포뿐 아니라 세균, 기생충 심지어 암세포마저도 철분이 있어야 살 수 있는데, 철분이 개별적으로 단백질과 결합한 상태로 있을 때는 우리와 세균도 활용할 수 있지만, 철분끼리 결합시켜 침전시키면 우리 몸도 괴롭지만 세균도 증식하지 못한다는 것이다. 그래서 유럽에서 혈색증이 많은 민족은 아이러니하게도 철분이 부족하여 흑사병의 원인균이 많이 자라지 못해 그나마 버틸 수 있었다.

이처럼 혈색증은 치료하지 않으면 중년을 넘기기 힘들지만, 아이러니하게도 중년까지는 감염이나 치명적인 질환으로부터 인체를 보호한다.

여성은 남성보다 철분 부족으로 인한 빈혈의 고통이 심하지만, 세균이나 암세포의 증식도 그만큼 어려워진다는 것에 작은 위안을 얻을 수 있을지 모르겠다. 갱년기 이후 여자들이 힘든 것은 여성호르몬의 부족도 있겠지만 철분의 급격한 증가에도 원인이 있을지 모른다.

용해도에 미치는 pH의 영향

식품은 대부분 산성 물질이다. 그래서 pH가 낮아지면 이들의 극성이 수소이온(H+)에 의해 봉쇄되어(제타전위 감소) 용해도가 떨어진다. pH가 높아지면 -OH에 의해 해리되는 정도가 증가하고. 해리되면 극성에 의한 반발력으로 용해도가 크게 증가한다. 작은 입자로 용해되는 것이다.

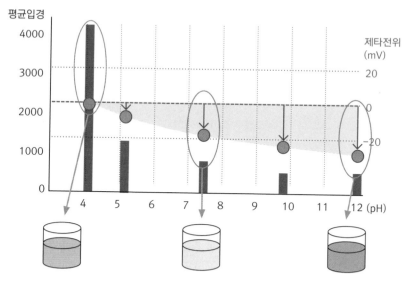

그림 5-15. pH에 따른 용해도와 색의 변화

젤리를 제조 시 pH가 낮아지면 증점다당류의 용해도는 감소한다. 즉 증점다당류가 완전히 펼쳐지지 않은 상태에서 겔화가 이루어지므로 원래보다 겔 강도가 약해진다. 온도가 높을수록 약해지는 정도는 심해진다.

식품을 하는 사람조차 pH와 산도의 차이를 구분하지 못하거나 약산성 물질과 강산성 물질의 차이를 모르는 경우가 많다. pH가 생명과 물성에서 가장 중요한 변수 중 하나인데도 그렇다.

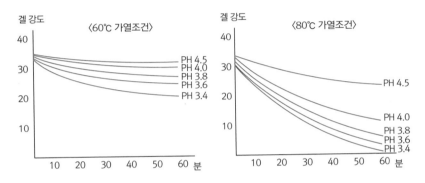

그림 5-16. 온도와 pH에 따른 겔 강도의 변화

배합할 때 유기산은 주로 나중에 첨가하는 이유

배합을 할 때면 설비와 온도와 교반 등 작업 조건도 중요하지만 투입 순서도 중요하다. 품질은 재현성 즉, 항상 일정한 품질이 나오도록 하는 것이 중요한데, 원칙이 없으면 실험실에서는 문제가 없어도 공장에서 대량생산할 때 문제가 생기거나, 계절에 따라 수질 즉 경도만 달라도 품질에 차이 나는 경우가 있다.

만약에 배합을 할 때 1mm³도 안 되는 작은 증점다당류 한 덩어리만 녹지 않아도 그 안에 포함된 분자를 한 줄로 늘리면 지구를 25번 감을 정도로 많은 분자가 뭉쳐있는 것이다. 배합을 할 때는 분자 하나하나가 분리되어 녹게 하는 것이 가장 기본적이면서 중요한 공정이다. 보통 찬 물에 넣고 완전히 풀은 후에 가열하기 시작하고, 산은 나중에 첨가하거나 구연산나트륨 같은 것을 킬레이트제로 첨가하여 수질의 경도 변화에 의한 차이를 방지하는데, 이는 항상 제대로 녹이기 위함이다.

그림 5-17. 친수성 다당류의 덩어리짐 현상

분말을 덩어리짐(lumping) 없이 완전히 녹이기 위해 다양한 수단이 동원된다. 증점다당류를 5배 이상의 설탕과 같이 잘 녹는 것에 미리 혼합하여 사용하는 방법부터, 사용하는 원료 중 기름, 글리세린, 액상설탕, 액상과당 등이 있다면 이들은 자유수가 없어 증점다당류와 섞으면 분산이 잘 되고, 덩어리지지 않는다. 물론 고속 블렌더와 같이 적합한 설비를 이용하여 강력하게 교반하면서 소량씩 첨가하면 덩어리짐을 방지할 수 있다.

- **온도**: 찬물에 완전히 수화 후 가온하는 것이 일반적이다. 처음부터 뜨거운 물을 넣으면 순간적으로 겉면에 피막이 형성되는 경우가 있다.
- **pH**: 유기물은 산을 첨가하면 용해도가 감소하는 경우가 많다. 그래서 보통 산을 제일 마지막에 첨가한다.
- **이온**: 칼슘이나 마그네슘 같은 2가 이온은 폴리머를 미리 붙잡고 있어서 용해를 방해하는 경우가 있다. 공장에서 사용하는 물은 실험실의 물과 이온강도가 다를 수 있다. 구연산나트륨 같은 킬레이트제를 첨가하여 이들 이온의 영향을 배제할 수 있다. 젤란검 같이 미량의 칼슘에도 용해도가 달라지는 경우 이런 조치가 반드시 필요하다.

혈액의 pH는 왜 그렇게 중요할까?

혈액의 pH는 7.4이다. 여기에서 pH가 0.1만 바뀌어도 건강에 큰 문제가 생길 수 있다. 심지어 사망하기도 한다. 그런데 레몬의 pH는 2~3이고, pH는 로그 스케일이라 1의 차이는 10배 차이이다. 즉 레몬은 혈액에 비해 $10 \times 10 \times 10 \times 10 \times 10$인 10만 배의 차이이다. 레몬즙 $1 ml$만으로도 혈액의 pH를 완전히 바꿀 수 있다는 이야기이다. 하지만 그런 일은 절대 일어나지 않는다. 음식의 수소이온이 흡수되지도 않지만, 설혹 그런 약간의 변동 요인이 있어도 혈액에 존재하는 완충 성분에 의해 혈액의 pH는 아주 정밀하게 일정 농도로 제어된다. 그래서 식품을 pH로 구분하는 것은 아무 의미가 없다. 혈액의 pH를 안정적으로 유지하는 것이 왜 그렇게 중요한지도 모르면서 산성/알칼리성 식품 타령은 부질없는 짓이다.

그림 5-18. 혈액 내 pH 유지의 중요성

용해도에 경도(미네랄)의 영향

칼슘과 마그네슘 같은 2가 이온은 폴리머 사이를 결합하고 있어서 용해되는 것을 방해한다. 대표적인 예로 사이드체인이 없는 저 아실(Low

표 5-2. 물의 경도에 따른 젤란검의 용해도

물 경도 CaCO₃	구연산 첨가향	용해온도(℃)	
		저 아실형	고 아실형
0 ppm	0%	75	71
100	0	88	73
200	0	>100	75
200	0.3	24	70
400	0.3	35	70

acyl) 젤란검의 경우가 심한데, 칼슘이온이 없을 때 75℃에서 녹는 젤란검이 칼슘이온이 200ppm만 되어도 100℃까지 가열해도 녹지 않는다. 구연산나트륨 같은 봉쇄제를 넣으면 칼슘의 영향을 차단하고, 나트륨에 의한 반발력으로 낮은 온도에서 녹는다.

결정화와 석출: 무엇이든 결정화되면 돌이 된다

'바람만 불어도 아프다'고 할 만큼 극심한 통증을 동반하는 통풍은 요산이 결정화되어 생기는 병이다. 요산은 핵산의 한 종류인 퓨린이 인체에서 분해되는 과정 중에 생성되는 물질로서 소변으로 하루에 배출되는 양은 대략 0.6~1.0g이다. 혈중의 요산 농도가 높아지면 고요산혈증이 되는데, 그런 사람의 일부가 통풍에 걸린다. 관절의 연골, 힘줄, 주위 조직에 날카로운 형태의 요산 결정이 침착되어 조직들의 염증반응을 촉발한다. 요산의 용해도는 $0.6mg/100ml(20℃)$이다. 용해도가 소금이나 설탕처럼 높았다면 통풍은 존재할 수 없는 질병이다.

통풍뿐 아니라 담석이나 요로결석으로 고생하는 사람들이 많다. 둘 다 몸 안에 돌(결정)이 생겨 발생한 문제이다. 담석은 간 뒤에 붙어 있는 쓸개에 돌이 생겨 이동한 것이고, 요로결석은 신장에서 만들어진 결석이 소변을 따라 내려오다가 요로에 걸린 증상이다. 담석의 주성분은 콜레스테롤과 담즙이고, 신장결석은 칼슘과 요산의 문제이다. 결석이 움직이지 않고 가만히 한 곳에 있을 때는 증상이 없다가 움직이기 시작하면 참을 수 없는 고통이 생긴다. 모두 용해도의 문제인데 해결이 쉽지 않다.

결석은 신장에서 생기는 경우가 많다. 신장은 소변으로 수분이 빠지면서 농축이 일어나기 때문이다. 그런데 이런 용해도를 배려하지 않는 실험 때문에 난리가 난 경우도 있다. 1977년 캐나다에서 수컷 쥐들에게 사카린을 먹였더니 방광암 발병률이 높아졌다는 연구결과가 나왔다. 그런데 이것은 DNA의 손상이나 변이에 의한 것이 아니고 결석에 의한 것이었다. 인간과는 달리 설치류는 높은 pH와 고농도 단백질과 인산칼슘이 있다. 그런데 하루에 콜라 800병에 해당하는 엄청난 양의 사카린을 투여하니 결석이 만들어지고, 이 결석에 의한 방광 손상이 일어나 방광암으로까지 이어진 것이다. 결국 사람과는 연관성이 전혀 없다. 단 한 건의 엉터리 실험에 의하여 죄 없는 사카린 생산 판매업자와 당뇨 환자들만 피해를 본 것이다.

사람에게도 이런 가혹한 참사가 있었다. 중국산 분유에 첨가된 멜라민 때문에 많은 유아들이 고통 속에 사망했던 사건이다. 그런데 멜라민은 자체 독성이 거의 없는 물질이다. 그런데 왜 그런 치명적인 사건이 발생한 것일까?

중국에서 단백질이 거의 없는 가짜 분유가 한창 기승을 부릴 때 보건 당국은 단백질 검사를 강화하여 질소 함량을 측정하기 시작했다. 그러자 업자들은 단백질 대신에 싸고 아미노산보다 질소 함량이 6배 높은 멜라민을 첨가했다. 멜라민은 물에 거의 녹지 않는 물질인데 분유를 통해 다량이 지속적으로 유아의 혈액에 녹아 들어갔고, 신장에서 농축되어 결국에는 커다란 결석으로 이어졌다. 무리한 다이어트로 수분 섭취를 줄이면 신장에 결석이 생겨 죽음에 가까운 통증을 유발시키는 것과 비슷하다. 결석에 의해 유아들은 엄청난 고통과 피해를 보게 되었다.

결석은 극심한 통증의 원인이 되기도 하고, 심지어 발암의 원인이 되기도 한다. 천연의 돌로 만들어진 섬유인 석면의 발암성도 사실은 석면이 폐에 들어가 배출이 안 되고 끝없이 염증을 만들어서 발생한 일종의 자가면역질환이다.

단백질의 자발적인 결정화

단백질은 부드럽지만 경우에 따라서는 결석이 될 수 있다. 단백질은 형태로 작용하는 물질인데 단백질이 잘못 접히면 단순히 기능이 불량해지는 차원을 벗어나 알츠하이머나 광우병의 원인이 될 수도 있다. 광우병(CJD)은 프라이온이라는 단백질의 잘못된 접힘과 관련이 크다는 주장이 있다. 어떤 원인으로 단백질이 결정화되고, 어떤 방법으로든 잘못 접힌 프리온 단백질이 다른 단백질의 잘못 접힘도 유발하여, 주변의 단백질을 연속적으로 결정화시키면 신경계와 뇌의 모든 작동을 파괴한다는 것이다. 이처럼 용해도는 물성뿐 아니라 생명 현상에 가장 직접적인 영향을 미친다. 나는 식품의 물성 등을 공부하면 할수록, 용해도를 온전히 이해하는 것이 식품 현상의 본질을 이해하는 것이고, 물성에 관련된 문제 절반 정도를 해결하는 핵심 지식이라고 생각된다.

TOPIC

알코올의 물성 : 술의 매력은 무엇일까?

알코올은 빼어난 용매이자 매력적인 물질이다. 그래서인지 어떤 사람은 물보다 알코올에 호의를 느끼는 것 같다. 알코올은 뇌에서 도파민 분비를 촉진하여 탐닉에 빠지게 하는 중독의 물질이기도 하고, 긴장을 완화시키고 활력을 부여하는 삶의 윤활유가 되기도 한다.

이런 양면성은 분자의 세계에도 똑같이 적용된다. 알코올의 분자식은 CH_3CH_2OH이다. 단 2개의 탄소 골격으로 이루어져 있다. 한쪽 끝인 CH_3CH_2는 소수성이고 CH_2OH는 강한 친수성이다. 알코올은 친수성과 친유성 두 가지를 모두 가진 만능 용매여서 물과 너무나 쉽게 섞이고, 지방, 향 분자들, 카로티노이드 색소들과 같은 지용성 물질과도 쉽게 섞인다. 그래서 예전에는 25도 소주에 과일과 온갖 약용식물을 넣고 유효성분을 뽑아낸 소위 약주들을 많이 만들었다.

알코올은 뭐든 잘 녹여내기 때문에 다른 성분의 흡수를 돕기도 한다. 그래서 약을 먹을 때는 원래의 설계보다 너무 잘 흡수시키므로 조심해야 한다. 그리고 알코올은 뭐든 잘 녹여내어 원하지 않는 쓴맛 성분까지 너무 잘 녹여내서 오히려 단점이 되기도 한다.

알코올은 워낙 작고 친유성도 가진 분자라 지방으로 이루어진 세포막을 쉽게 통과한다. 그래서 술은 음식보다 훨씬 빨리 흡수되어 빨리 취한다. 그리고 세포막 단백질들의 작용을 방해하거나 충분히 고도로 농축된 알코올은 세포막을 터뜨려 세포를 죽일 수도 있다. 알코올을 생성하는 효모 정도가 약 20% 농도까지도 견디는 것이 있고 대부분의 미생물들은 그보다 훨씬 낮은 농도에서 죽는다. 그래서 알코올 함량이 높은 제품은 미생물이 자라 변질되는 경우가 별로 없다.

알코올은 물보다 휘발성이 더 강하여 끓는점이 낮고 쉽게 증발한다. 미생물 발효는 알코올 농도가 20%를 넘기기 힘든데 이보다 훨씬 독한 술이 많은 것은 78℃ 이하에서 기화시켜 증류가 가능하기 때문이다. 그리고 열량이 높고 불에 잘 타기 때문에 브랜디나 럼주를 연료로 삼아 불길이 일렁거리는 화려한 요리를 만들 수 있다. 음식에 알코올을 붓고 태워도 음식이 그슬리지 않는 것은 연소열이 수분의 증발에 의해 완전히 흡수되어 음식의 온도가 그렇게 높아지지는 않기 때문이다. 알코올의 칼로리는 지방과 탄수화물의 중간인 7cal이다.

한겨울 연못 밑 붕어는 술에 기대어 생존한다고 한다. 연못이 꽁꽁 얼고 위에 눈이 쌓이면 바닥 깊은 곳까지 빛이 들어가지 못한다. 그러면 조류가 광합성을 하지 못하면서 물속의 산소가 고갈된다. 보통의 동물이면 이런 무산소 상태에서는 살 수가 없는데, 붕어와 금붕어는 간에 저장된 글리코겐을 분해해 에너지를 얻는다. 특이한 점은 다른 동물과 달리 젖산이 아니라 술을 발효하는 효모처럼 알코올로 분해한다는 것이다. 알코올은 젖산보다 분자량이 절반 정도로 적고, 독성도 적고, 배출은 용이하며, 부동액 효과도 2배로 크다.

알코올은 물보다 훨씬 낮은 −114℃의 어는점을 가지고 있어서 자신도 잘 얼지 않지만 물에 녹아서 빙점을 낮추는 효과도 탁월하다. 그래서 알코올이 함량이 높은 술은 매서운 추위에도 얼지 않는다.

그리고 알코올은 가볍다. 같은 부피의 물 무게와 비교하면 80% 정도이며, 따라서 알코올과 물의 혼합물인 술은 순수한 물보다 가볍다. 기름도 물보다 가벼운데, 술의 순도를 높게 잘 조정하면 커다란 기름방울을 넣어도 뜨거나 가라앉지 않고 완벽한 구형을 만들 수 있다. 이런 알코올의 비중 차이를 이용해 층위를 형성하는 칵테일을 본 적이 있을 것이다.

알코올은 맑고 색깔이 없는 액체다. 그리고 저분자 물질치고는 맛과 향이 매우 약한 편이다. 보통의 향기 물질은 ppm 단위로 존재하면서도 강한 향을 낸다. 술에 알코올이 너무 많이 있다 보니 어쩔 수 없이(?) 쓴 맛과 특유의 냄새가 느껴지는 것이다. 만약 0.1% 이하로 있다면 우리는 그것을 느낄 수 없다.

이런 술도 분자의 배열에 따라 맛이 달라질 수 있다. 분자의 소수성 부위는 대개 쓴맛을 내고, 친수성 부위는 단맛을 낸다. 술을 오랫동안 적절히 흔들어주거나 초음파로 적당한 진동을 부여하면 소수성 부위는 안쪽에 모이고 친수성 부위가 바깥쪽으로 배열된 구조가 될 수 있다. 이런 구조일 때는 같은 양이어도 입안에서 훨씬 부드럽게 느낄 수 있다.

위스키에 물을 약간 떨어뜨리면 향이 좋아지는 이유는 무엇일까? 오렌지 껍질을 짜면 오렌지 향이 나오는데. 이것은 물이 아니고 오일이다. 그래서 그것을 직접 음료에 쓰지 못한다. 음료에 쓰려면 용해도가 떨어지는 터펜계 물질은 상당히 제거해야 한다. 그 대표적인 방법이 희석 알코올을 사용하는 것이다. 향기 성분은 알코올에 정말 잘 녹는다. 그런데 알코올을 희석하면 향의 용해성이 떨어진다. 오렌지 오일을 적당히 희석한 알코올에 혼합하고 저온에 오랫동안 방치하면 용해도가 떨어지는 터펜류가 분리되어 상단에 떠오른다. 그것을 제거하면 수용성 향료를 만들 수 있다.

위스키는 고농도의 알코올로 오크통의 향기 성분을 극한까지 녹여낸 술이다. 여기에 소량의 물을 떨어뜨리면 겨우 녹아 있던 향기 성분이 더 이상 버티지 못하고 휘발한다. 코로 느낄 수 있는 향이 많아진다는 뜻이다. 하지만 이것은 물에 의해 향과 알코올이 분리되는 현상일 뿐 다른 특별함은 없다.

사실 술의 주인공은 알코올이고 풍미에 가장 영향을 주는 것도 알코올이다. 향기 성분들은 각각 알코올과 결합하는 정도가 달라서 향을 그냥 맹물에 넣은 것과 알코올에 넣은 것은 그 느낌이 다를 가능성이 있다. 또한 알코올은 향을 붙잡는 성질이 상당하여 기대했던 효과와 달라지는 경우도 많다. 음료나 우유에 적용하는 것보다 향의 종류에 따라 잘 표현되는 것도 있고 아닌 것도 있다는 것을 고려할 필요가 있다.

물성의 기술은 용해도에서 시작된다

바닷물에는 많은(?) 금이 녹아 있다. 전 세계 바다에 600만 톤의 금이 녹아 있다고 주장하는 과학자도 있다. 그런데 그 주장을 인정해도 지구상의 바닷물은 140경(京) 톤가량 되고, 바닷물 $1km^3$(10억 톤)을 정제해야 44kg 정도를 얻을 수 있다. 600만 톤보다 훨씬 적은 양이 녹아 있다면 이보다 훨씬 적은 양을 얻게 될 것이다. 그런데 나에게 이보다 훨씬 중요한 질문은 '금이 어떻게 바닷물에 녹아 있는가?'이다. 금을 물에 오랫동안 담가 놓으면 녹아서 없어질까? 금은 아주 무거운 분자인데 어떻게 물 분자에 싸여 가라앉지 않고 그대로 있는 것일까? 아예 녹지 않거나 퍼센트 단위로 녹는 것은 이해가 되는데 ppm 단위나 ppb 단위로 녹는 것은 도대체 어떻게 물이 감싸고 있어서 그 정도는 녹는 것일까? 아주 미묘한 양들의 용해 현상은 어떻게 이해해야 할지 아직은 모르겠다.

식품에서 물만큼 중요한 원료는 없고, 물은 식품의 보존성, 경제성, 맛, 향 등 모든 요소에 영향을 미친다. 그런데 우리는 물이 가진 용해성의 비밀도 제대로 알지 못한다. 물성을 이해하기 위해서 가장 먼저 알아야 할 지식이 용해성인데도 그렇다.

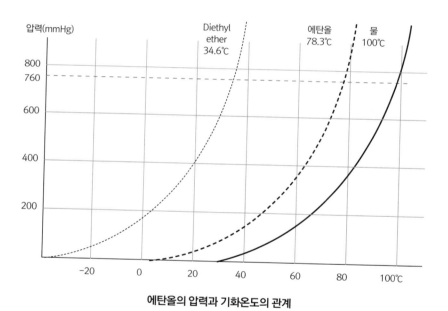

에탄올의 압력과 기화온도의 관계

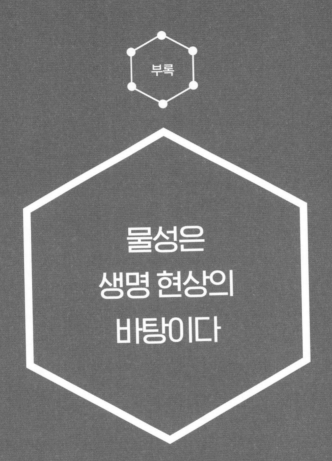

부록

물성은
생명 현상의
바탕이다

생명은 조직화된
분자의 운동이다

    실리콘밸리에서 육류, 달걀, 치즈 같은 식재료를 식물성 재료를 이용하여 똑같이 만들어 내는 기술을 가진 회사들이 화제가 된 적이 있다. 그동안 그런 시도는 상당히 있었지만 이번에 좀 더 제대로 된 제품을 만들어 많은 관심을 받은 것이다. 콩 같은 식물성 단백질을 이용하여 진짜 소고기 같은 인조 소고기, 진짜 닭고기 같은 인조 닭고기, 진짜 달걀 같은 인조 달걀 등을 만들었다. 예전에는 가격을 낮추는 전략이나 채식을 겨냥한 시도였다면, 요즘은 건강, 환경, 신념 등을 만족시킬 대안으로 각광받는다.

    가공식품을 만드는 기술은 결국 천연소재를 그대로 다루거나, 탄수화물(밀가루, 전분, 물엿, 당류 등), 지방(버터, 식용유 등), 단백질(우유 단백, 콩 단백 등)을 이용하여 자연의 식품과 유사한 물성을 만드는 기술이기도 하다. 그런데 아직 물성에서는 자연의 기술이 한 수 위다. 지금보다 수준 높은 물성의 기술을 개발하거나, 식재료를 이용하는 기술의 수준을 높이기 위해서는 식재료 자체의 물성이 어떻게 구현된 것인지에 대한 이해가 필요하다. 그런 것의 원리를 살펴보면 나름 재미도 있고 기억도 쉬워진다.

오징어는 왜 가로로만 잘 찢어질까? 답은 오징어의 움직임에 있다. 오징어는 이동할 때 물을 흡수한 후 몸을 움츠려 물을 내뿜으면서 전진한다. 그러니 몸통에는 몸을 움츠리는 가로 근육만이 주로 발달해있다. 그러니 오징어 볶음을 만들 때 가로 근육 방향으로 썰지 않고 세로 방향으로 썰면, 써는 과정에서는 힘이 더 들지만 오징어 볶음 만든 후에는 돌돌 말리게 된다.

이처럼 식재료를 효과적으로 활용하려면 식재료의 특성을 알아야 하는데, 그 많은 종류의 식재료를 모두 알기는 쉽지 않다. 그래서 물성의 원리가 필요한 것이다. 모든 식품 현상은 분자 현상이고, 분자는 크기와 형태를 갖고 각자에 어울리는 움직임이 있다. 그런 사실을 바탕으로 식품의 대부분을 차지하고 물성을 지배하는 4가지 분자인 탄수화물, 단백질, 지방 그리고 물의 전체적인 특징, 식재료의 상황에 따른 특성을 이해하면 이해의 속도는 빨라지고 헷갈림은 적어진다. 원리를 통해 무엇이 평균적이고 보편적인 현상인지를 알면 그것에서 벗어나 보이는 현상에 대한 이해도 선명해진다. 사실 물성의 원리는 단순하고 예외도 없다.

식품에 대해서는 항상 오해도 많고 편견도 많다. 그런데 만물은 원자로 되어 있고, 무생물인 원자와 생명인 세포 사이에는 오로지 분자만 있다. 분자는 어떠한 의도나 의지도 없이, 단지 각각의 분자가 가지고 있는 크기와 형태의 특성에 따라 잠시도 쉬지 않고 맹렬히 움직일 뿐이다. 그게 분해이자 합성이고, 용해도이자 결정화이고, 부드러움이자 단단함이고, 흐름성이자 응고성이다. 그런 물성의 하모니가 결국 생명 현상의 기본이다.

　그동안 식품과 생명의 대부분을 이루는 물, 탄수화물, 단백질, 지방 자체에 대한 이해는 없이 무작정 단편적인 실험을 제 입맛대로 해석하여 효능과 위험을 과장해왔다. 물론 생명 현상은 복잡하고, 사소한 분자가 어떤 시스템의 신호물질이 되어 결정적인 차이를 내는 경우도 있다. 하지만 그것은 식품이 하는 일이 아니다. 생명이 부여한 약속에 의해 일어나는 현상이다. 그리고 그런 현상에도 그 분자 자체가 큰지 작은지 물에 녹는지 지방에 녹는지와 같은 물리적인 실체가 생각보다 중요하다. 그래서 이번 책에 물성의 현상을 다루면서 생명 현상의 공통성을 조금씩은 다루어 보았다. 자연에는 경계가 없고, 그래서 지식은 생각보다 연결되어 있다.

　자연의 모든 현상은 같은 법칙의 지배를 받는다. 알긴산이 칼슘을 만나면 굳는 현상은 하나의 정자가 난자와 만나는 순간, 난자가 굳어서 더 이상 다른 정자가 뚫고 들어오지 못하게 하는 것과 같은 현상이다. 물성 현상을 통해 식품을 이해하고 생명 현상의 본질에 대해 이해할 수 있었으면 한다. 생명의 바탕은 분자 현상이고, 분자에는 의도나 의지가 없다. 단지 크기, 형태, 움직임만 있다. 그들이 어떻게 움직이고 통제되는지를 이해하는 것이 생명 현상 이해의 시작이다. 그런데 분자 자체의 성질은 이해하려는 노력이 거의 없어서 물성을 평계로 식품의 기본이 되는 네 가지 성분 자체가 가진 성질에 대하여 여러 가지 이야기를 한 것이다.

물성이 구조를 만들고
구조가 운동을 만든다

모든 생명에는 구조인 뼈대가 있다. 뼈대가 있어야 막이 버틸 수 있고, 막 안에서 생명 현상이 유지될 수 있다. 이런 뼈대가 식재료 고유의 텍스처의 특성이기도 하고, 그 생물의 특성과 한계에 많은 영향을 주는 변수이니 아는 만큼 도움이 되는 공부이다.

세균의 뼈대: 펩티도글리칸(Peptidoglycan)

세균 자체는 식품의 소재가 아니지만 그래도 생명의 기원이고, 우리가 도저히 피할 수 없는 생명이므로 짧게라도 알아둘 필요가 있다. 세균의 독특한 점은 '펩티도글리칸(Peptidoglycan)'으로 된 세포벽이 있다는 것이다. 이것은 당과 아미노산으로 만들어진 폴리머로써 세균의 표면을 망상 구조로 감싸 물리적으로 세균을 보호한다. 그람양성균은 그 두께가 무려 20~80nm이고, 그람음성균은 7~8nm 정도이다. 그래서 그람양성균은 펩티도글리칸이 건조 중량의 90%까지 차지할 정도로 압도적인 비중이고, 그람음성균은 10% 정도이다.

이 펩티도글리칸층은 세균에게 있지 고세균이나 진핵세포에는 없다. 따라서 펩티도글리칸의 합성을 막으면 세균의 증식을 막을 수 있다. 이런 원리로 개발된 항생제가 페니실린 같은 베타락탐계 항생제와 반코마이신 같은 항생제이다. 이 항생제들은 세균이나 인체 세포같이 세포벽이 없는 경우에는 영향을 미치지 않는다. 동물의 조직, 침, 눈물, 눈알의 흰자위 등에 있는 라이소자임(Lysozyme)이란 효소가 세균에 대해 항균력이 있는 것은 펩티도글리칸을 쉽게 분해하는 능력이 있기 때문이다.

펩티도글리칸은 기계적 강도는 강하지만 구조가 듬성하고 틈이 많아 $2nm$ 정도의 상당히 큰 분자가 투과할 수 있다. 그람 염색을 하면 그람음성균과 양성균 모두 색소에 염색이 되는데, 탈색단계에서 차이를 보인다. 알코올은 그람양성균의 펩티도글리칸을 탈수시켜 분자가 빠져나갈 수 없게 촘촘하게 만들어버린다. 그래서 색소복합체가 밖으로 빠져나오지 못해 탈색되지 않고 색소를 유지한다.

이에 비해 그람음성균은 펩티도글리칸이 얇고, 알코올에 의해 단단해지지 않으므로 들어온 색소가 그대로 빠져나간다. 사실 그람 염색은 상당히 예외적으로 투과가 잘 되는 구조이다. 그람음성균은 세포벽이 얇아 물리적 강도가 약한 대신에 세포벽 안과 밖에 2중으로 존재하는 세포막 덕분에 투과성이 낮다. 세포벽이 얇은 그람음성균이 그람양성균보다 나중에 진화된 생명체이다. 언뜻 생각하기에는 겉에 단단한 뼈를 가진 곤충이 속에 단단한 뼈를 가진 척추동물보다 유리할 것처럼 보이고, 세포막이 세균보다 훨씬 단단하여 고온, 고산, 고염 등 훨씬 악조건을 잘 견디는 고세균이 세균보다 번창할 것 같지만 실제로는 그렇지 않다. 악조건을 버티는 고고한 삶보다 틈만 나면 영양을 흡수해 성장하고 번식하려는 번식형이 많이 살아남았기 때문이다.

그람양성균은 단단함을 이용하여 포자를 만들 수 있다. 내생포자는 고온과 건조 등 혹독한 환경에 훨씬 잘 버티는 능력이 있다. 포도상구균·연쇄상구균·폐렴균·디프테리아균·파상풍균·탄저균 등이 그람양성균에 해당된다. 이들은 색소나 약제가 쉽게 침투되고, 독소를 균체 밖으로 쉽게 배출하는 특성을 가지고 있다. 그리고 독은 열에 의해 쉽게 파괴되는 특성이 있고, 생체 내에서 항원성이 높아 비교적 잘 중화가 된다.

그람음성균은 펩티도글리칸을 사이에 두고 안쪽과 바깥쪽 이중으로 세포막을 가지고 있다. 바깥쪽에 여러 당지질(lipopolysaccaride) 물질이 있고, 이것에 의해 세균 자체가 병원성을 가질 수 있다. 대부분 내생포자를 만들지 않고 세포막의 투과점이 낮아 세제, 약물, 염색 등에 내성을 가지고 있다. 단지 분자의 물리적 특성만 찬찬히 추적해 봐도 생명 현상의 이유에 대해 알 수 있게 되는 것이 많다.

식물의 뼈대: 셀룰로스, 리그닌, 펙틴

리그닌

식물의 뼈대인 셀룰로스는 이미 다루었으므로 여기서는 리그닌과 펙틴에 대해서만 조금 다루려고 한다. 먼저 리그닌은 셀룰로스 다음으로 많은 유기물이다. 그런데 당류 대신 독특하게 페닐알라닌이라는 벤젠기를 가진 방향족 아미노산에서 만들어졌다. 사실 식물에서 페닐알라닌으로 만들어지는 물질만 추적해도 책 한 권을 쓸 정도로 흥미진진한 내용이 많지만, 식물 방어물질의 원천이 된다는 정도만 기억해도 좋을 것 같다. 리그닌은 페닐알라닌이 몇 종의 방향족 알코올로 변신 후 엄청나게 많은 숫자가 단단히 결합한 물질이라 소수성이며 매우 단단한 구조이다. 그래서 물관에서 물이 새어나가지 않게 하고 목질을 단단하게 한다. 분해 및 발효가 일어나지 않아 다른 식물, 동물로부터 자신을 보호하는 가장 강력한 수단이 된다.

펙틴

식물의 1차 세포벽은 셀룰로스, 헤미셀룰로스, 펙틴 등으로 이루어져 있다. 펙틴 하면 흔히 잼을 만들 때나 쓰이는 좀 특별한 겔화제로 알고 있지만, 모든 식물 세포벽에 공통으로 들어 있는 성분이기도 하다. 단지 사과나 감귤류 등에 좀 더 많고 쉽게 추출될 뿐이다.

펙틴은 물에 잘 녹는 수용성 다당류라 겔화 능력은 떨어지는 편이다. 그럼에도 우리가 펙틴으로 단단한 잼을 만들 수 있는 것은 과도한 설탕

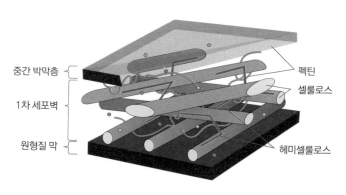

식물 세포벽의 구성

중간 박막층

1차 세포벽

원형질 막

펙틴

셀룰로스

헤미셀룰로스

덕분이다. 펙틴은 음전하를 띠어 서로 반발하고 엉키려는 성질이 없다. 점도는 높여도 겔화는 힘든 것이다. 그런데 설탕을 넣으면 펙틴 분자가 엉켜 그물구조로 만들어 겔이 되게 할 수 있다. 많은 양의 설탕이 물 분자를 흡수하여 펙틴 분자들이 흡수할 물이 적어져 맨몸으로 노출된 분자가 많아지고 이런 펙틴끼리 뭉칠 가능성이 커지기 때문이다.

과일을 분쇄하여 설탕을 넣고 졸이면 점차 점도가 생기는데 이때 레몬 같이 산미가 있는 것을 넣으면 훨씬 효과적이다. 산에 의해 음전하가 봉쇄되어 펙틴의 용해도가 떨어지고 겔화되는 성질이 높아지기 때문이다. 단순히 펙틴으로 잼이 되는 것이 아니고 55% 이상의 고형분(당류), pH3.5 이하의 산이 같이 있어야 한다. 그런데 펙틴에서 에스테르를 제거한 LM 펙틴의 경우 이렇게 낮은 pH나 높은 고형분의 조건은 필요 없다. 칼슘이온만 있으면 쉽게 겔화된다. 펙틴을 알칼리 조건에서 암모니아로 처리하여 얻어지는 아미드펙틴 또한 고형분이나 산의 제한이 없다. HM 펙틴은 비교적 높은 산에 견디므로 요구르트 같은 산성 단백질 음료를 안정화하는 데도 유용하다. 카제인은 산에 의해 쉽게 응고되는데 카제인을 미리 펙틴으로 코팅하면 카제인의 등전점보다 낮은 pH에서도 응고가 일어나지 않아 품질을 유지할 수 있다.

펙틴은 상당히 부드러운 식이섬유이다. 인간은 소화할 수 없지만 반추 동물에 펙틴 분해력이 있는 세균의 경우 90%까지도 소화 가능하다고 한다.

동물의 뼈대 : 콜라겐, 액틴

식물에게 셀룰로스가 있다면 동물에게는 콜라겐(collagen)이 있다. 콜라겐은 이미 앞에서도 많이 다루었지만 우리 몸 단백질의 25~35%를 차지하는 중요한 단백질이다. 근육보다 훨씬 단단하고 치밀한 구조이다.

- 눈: 눈의 수정체는 모두 콜라겐이다.
- 잇몸과 이빨: 상아질의 18%, 잇몸이나 치근막도 주로 콜라겐으로 되어 있다.
- 손발톱: 주성분인 케라틴은 구조적으로 콜라겐과 비슷하다.
- 내장: 각종 내장을 반투막이 싸고 있는데, 그 막이 콜라겐이다.
- 관절: 뼈와 뼈를 이어주고 있는 연골의 50%가 콜라겐이다.
- 뼈: 중량의 20%가 콜라겐이고, 그 사이에 칼슘-인이 위치한다.
- 혈관: 구성 대부분이 콜라겐이다.
- 피부: 피부 아래 진피의 70%가 콜라겐이다.

곤충의 뼈대: 키틴, 키토산

식물의 세포는 셀룰로스라는 세포벽을 갖는 반면, 균류의 세포벽에는 게나 새우 등의 껍질에 포함된 키틴질의 딱딱한 성분을 포함한다. 키틴(chitin)은 N-아세틸글루코사민이 긴 사슬 형태로 결합한 중합체 다당류이다. 절지동물의 단단한 표피, 연체동물의 껍질, 균류의 세포벽 따위를 이루는 중요한 구성 성분이다. 키틴은 백색의 무정형 분말로 셀룰로스와 매우 비슷한 화학 구조와 물리적 성질을 갖고 있기 때문에 곧잘 비교되는데, 키틴은 반응성이 약하여 물에 잘 녹지 않고 셀룰로스보다 안정적이기 때문에 미생물의 분해에 훨씬 잘 견딜 수 있다. 세상에 곤충만큼 다양한 생물도 없고, 곤충뿐 아니라 버섯과 갑각류, 선충류 등의 뼈대이기도 하니 생각보다 대단히 중요한 폴리머이다. 양도 정말 많다.

키틴은 버섯 곰팡이의 뼈대이기도 하다. 식재료를 가열하면 물성이 변하는데, 채소는 물러지고 고기는 단단해진다. 그런데 버섯은 오랫동안 가열해도 식감이 변하지 않는다. 미국 보스턴에 있는 요리 연구팀 〈아메리카 테스트 키친〉이 소고기 안심, 호박, 포토벨로 버섯을 실험한 결과 고기는 15분 정도 찌면 점점 딱딱해졌고, 호박은 너무 물러져 거의 액체 상태로 퍼져버렸다. 하지만 버섯은 꾸준히 일정한 강도와 식감을 유지했다. 버섯이 오랜 시간 질감을 유지할 수 있는 이유는 키틴 때문으로, 육류의 단백질 및 채소류의 펙틴과는 달리 열에 의한 물성 변화가 적었다.

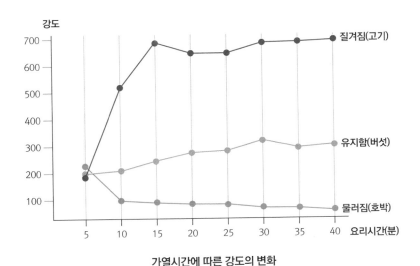

가열시간에 따른 강도의 변화

다세포 동물을 가능하게 만드는 세포의 연결조직

섬유상 단백질은 세포와 세포를 연결하거나 기관 등을 연결하는 결합 조직(connective tissue)에도 정말 많고 다양하다. 인체의 기본 조직 중 가장 많은 무게를 차지하는 것이 이 결합조직이다. 이 중에는 콜라겐, 탄력 섬유(elastin) 등이 많지만 다른 종류의 물질도 많이 존재한다. 요리를 한다는 것은 식재료의 구조 변화를 통해 원하는 식감을 나타내는 것이라고 할 수 있고, 가공식품은 분자로부터 구조를 만드는 것이라고도 할 수 있다. 자연이 과연 어떻게 구조를 만들고 유지하는지에 관심을 가지는 것은 그런 지식을 높이는 데도 유용하고, 생명 현상을 이해하는 데도 유용하다.

세포막의 물질은 액체일까 고체일까? 아니면 플루이드겔(fluid gel)일까?

세포막에는 감각수용체, 통로, 펌프 등 많은 단백질이 분포해있다. 그런데 세포막에 단백질이 군데군데 떠 있는 형태일까? 아니면 단백질이 매트릭스를 형성하고 그 사이를 세포막이 메우고 있을까? 아주 기본적인 역학 이야기이지만 이것을 정확히 기술한 생물책도 사실 별로 없다. 세포막은 세포 표면에만 있을까, 아니면 세포 내부 소기관 등에 다양하게 있을까? 우리는 막의 중요성에 대해 그리 실감하지 못한다. 그리고 세포막의 유동성이 높은 것이 유리할지 견고한 것이 유리할지도 잘 생각해보지 않고 포화지방과 불포화지방의 필요성과 유해성을 쉽게 말한다. 세포막의 지방은 정말 쉴 틈 없이 요동한다. 그 요동과 유동성의 원천부터 생각해보는 것이 진정한 공부의 시작일 것이다.

세포막 안의 물은 액체일까 고체일까? 만약에 액체라면 세포막에 손상을 입는 순간, 순식간에 물과 내용물이 빠져나와 세포는 망가질 것이다. 그렇다고 고체라면 모든 대사가 그렇게 원활하지도 않을 것이다. 해파리는 물이 99%이고 채소는 물이 95%이다. 탄수화물이든 단백질이든 수분을 제대로 흡수하면 불과 2~3% 정도면 모든 수분을 붙잡아 고체로 만들 수 있다. 그런데 세포 안은 콜라겐과 미소섬유소 그리고 단백질 등 폴리머가 20~30%이다. 액체로 유지한다면 그것이야말로 기적인 구조이다. 그럼 플루이드겔(fluid gel)처럼 고체와 액체의 양쪽 특성을 가진 것일까? 그것에 대해서는 궁금해하는 사람도 별로 없고 나도 최근까지는 전혀 궁금하지 않았다. 그런데 물성에 대한 자료를 정리하다 보니 문득 무척 궁금해지기 시작했다.

구조가 있어야 운동이 가능하다

가장 간단한 세포도 감각과 운동이 있다. 생존을 위해 목표를 지향하고 불리한 곳을 피하고 유리한 것을 이동한다. 그래서 고세균마저 강력하게 운동한다. 고세균 섬모의 운동은 가히 동물 중에 최상급이다. 치타와 같은 체격이라면 치타보다 족히 20배는 빠를 정도이다. 그래서 동물마다 각자에게 맞는 나름의 운동기관이 있다.

운동을 담당하는 근육의 형태는 정말 다양하다. 구조에 따라 가로무늬근, 민무늬근(평활근), 심장근으로 나누고 동물의 종류에 따라 무척추동물의 근육, 갑각류의 근육, 곤충의 근육이 다르다. 이들을 하나하나 추적하고 이해하는 것이 생명의 공부이면서 동시에 식품의 공부이기도 하다. 그런 구조를 이해하면 식재료의 특성을 이해하기도 쉽기 때문이다.

나에게 계속 남아있는 질문 중 하나는 '근육은 어떻게 움직이는가'에 대한 것이다. 물론 ATP로 움직인다는 것은 안다. 그런데 ATP가 ADP가 되는 것은 인산기 하나가 떨어져 나가는 현상일 뿐이다. 그런데 그게 어떻게 분자의 움직임과 연결되는지에 대해 정확하게 설명하는 것은 없다. 내 몸에서 가장 많이 생성되고 소비되는 것이 ATP인데, 정작 ATP가 어떻게 그 많은 생명 현상을 가능하게 하는 지에 대한 구체적인 설명은 너무 빈약하다.

생명체의 움직임은 모터를 돌리는 것과 같은 기계적 움직임과는 많은 차이가 있다. 기계는 정지 상태에서 에너지를 받아야 움직이고, 스위치를 끄면 바로 꺼진다. 그런데 산낙지를 여러 토막을 내도 계속 꿈틀거리고, 소고기로 육회를 떠도 외부에서 아무런 에너지를 공급해 주지 않아도 상당히 오랜 시간을 계속 움찔거리며 수축과 이완을 반복한다. 사람도 근육을 수축하여 철봉에 매달려있으면 금방 피로가 몰려와서 도저히 오래 매달리기 힘들다. 그런데 육고기는 도살을 하면 몇 시간 동안 단단하게 수축한 상태를 계속 유지하기도 한다.

왜 의도적 움직임과 본연의 움직임에는 이처럼 차이가 많을까? 손발은 오히려 힘이 없을 때 마구 떨리는 경우가 있다. 의도대로 걷지도 못하는 파킨슨 환자에게 의도하지 않는 떨림이 마구 일어나기도 한다. 생명 현상에서 운동은 그것이 구동력인지 통제력인지 구분이 모호할 때가 많은 것 같다. ATP는 과연 어떻게 생명의 배터리로 작동할 수 있을까? 이 질문은 '어떻게 분자가 생명이 될까?'보다 좀 더 근원적인 질문이 아닐까 하는 생각이 든다.

CO₂에서 시작하여 CO₂로 끝난다

우리가 음식을 먹는 주목적은 몸을 만드는 것이 아니라 우리 몸을 작동시키기 위해 필요한 칼로리를 얻기 위함이다. 우리는 산소를 이용해 포도당을 이산화탄소와 물로 완전히 분해하고, 이때 만들어지는 ATP를 생명의 배터리로 쓰면서 살아간다. 따라서 우리 몸에 가장 많이 필요한 것은 포도당 같은 에너지원이다. 과거에는 탄수화물 섭취량이 80%를 넘었으며, 현재도 탄수화물의 비중은 60%가 넘는다. 그리고 탄수화물은 쌀로 먹든, 밀로 먹든, 옥수수로 먹든, 감자로 먹든 결국 전분의 형태이고, 분해되면 포도당이 된다. 밥을 먹든, 국수를 먹든, 빵을 먹든 60% 이상은 포도당인 것이다. 포도당은 식물이 만든 것이다. 식물은 이산화탄소와 물만 있으면 햇빛의 에너지를 이용해 포도당을 만들 수 있다. 우리 뿐 아니라 식물도 광합성을 하지 못하는 세포들은 포도당을 원료로 살아가는 것이다.

우리는 지금까지 식품을 구성하는 탄수화물, 단백질, 지방, 그리고 물의 물리적인 특징을 알아보았다. 그것들이 우리 몸 안에서 활용되는 과정은 다음 그림으로 요약할 수도 있을 것이다. 그리고 이것은 에너지 대사와 관련이 있다. 포도당을 분해하면 생명의 배터리인 ATP를 합성할 수 있다. 가장 대표적이고 효율적인 방법이 크렙스 회로를 통한 유산소 호흡이다. 그리고 구연산에서 지방과 이소프레노이드가 만들어지고, 크렙스 회로에서 케토산이 만들어져 아미노산이 만들어진다. 에너지의 대사에 따라 분자들이 만들어지고 분해되면서 생명의 흐름이 이어지는 것이다. 분자의 특성으로 물성을 이해하고 에너지의 흐름으로 대사를 이해하면 식품의 공부가 생명의 공부로 연결된다.

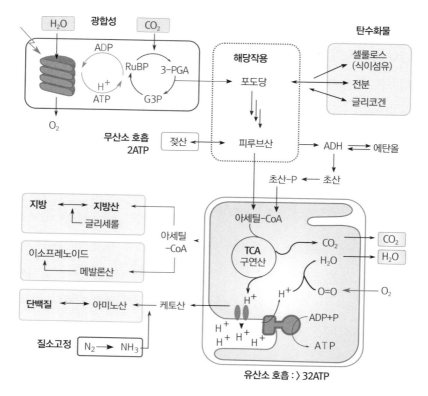

대사 과정의 요약

    식품 현상은 생명 현상과 분자의 현상에 걸쳐져 있다. 어떻게 분자가 세포가 되었을까는 생명의 문제이기도 하고, 생명 현상의 바탕을 이루는 물리적 현상에 대한 이야기이기도 하다. 자연에는 매듭이 없다. 식품 현상이 자연의 현상과 따로 구분되는 현상이 아니다. 자연이나 생명의 기본 법칙을 우리가 먹고 마시는 음식을 통해서 재발견해보는 것도 나름 재미있는 도전이다.

물성의 원리

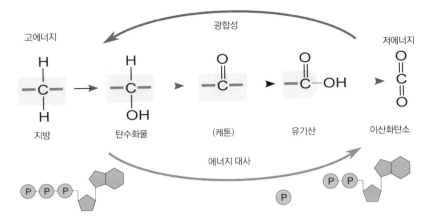

유기물과 에너지의 흐름

섬세하게 다루려면
그만큼 섬세하게 알아야 한다

식품의 물성 현상은 구성하는 분자의 크기, 형태, 움직임만 제대로 알면 대부분 설명 가능한 논리적인 현상이라는 믿음으로 2009년부터 3년간 자료를 수집하고 정리했다. 하지만 그동안 식품에 관한 불량지식, 맛과 향에 관한 현상 등에 신경 쓰느라고 책으로 정리하는 작업이 계속 밀려왔다. 그러다 이번에 겨우 물성에 대한 첫 번째 책, 『물성의 원리』를 선보이게 되었다. 누구나 알고 있지만, 의미 있게 알지는 못하는 물성을 지배하는 네 가지 핵심 분자인 탄수화물, 단백질, 지방 그리고 물에 대한 이야기이다. 이 네 가지의 분자는 식품의 대부분을 차지하는 분자이며 생명의 대부분을 차지하는 분자이다. 이들 분자의 특성을 원리로 제대로 이해하면 이어질 『물성의 기술』도 쉽게 이해할 수 있고, 생명 현상과 관련된 식품의 역할에 대한 이해에도 도움이 될 것이라고 생각했다.

나에게 책을 쓴다는 행위는 그 주제에 대한 나의 생각을 정리하고 다듬어 보는 시간이다. 이번 책을 쓰면서는 특히 그동안 질문과 생각들이 보다 많이 연결되고 간결해진 것 같아서 좋았다.

나는 식품회사에 오래 근무했지만 식품과 그 역할에 대해 제대로 관심을 가져본 것은 10년이 채 되지 않았다. 최근에는 식품에 관한 좋은 책이 많이 나와서 공부하기가 수월하다. 그중에는 해롤드 맥기의 『음식과 요리』도 있는데, 온갖 방대한 지식을 다루면서도 물, 지방, 탄수화물, 단백질은 책의 맨 마지막에 아주 살짝 다루어진 것이 아쉬웠다.

원리를 먼저 알면 지식의 프레임이 세워지고 그 프레임을 가지고 내용을 공부해야 그 많은 지식이 흩어지지 않고 필요할 때 꺼내어 쓸 수 있을 텐데, 식품 공부에는 그런 프레임이 제시된 적이 없다. 지식의 뼈대는 없이 디테일만 있으면 지식이 힘이 없고 뭉쳐지지 않아 이내 사라진다. 프레임만 있고 디테일이 없어도 앙상하고 재미도 쓸모도 없다. 프레임을 세우고 디테일을 채우는 과정의 반복이 공부인데, 그동안 식품이나 물성에 대한 자료는 에피소드식 지식은 많았지만, 그것을 원리로 서로 연결하여 프레임을 만들려는 시도는 별로 없었던 것 같다.

이런 나의 시도가 다른 사람에게는 무슨 의미가 될지 모르겠다. 아마 대부분의 사람에게는 재미없는 책이 되겠지만, 그래도 나에게는 정말 의미 있고 재미있었던 글쓰기 작업이었다.

3쇄까지는 물성의 원리만 다루었는데, 4쇄부터는 내용의 아주 일부를 수정하였다. 그동안 출간한 5권의 책을 〈맛 시리즈〉로 정리하고 있는데 이 책이 1번-식품 공부법에 해당하기 때문이다. 아직 정식 개정판이 아니라 단지 그동안 여러 책을 통해 주장했던 것을 〈식품에 대한 생각 정리〉 정도를 추가하는 수준이지만 언젠가 제대로 개정판 작업을 할 계획이다.

최낙언

참고문헌

『음식과 요리』 해롤드 맥기, 이희건 옮김, 백년후, 2011

『거품의 과학』 시드니 퍼코위츠, 성기완, 최윤석 공역, 사이언스북스, 2008

『햄 소세지 제조』 정승희, 한국육가공협회, 2011

『제과제빵재료학』 조남지 외, 비앤씨월드, 2000

『식품물성학』 이수용 외, 수학사, 2017

『이해하기 쉬운 식품효소공학』 노봉수 외, 수학사, 2017

『식품화학』 노봉수 외, 수학사, 2014

『식품화학』 조신호 외, 교문사, 2013

『분자요리』 이시카와 신이치, 홍주영 옮김, 끌레마, 2016

『부엌의 화학자』 라파엘 오몽, 김성희 옮김, 더숲, 2016

『괴짜 과학자 주방에 가다』 제프 포터, 김정희 옮김, 이마고, 2011

『원자와 우주사이』 마크 호, 고문주 옮김, 북스힐, 2011

『Dairy processing handbook, 2dn』 Tetrapack Hoyer, 2003

『Modernist cuisine』 Nathan Myhrvold, Chris Young, Maxime Bilet, Taschen, 2012

『Asian noodles』 Gary G, Hou, Wiley, 2010

『The science of cooking』 Joseph J. Provost 외, Wiley, 2016

『Edible structure』 Jose Miguel Aguuilera, CRC press, 2013